Konzepte und Studien zur Hochschuldidaktik
und Lehrerbildung Mathematik

Herausgegeben von

Prof. Dr. Rolf Biehler (geschäftsführender Herausgeber), Universität Paderborn
Prof. Dr. Albrecht Beutelspacher, Justus-Liebig-Universität Gießen
Prof. Dr. Lisa Hefendehl-Hebeker, Universität Duisburg-Essen, Campus Essen
Prof. Dr. Reinhard Hochmuth, Leuphana Universität Lüneburg
Prof. Dr. Jürg Kramer, Humboldt-Universität zu Berlin
Prof. Dr. Susanne Prediger, Technische Universität Dortmund
Prof. Dr. Günter M. Ziegler, Freie Universität Berlin

Die Lehre im Fach Mathematik auf allen Stufen der Bildungskette hat eine Schlüsselrolle für die Förderung von Interesse und Leistungsfähigkeit im Bereich Mathematik-Naturwissenschaft-Technik. Hierauf bezogene fachdidaktische Forschungs- und Entwicklungsarbeit liefert dazu theoretische und empirische Grundlagen sowie gute Praxisbeispiele.
Die Reihe „Konzepte und Studien zur Hochschuldidaktik und Lehrerbildung Mathematik" dokumentiert wissenschaftliche Studien sowie theoretisch fundierte und praktisch erprobte innovative Ansätze für die Lehre in mathematikhaltigen Studiengängen und allen Phasen der Lehramtsausbildung im Fach Mathematik.

Jürgen Roth · Thomas Bauer · Herbert Koch ·
Susanne Prediger
(Hrsg.)

Übergänge
konstruktiv gestalten

Ansätze für eine zielgruppenspezifische
Hochschuldidaktik Mathematik

Bandherausgeber

Jürgen Roth
Universität Koblenz-Landau
Landau, Deutschland

Herbert Koch
Universität Bonn
Bonn, Deutschland

Thomas Bauer
Philipps-Universität Marburg
Marburg, Deutschland

Susanne Prediger
Technische Universität Dortmund
Dortmund, Deutschland

ISBN 978-3-658-06726-7   ISBN 978-3-658-06727-4 (eBook)
DOI 10.1007/978-3-658-06727-4

Die Deutsche Nationalbibliothek verzeichnet diese Publikation in der Deutschen Nationalbibliografie; detaillierte bibliografische Daten sind im Internet über http://dnb.d-nb.de abrufbar.

Springer Spektrum
Springer Spektrum ist eine Marke von Springer DE. Springer DE ist Teil der Fachverlagsgruppe
Springer Science+Business Media
www.springer-spektrum.de

Vorwort

Einordnung des Themas Übergänge

Alle Studienanfängerinnen und -anfänger müssen zu Beginn ihrer Universitätszeit den Übergang zwischen zwei sehr unterschiedlichen Bildungseinrichtungen bewältigen, dem der gymnasialen Oberstufe (sekundärer Bildungsbereich) und dem der Hochschulen (tertiärer Bildungsbereich). Auch wenn sie ihr Abitur erfolgreich bewältigt und sich für das Studienfach aktiv entschieden haben, stellt dies für viele eine große Herausforderung dar, gerade in Bezug auf das hier fokussierte Fach Mathematik (als Hauptfach, Lehramtsfach oder Nebenfach in naturwissenschaftlichen und technisch-ingenieurwissenschaftlichen Studiengängen).

Zunehmend beschäftigen sich daher Hochschullehrende der Mathematik und Mathematikdidaktik aus praktischer, theoretischer und empirischer Sicht mit diesem Übergang. Während international der Übergang zwischen sekundären und tertiären Bildungsbereich ein wohletabliertes Thema der hochschuldidaktischen und mathematikdidaktischen Forschung bildet (vgl. etwa Gueudet 2008[1] für einen Überblick), hat das Thema in Deutschland erst in den letzten Jahren zunehmende Aufmerksamkeit erhalten, sowohl bei praktizierenden Hochschullehrenden, als auch bei systematisch dazu Forschenden.

Die Bemühungen um eine konstruktivere Gestaltung dieser Übergänge haben in den letzten Jahren auch durch die starke Bildungsexpansion in Deutschland an Aktualität und Relevanz gewonnen: Wenn ein immer größer werdender Anteil eines Jahrgangs ein Hochschulstudium beginnt, so sind gezieltere Maßnahmen zu ihrer Förderung notwendig.

Daher hat das Hausdorff Research Institute for Mathematics in Bonn im April 2013 Akteure aus den unterschiedlichen Bereichen der Hochschulmathematik, Mathematikdidaktik und Schulpraxis eingeladen, um ausgehend von verschiedenen Perspektiven über den Übergang ins Gespräch zu kommen und Konzepte, empirische Ergebnisse und Erfahrungen zur konstruktiven Gestaltung des Übergangs auszutauschen. Dabei waren insbesondere die folgenden Themenbereiche im Blick:

1. Ziele und Arbeitsweisen in Schule und Anfängerausbildung an der Universität: Gemeinsamkeiten und Unterschiede in den angestrebten Qualifikationen. Konsequenzen für die Anfängerausbildung: Realität oder Fiktion des Neuanfangs?

---

1 Gueudet, G. (2008): Investigation the secondary-tertiary transition. *Educational Studies in Mathematics, 67(3)*, 237–254.

2. Elementarmathematik, Schulmathematik, Fachmathematik und Mathematikdidaktik: Unterschiede und Vernetzungen verschiedener Bestandteile der Lehrerbildung und Konsequenzen für die universitäre Lehrerbildung

3. Veränderte Eingangsvoraussetzungen der Studierenden in Kompetenzen, Wissen und Arbeitshaltungen – Wie lässt sich Passung herstellen ohne erhebliche Reduktion des Niveaus?

Eine Woche, geprägt von intensivem, konstruktivem Austausch über Herausforderungen und Handlungsoptionen, hat den Akteuren die Vielfalt der Thematik und möglicher Perspektiven darauf deutlich gemacht.

Nicht nur Defizitbetrachtungen, sondern auch Differenzbetrachtungen

Der praktische Handlungsdruck für hochschuldidaktische Überlegungen ergibt sich an vielen Standorten aus der Feststellung von *Defiziten* bei den Studienanfängerinnen und -anfängern. Es werden zum Beispiel Lücken in den mathematischen Rechenfertigkeiten (vgl. etwa die Bestandsaufnahmen von Kersten sowie Cramer et al. in diesem Band), abweichende Grundvorstellungen (siehe Langemann in diesem Band) oder unzureichende mathematische Bewusstheit (vgl. Kaenders et al. in diesem Band) konstatiert, die den Zugang zur Hochschulmathematik behindern. Die Beiträge von Cramer et al. und Kersten in diesem Band liefern Ansätze zur empirischen Aufklärung, welche Kompetenzen und Defizite tatsächlich erwartet werden können.

Einige der von vielen Hochschullehrenden als Defizite wahrgenommenen Herausforderungen stellen sich bei genauerer Betrachtung jedoch nicht als individuelle Defizite der Lernenden dar, sondern als Differenzen in der Schul- und Hochschulmathematik, die durch unterschiedliche Kulturen des Mathematiktreibens und -lernens bedingt sind. Die Gemeinsamkeiten und Unterschiede zwischen diesen Kulturen müssen nicht nur die Lernenden erfassen. Auch die Lehrenden selbst müssen dies bewusst wahrnehmen und die Lernenden explizit damit konfrontieren, um ihnen einen aktiveren Umgang damit zu ermöglichen. Der Beitrag von Langemann (in diesem Band) gibt dafür erhellende Beispiele und argumentiert ebenso wie Neubrand (in diesem Band) für die Wichtigkeit von Differenz- statt nur Defizitbetrachtungen.

Ebenen der Herausforderung im Übergang Schule – Hochschule

Die Gesamtheit der Beiträge zeigt, dass sich Herausforderungen im Übergang auf ganz unterschiedlichen Ebenen abspielen, deren Zusammenspiel man nicht aus dem Blick verlieren darf.

Kognitive Ebene von Wissen und Fertigkeiten

- einzelne fehlende Wissensbestände (z. B. vollständige Induktion)
- fehlende einzelne Fertigkeiten und ihre flexible Nutzung (z. B. Bruchrechnung, Termumformungen)

- implizite Fertigkeiten wie aussagenlogische Bezüge
- Beweglichkeit und Tiefe des Elementarwissens und des Verständnisses mathematischer Inhalte und Methoden

Kulturelle Ebene der Praktiken und Denkweisen

- spezifische mathematische Praktiken (z. B. anschauliches Begründen, Bedeutung von Definitionen, …)
- neue Fachsprache und neue Denkweisen
- unterschiedliche epistemologische Modi der Erkenntnisgewinnung
- „innere Getriebe der Mathematik" (Toeplitz nach Hefendehl, in diesem Band)

Meta-Ebene

- Reflexionswissen, Urteilsfähigkeit, Wert-Schätzung
- Arbeitshaltungen wie Zutrauen / Selbstwirksamkeitserleben und Durchhaltevermögen
- Steigender Anteil eigenverantwortlicher Lernarbeit zu angeleitetem Lernen (vom Verhältnis 1:3 in der Schule zu 2:1 an der Universität)

Unterschiedliche Ansätze zur Überwindung von Schwierigkeiten

Viele der Beiträge dieses Bandes entstanden aus der subjektiven Perspektive engagierter Hochschullehrender. Sie beziehen sich auf unterschiedliche Ebenen und wählen naturgemäß unterschiedliche Ansätze für den Umgang mit den Herausforderungen, Gemeinsamkeiten und Differenzen. Dabei gibt es Ansätze einerseits zur Entwicklung organisatorischer Maßnahmen oder neuer Veranstaltungsformate (in diesem Band z. B. Vorkurse bei Greefrath et al., Schul-Hochschul-Projekte bei Heitzer, neue Vorlesungsformate bei Grieser), und andererseits zur gezielten Gestaltung der bereits bestehenden Veranstaltungstypen (z. B. durch andere Übungsformate wie bei Halverscheid, Kersten, Cramer et al. oder Weigand und Ruppert in diesem Band), und zwar zu unterschiedlichen Zeitpunkten im Studium.

Während es für die Bewältigung individueller Defizite wichtig ist, Lernangebote zu ihrer möglichst gezielten Aufarbeitung zu machen (z. B. bei Kersten, Cramer et al. in diesem Band), konzentrieren sich andere Beiträge auf das gezielte Entwickeln bestimmter mathematischer Kompetenzen (z. B. das Problemlösen und Beweisen bei Biehler et al. und Grieser sowie dem Forschungsbezug bei Hochmuth in diesem Band) oder auf Reflexionsaspekte.

Insgesamt lassen sich für den Umgang mit Differenzen beider Kulturen unterschiedliche Strategien ausmachen, die je nach Thema und Zielgruppe unterschiedlich zu gewichten sind:

- Einige Differenzen müssen von den Lernenden nicht als Diskontinuität wahrgenommen werden, wenn man die graduellen Übergänge und die gegenseitigen Bezüge deutlich macht, dies gilt zum Beispiel für Grade der Exaktifizierung der Fachsprache. Die

Zusammenhänge zwischen alter und neuer Herangehensweise herauszuarbeiten, kann insbesondere auch helfen, die Sinnhaftigkeit zu verstehen.

- In anderen Bereichen scheint die Diskontinuität unvermeidbar, dann sollte sie explizit angesprochen werden (vgl. Langemann in diesem Band). Gerade in der Herausarbeitung der Diskontinuität dürfte eine Bildungschance liegen, denn wenn Differenzen reflektiert werden, lassen sich beide Kulturen besser verstehen.

Wege zu einer zielgruppenspezifischen Hochschuldidaktik

Welche Strategien und didaktischen Ansätze sich für die Studienanfängerinnen und -anfänger bewähren, hängt auch von der konkreten Zielgruppe ab. Während bei der Service-Mathematik der Reflexionsanspruch meist zurückgedrängt wird zugunsten der Bewältigung prozeduraler und evtl. konzeptioneller Anforderungen, wird gerade für die Lehramtsstudiengänge die Notwendigkeit des expliziten Arbeitens auf der Reflexionsebene betont (vgl. etwa Ableitinger et al. 2013[2]). Angesicht der zunehmenden Ansprüche an die Professionalität unterschiedlicher Berufsbilder erscheint es daher angezeigt, auch die hochschuldidaktischen Überlegungen für die verschiedenen Zielgruppen konsequenter auszudifferenzieren. Dies beginnen Hefendehl-Hebeker, Körner und Neubrand in diesem Band, indem sie für das Lehramtsstudium umreißen, was eine adäquate, fachlich gute Ausbildung für angehende Mathematiklehrkräfte bedeutet. Dies wird von Nickel (in diesem Band) um mathematikhistorische und philosophische Aspekte ergänzt.

Für die zahlenmäßig größte Studierendengruppe an vielen Hochschulen, aus den naturwissenschaftlichen und ingenieurwissenschaftlichen Studiengängen scheint es bisher kaum systematische Überlegungen zu geben. Cramer et al. (in diesem Band) arbeiten am Beispiel der Biologie und der Wirtschaftwissenschaften typische Inhalte und deren Bezug zur an der Schule vermittelten Mathematik sowie systematische Schwierigkeiten und die Konsequenzen für die Gestaltung einer Lehrveranstaltung heraus.

Wir freuen uns als Herausgebende, dass es uns gelungen ist, so unterschiedliche Beiträge aus verschiedenen Bereichen zusammenzustellen. Alle Beiträge geben nicht nur eine Beschreibung der Problemlagen, sondern liefern auch anregungsreiche und erprobte Ideen und Ansätze, die hoffentlich deutschlandweit zum Nachmachen und Weiterentwickeln einladen.

Landau, Marburg, Bonn und Dortmund
Jürgen Roth, Thomas Bauer, Herbert Koch, Susanne Prediger

---

2 Ableitinger, C., Kramer, J. & Prediger, S. (2013) (Hrsg.). Zur doppelten Diskontinuität in der Gymnasiallehrerbildung – Ansätze zu Verknüpfungen der fachinhaltlichen Ausbildung mit schulischen Vorerfahrungen und Erfordernissen. Wiesbaden: Springer Spektrum.

Inhaltsverzeichnis

Abbildungsverzeichnis

Tabellenverzeichnis

Teil I

Übergang gestalten für Studierende in verschiedenen mathematikhaltigen Studiengängen

Das Aachener Schul-Hochschul-Projekt iMPACt 1

Johanna Heitzer

Zusammenfassung

Im Zentrum dieses Beitrags steht ein Kooperationsprojekt von Aachener Schulen und Hochschulen, dessen Hauptziel die bessere Vorbereitung interessierter Schülerinnen und Schüler auf die Mathematikanforderungen in zahlreichen Studiengängen ist. iMPACt ist vor fünf Jahren aus gemeinsamen Interessen aller Beteiligten erwachsen. Es erreicht inzwischen wöchentlich rund 500 Lernende der Sekundarstufe II im Aachener Raum und weit darüber hinaus. Im Beitrag werden Motivation und Ziele, Umsetzung, Inhalte und didaktisches Konzept des Projekts vorgestellt, wobei minimale Ausschnitte der (im Ganzen zum Download freien) Skripte konkrete Einblicke verschaffen. Einem Bericht über die wesentlichen Erfahrungen folgen Aussagen zur Übertragbarkeit und kritischen Einordnung. Den Abschluss bilden grundlegende Bemerkungen zum Thema des Tagungsbandes, wie sie sich aus der Schul- und Hochschul-Lehrerfahrung der Autorin ergeben und durch die beschriebenen Einsichten stützen lassen.

1.1 Ausgangslage und Ziele

In den Beschlüssen der Kultusministerkonferenz zu den Bildungsstandards wird unter anderem gefordert, den Lernenden „mathematisches Argumentieren" und das „Umgehen mit symbolischen, formalen und technischen Elementen der Mathematik" beizubringen (KMK 2003, S. 8). Tatsächlich erscheinen diese Fähigkeiten unabdingbar für den Erwerb der mathematischen Grundlagen von MINT-Studiengängen. Allerdings werden sie dem Eindruck vieler Hochschullehrender nach in der Schule nicht in der Weise vermittelt, wie es für eine Vielzahl anschließender Studiengänge hilfreich wäre. Das Schul-Hochschul-Projekt iMPACt[1] setzt bei dieser Kritik an. Zugleich ist es getragen von der Überzeugung, dass viele Lernende zu den oben genannten Tätigkeiten in einem höheren Maße willens und in der Lage sind, als dies im regulären Unterricht Raum findet.

Hauptziel des Projekts ist es, den (von vielen als wachsend wahrgenommenen) Übergangsschwierigkeiten zwischen Schule und Hochschule in Mathematik etwas entgegenzusetzen. Dem Ansatz des Projekts liegen dabei die Hypothesen zugrunde,

- dass sich die Art, in der Mathematik den Heranwachsenden an Schulen (auch in der Oberstufe und in Leistungskursen) begegnet, zunehmend von der an Hochschulen unterscheidet,
- dass dies überwiegend auf Veränderungen an der Schule zurückzuführen ist, die dort verständliche und teils richtige Gründe haben, von Hochschulen aber nicht mitgemacht wurden, werden konnten oder auch werden sollten,
- dass diese Unterschiede bei jungen Menschen zu unglücklichen Entscheidungen bezüglich der Wahl mathematiklastiger Studiengänge führen – und zwar in beiden Richtungen,
- dass eine größere Zahl von Lernenden das Potential zur guten Vorbereitung auf die Hochschulmathematik hat, als zur Zeit gut vorbereitet wird,
- dass die Schwierigkeiten mit dem Übergang zwischen ‚schultypischer‘ und ‚hochschultypischer Mathematik‘ kleiner wären, wenn dieser weniger unvermittelt und vor allem früher erfolgen würde.

Welche Aspekte der Auseinandersetzung mit Mathematik sind es, die wir Projektgestalter als ‚hochschultypisch‘ bezeichnen, an der Schule aber nicht oder verfälschend vermittelt sehen? Ich zitiere nach (Cramer et al., 2011, S. 58): „Zu einem umfassenden Bild der Mathematik gehören neben authentischen Sachbezügen auch

- etwas trockene, aber zuverlässige und nutzbringende Regelsysteme für den Umgang mit mathematischen Ausdrücken,
- das Begreifen, dass manche komplizierten Begriffsbildungen eben nicht einfacher gefasst werden können, und
- Verständnis für den Schritt der Abstraktion (Loslösen vom Inhaltsbezug) und die sich daraus ergebenden Möglichkeiten und Synergien."

Zusammenfassend will iMPACt also besser auf die Mathematikanforderungen in (vor allem) MINT-Studiengängen vorbereiten, aus Hochschulsicht problematische Lehrplanlücken schließen, das Bild von der Mathematik erweitern, bei der Reflexion der eigenen Affinität zur Mathematik helfen, Kompetenzen wie die mathematische Argumentier- und

---

1 Das Akronym iMPACt entstand aus dem Kern MPAC – für „Mathe Plus Aachen" im Sinne von „Mehr Mathematik für die Region Aachen" – und einer Ergänzung, die ein ganzes englisches Wort daraus macht, welches gut zum Wesen des Projekts passt.

Lesefähigkeit fördern und dazu die lernpsychologisch günstige und methodisch wie affektiv prägende Phase zwischen 16 und 18 Jahren nutzen.

1.2   Umsetzung

„Mathe Plus Aachen" (iMPACt) ist ein Kooperationsprojekt der RWTH und der FH Aachen mit umliegenden Schulen. In die Entwicklung und Ersterprobung ist neben den Hochschulen insbesondere das Couven-Gymnasium in Aachen eingebunden. Das Projekt ist aus dem gemeinsamen Interesse an guten Vorbereitungsmöglichkeiten auf universitäre Mathematikanforderungen sowie an einem geeigneten Rahmen für mehr reine, formal und argumentativ anspruchsvolle Mathematik erwachsen. Die Zusammenarbeit läuft dabei wie folgt: Hochschuldozentinnen und -dozenten wählen Themen aus und erarbeiten dazu so genannte Schülerarbeitshefte.[2] Lehrerinnen und Lehrer setzen die Schülerarbeitshefte in Arbeitsgemeinschaften oder Projektkursen an ihren Schulen ein. Sie melden ihre Erfahrungen mit dem Einsatz der Materialien zurück und äußern gegebenenfalls Wünsche zu Themenauswahl und Darstellungsweise. Die Hochschulen unterstützen mit Lösungsheften, Literaturtipps, Facharbeitsthemen, Klausuraufgaben, einer Zertifikatsklausur und Zertifikaten.

Am Couven-Gymnasium laufen iMPACt-Kurse bereits im fünften Jahr. Inzwischen ist die Zahl der explizit teilnehmenden Schulen auf mindestens vierzig gestiegen, von denen sich knapp die Hälfte im Großraum Aachen, die anderen unter anderem in Bonn, Düsseldorf, Kerpen, Mannheim, Offenburg, Tübingen, Freiburg, Berlin und Rom befinden. Die Zahl der Schulen, in denen die Materialien auszugsweise im Regelunterricht benutzt werden, ist noch deutlich höher. iMPACt läuft zum Teil in AG-Form, vor allem aber im Rahmen so genannter Projektkurse.

Die Umsetzung in Projektkursen   Mit Projektkursen wird in NRW seit dem Schuljahr 2011/12 den Spezialisierungswünschen und der Wahlfreiheit der Lernenden in der gymnasialen Oberstufe Raum gegeben.[3] Dabei handelt es sich um freiwilligen, aber regulären Unterricht, der zwei Halbjahre lang mit je zwei Wochenstunden stattfindet, benotet wird und zum Beispiel anstelle der Facharbeit in die Abschlussnote eingebracht werden kann. Die Schulen sind gehalten, einige Projektkurse anzubieten, können über die Teilnahme-

---

2   Für potentielle Nachahmer ist eventuell die Frage nach dem Gesamtaufwand interessant: Die Skripterstellung erfolgte aus Engagement und ohne zusätzliche Mittel zu etwa 25 % durch FH- und etwa 75 % durch RWTH-Professorinnen und -Professoren. Der Anfangsaufwand war sehr hoch: iMPACt band einmalig große Teile der vorlesungsfreien Zeit von je zwei Dozentinnen und Dozenten, anschließend für Korrekturlesen und Lösungserstellung noch entsprechend viele Mitarbeiterstunden. Seitdem aber ist iMPACt in großen Teilen ein von den Schulen getragener Selbstläufer. Dauerhaft bleiben die Ansprechbarkeit für die ausführenden Lehrkräfte, einmal pro Jahr ein Informations- und Austauschtreffen sowie das Erstellen, Organisieren und Korrigieren der Zertifikatsklausur.

3   Nähere Informationen unter: www.standardsicherung.schulministerium.nrw.de/cms/projektkurse-sii/ angebot-home/angebot-home.html

möglichkeit bzw. Teilnahmepflicht aller Schülerinnen und Schüler an mindestens einem Projektkurs jedoch selbst entscheiden. Viele Schulen sehen die Projektkurse als Chance, über den Pflichtbereich hinaus etwas für die Studierfähigkeit ihrer Absolventen zu tun. Besonders viele suchen geeignete Mathematikmaterialien. So haben sich Projektkurse im Sinne einer win-win-Situation als guter Rahmen für das Verfolgen gemeinsamer Schul- und Hochschulinteressen erwiesen. Die iMPACt-Inhalte werden von vielen Schulleitern und Lehrkräften, Jugendlichen und Eltern als sehr sinnvolle Nutzung des Projektkurs-Formats angesehen und lassen sich in die Rahmenvorgaben einpassen. Ausgesprochen gut erfüllt iMPACt folgende Aspekte der Zielsetzung (zitiert nach der in der Fußnote genannten Internetseite der Bezirksregierung): „Projektkurse fördern [u. a.] einen ‚langen Atem‘, selbstständiges und kooperatives Arbeiten, vertieftes wissenschaftspropädeutisches Arbeiten an Schwerpunkten und eine sachangemessene Kommunikation. […] Sie unterstützen die Fach-, Methoden-, Selbst- und Kooperationskompetenz.“

1.3   Inhalte und didaktisches Konzept

Die Themen der iMPACt-Arbeitshefte wurden den oben genannten Zielen entsprechend ausgewählt. Häufig handelt es sich um Inhalte, wie sie auch für mathematische Vorkurse an Hochschulen üblich sind. Diese werden jedoch nach speziellen didaktischen Gesichtspunkten ausgewählt und in besonderer Weise dargestellt. Auf beides wird weiter unten in diesem Abschnitt eingegangen. Das Konzept iMPACt sieht zunächst einen Einführungskurs vor, der wichtige mathematische Grundlagen und formal exakte Darstellungsweisen beinhaltet. Anschließend stehen ‚Folgen und Reihen‘ oder ‚Komplexe Zahlen‘ als Aufbauthemen zur Wahl. Wichtige Inhalte im Einzelnen sind:

- Summen- und Produktschreibweise, Fakultäten und Binomialkoeffizienten
- trigonometrische Funktionen und die Logarithmusfunktion
- Aussagenlogik und Mengenlehre
- Funktionen: Grundbegriffe und Anwendungen
- Natürliche Zahlen: Induktion und Rekursion
- Gleichungslehre
- Ungleichung und Betrag
- Folgen: Phänomen und Schreibweisen
- Geometrische Folgen und Reihen
- Grenzübergänge und Grenzen des Rechners
- Grenzwerte: Definition, Rechenregeln und Berechnung
- Monotonie, Beschränktheit und Monotoniekriterium
- Anwendungen zu Folgen und Reihen
- Zahlbereichserweiterungen
- Komplexe Zahlen: Definition als geordnete Zahlenpaare, Rechnen
- Komplexe Zahlenebene

- Komplexe Polardarstellung mit Grundlagen und geometrischen Anwendungen
- Komplexe Exponentialfunktion
- Polynomgleichungen über dem Körper der komplexen Zahlen

Die Auseinandersetzung mit den iMPACt-Materialien soll den flexiblen Umgang mit wissenschaftlichen Notationen und die Lesekompetenz im Bereich mathematischer Fachliteratur fördern. Dabei wird insbesondere auf die Deutung von Variablen und Parametern und den Umgang mit Axiomatik Wert gelegt. Auswahlkriterien für die Inhalte sind vor allem deren Repräsentativität für spezifisch mathematische Vorgehens- und Erkenntnisweisen sowie die Motivier- und Vermittelbarkeit auf Schulniveau. Die iMPACt-Arbeitshefte schlagen mit offenen Hinführungsaufgaben, Kästen, Beispielen, Übungs- und Argumentationsaufgaben eine Brücke zwischen dem im Regelunterricht vermittelten Stoff und den an den Hochschulen erwarteten Inhalten und Fertigkeiten. Leitlinien für die Darstellung sind: inhaltliche Reduktion, Motivation und Transparenz, Klarheit durch Kästen, Beispiele und Übersichten sowie ein möglichst weitgehender Verzicht auf ‚Vorratswissen‘. Anders als in vielen aktuellen Schulbüchern wird Mathematik in aller Regel in rein mathematischem Kontext präsentiert. Den besten Eindruck von der Art, in der Mathematik den Lernenden im iMPACt-Rahmen begegnet, vermittelt sicher ein konkreter Blick in die Skripte. Deshalb wurden repräsentative Schlaglichter hier in Abschnitt 1.6 eingefügt; wenn auch nicht im Schulbuch-ähnlichen, ansprechenderen und übersichtlicheren Originallayout der Hefte. Die vollständigen Skripte stehen frei zum Download zur Verfügung (siehe URL in Abschnitt 1.7).

Was die Methodik angeht, überlassen wir das meiste den Lehrkräften, die dabei unterschiedliche Vorlieben haben. Ihren Berichten nach haben sich insbesondere drei Unterrichtsformen bewährt: ‚normaler Unterrichtsstil‘, der gewohnt ist und dadurch den Zugang erleichtert, ‚Universitätsstil‘ mit Vorlesungs- und Übungsteilen, der herausfordert und einen Vorgeschmack liefert, und ‚Projektstil‘ (i. W. eigenständiges Durcharbeiten der Hefte), der ernst genommen wird, ausgesprochen kooperativ verläuft und Selbstvertrauen schafft. Bisweilen gibt es interessierte Schülerinnen oder Schüler, die aus organisatorischen Gründen nicht an einem Kurs teilnehmen können oder an deren Schule es keinen gibt. Für diese hat sich in Einzelfällen herausgestellt, dass sich die Arbeitshefte, wie bei der Konzeption angestrebt, auch zum selbstständigen Durcharbeiten eignen – allerdings unter der Einschränkung, dass zwecks Motivationserhalt und Fragemöglichkeit eine betreuende Lehrkraft als Ansprechpartner vermittelt wird. Wollte man das didaktische Konzept von iMPACt auf einen einzigen Satz reduzieren, ginge das am treffendsten wie folgt:

Didaktik ist nicht das Ersparen von Anstrengung, sondern das Wecken von Anstrengungsbereitschaft. (Lisa Hefendehl-Hebeker, mündlich, 2011)

1.4   Erfahrungen

Bisher hat keine – geschweige systematische – Untersuchung der Wirkung von iMPACt-Kursen stattgefunden. Eher kann man vorsichtig vom Erfolg sprechen, der der Sache Recht gibt: Die Beteiligten auf Hochschulseite arbeiten an iMPACt „immer dann, wenn alles andere vom Tisch ist". Dennoch bieten sie kontinuierlich Online-Materialien, Informationsveranstaltungen, individuelle Beratung und Unterstützung zum Thema und den Service einer korrigierten Zertifikatsklausur an. Viele Schulleiterinnen und Schulleiter wollen das Projekt. Lehrkräfte übernehmen die Stunden, obwohl diese meist höchstens zum Teil als Unterricht angerechnet werden. Wo immer iMPACt als Projektkurs angeboten wird, wird er von ausreichend vielen Lernenden gewählt, um zustande zu kommen. Das ist längst nicht bei allen angebotenen Projektkursen der Fall und mag unter anderem mit einer starken Befürwortung von Elternseite zusammenhängen. Wo iMPACt-Kurse einmal eingeführt sind, kommen sie bisher immer wieder zustande und werden zur festen Institution, was deutlich für ein positives Feedback von Freunden und älteren Geschwistern spricht. Eine große Zahl von Lernenden zeigt sich in der Auseinandersetzung mit iMPACt-Materialien durchaus anstrengungs- und frustrationsbereit. Dies äußert sich unter anderem durch freiwillige Teilnahme an der samstäglichen Zertifikatsklausur, bisher mit Bestehensquoten von knapp zwei Drittel.

Lehrkräfte melden uns zurück, die Materialien erleichterten die Vorbereitung enorm, in den Kursen sei ein sehr freiheitlicher und projektorientierter Unterricht möglich. Sie berichten außerdem von viel Diskussionsbedarf, starkem Interesse an reiner Mathematik, Ernsthaftigkeit, Freude an der Herausforderung und dem Finden von Gleichgesinnten. Die Schülerklientel bei iMPACt bestehe erfahrungsgemäß aus zwei Gruppen: zum einen den mathematisch hoch Begabten, die diese Form der Auseinandersetzung mit Mathematik schlicht genießen, zum anderen der größeren Gruppe derjenigen, die sich aktiv auf ein Studium vorbereiten wollen. Für beide erweise sich iMPACt als Orientierungshilfe und Zusatzvorbereitung auf mögliche Studiengänge, denn die Spannung auf das Studium sei groß und stärker von vagen Ängsten begleitet, als man denke. Da iMPACt schon seit mehreren Jahren läuft, liegen positive Rückmeldungen ehemaliger Teilnehmerinnen und Teilnehmer vor (Zitate auf der Homepage). Diese zeigen unter anderem, dass gerade schwächere Absolventen zu Studienbeginn „deutlich weniger irritiert" sind als andere Erstsemester.

Inhaltlich beobachten die Lehrkräfte, dass Begründungsaufgaben und kognitive Konflikte (wie Paradoxien zum Grenzwertbegriff) besonders faszinieren und Argumentationen auf hohem Niveau anregen. Bei Themen wie Mengenlehre, Aussagenlogik und Summenschreibweise wird die Freude am Erwerb von formalen Fertigkeiten geweckt. Zum Teil entdecken Lernende mit Talent zum abstrakten analytischen Denken ihre Begeisterung und Eignung für das Fach, denen der reguläre Mathematikunterricht wenig liegt. In anderen Fällen wirkt die Auseinandersetzung mit den iMPACt-Materialien positiv auf den regulären Unterricht zurück. Ich zitiere nach (Cramer et al., 2011, S. 60): „Im Rahmen der iMPACt-Kurse werden Begründungen und Beweise möglich, für die der reguläre Unterricht und die curricularen Vorgaben keinen Freiraum lassen. So können lose Enden aufgegriffen, logische Lücken gefüllt und Fehlvorstellungen behoben werden, die implizit im Lehrplan stecken und aufgeweckten Schülerinnen oder Schülern teils schmerzlich bewusst sind. Beispiele:

- Sauberes Argumentieren und Begründen wird bei vollständiger Induktion und indirekten Beweisen thematisiert und geübt. So können etwa Ableitungsregeln vollständig bewiesen statt nur intuitiv aus Spezialfällen erschlossen werden.
- Folgen, Reihen und Grenzwertbegriff untermauern die Infinitesimalrechnung und machen Aussagen wie $0,\overline{9} = 1$ in tieferem Sinne verständlich."

Übrigens wirkt das Projekt auch auf die Hochschullehre zurück: Bei manchem sackt erst dadurch die Erkenntnis, was in der Schule von heute eigentlich behandelt wird. Wo nicht überzeugend argumentiert werden kann, warum der ein oder andere Vorkursinhalt eigentlich so wichtig sei, führt dies bisweilen statt zur Übernahme durch iMPACt zum ‚Entstauben' des Vorkurses. In jedem Fall wird von Seiten beteiligter Dozentinnen und Dozenten weniger und konstruktiver ‚geklagt'.

1.5   Zur Übertragbarkeit und kritischen Einordnung

iMPACt erweist sich als Selbstläufer, der Wirkungsgrad des Projekts ist hoch: Mit den einmal entwickelten Materialien erreichen wir zu Beginn des fünften Projektjahres mindestens 500 Lernende mit neunzig Minuten Unterricht zum Thema pro Woche. Dies ist unserer Meinung nach wesentlich dem Umstand zu verdanken, dass iMPACt von Anfang an im persönlichen Austausch zwischen Schul- und Hochschullehrenden entwickelt wurde und gemeinsame bzw. gut vereinbare Interessen von Lehrenden an Hochschule und Schule, Lernenden und Eltern zur Basis hat. Projektkurse haben sich in Nordrhein-Westfalen als idealer organisatorischer Rahmen dafür erwiesen, so genannte ‚Seminarkurse' tragen zur Zeit zu einer schnellen Verbreitung in Baden-Württemberg bei. Eine Übertragung ist in viele weitere Bundesländer möglich, da diese vergleichbare Modelle haben.[4] Tatsächlich nehmen schon jetzt Schulen aus mindestens sieben verschiedenen Bundesländern teil, in manchen wird der Einsatz von zentraler Stelle empfohlen. Aus unserer Sicht ist gut vorstellbar, dass andere Hochschulen das Modell übernehmen bzw. abwandeln und für interessierte Schulen ihrer Region zur zentralen Anlaufstelle werden.

Bei aller Freude an den positiven Entwicklungen sollte allerdings mindestens eins zur kritischen Einordnung gesagt werden: Wir haben bisher nur deutliche Hinweise, dass iMPACt-Kurse besser auf die aktuell gängigen Mathematikanforderungen in MINT-Studiengängen vorbereiten. Ob iMPACt-Kurse damit auch besser auf die Anforderungen der nachfolgenden Berufsbilder vorbereiten, wissen wir nicht. Das zu untersuchen und dabei

---

4   ‚Projektkurs' in Nordrhein-Westfalen, ‚Seminarfach' in Niedersachsen, Saarland und Tübingen, ‚Seminarkurs' in Baden-Württemberg und Brandenburg, ‚Seminar' in Hamburg und Bayern.

speziell auf die Veränderungen der Berufsbilder von heute zu blicken, ist eine Aufgabe für sich – und zwar eine der größten und wichtigsten im Zusammenhang mit dem Thema dieses Bandes. (vgl. Cramer et al., 2014)

1.6   Exemplarische Skript-Ausschnitte

Kapitelanfang zum Thema „Aussagenlogik"

Einführung Im Folgenden geht es um Aussagen und den Umgang mit ihnen. Eine wesentliche Erkenntnis ist: Man kann etwas über die Verknüpfung von Aussagen herausfinden, ohne die Aussagen zu verstehen oder über ihre Wahrheitswerte entscheiden zu können. Es geht weniger um die Objekte als um die Beziehungen zwischen ihnen.

Aufgabe Sie sitzen in einem fremden Land in einem Cafe und hören am Nebentisch folgende Unterhaltungsfetzen mit:

- Alle Gldymix sind ja schließlich Swlabr.
- Beim Schürbeln haben wir auch schon wieder verloren.
- Aber Grmpf ist doch nicht flemp.
- Wir brauchen einfach einen neuen Xlydimac.
- Die Swlabr sind doch alle flemp.
- Was soll ein neuer Xlydimac, wenn wir einen nach dem anderen reingschürbelt kriegen?
- Grmpf hat immer betont, dass er gerne ein Gldymix ist.

Ihre Kenntnisse der Landessprache sind begrenzt. Trotzdem merken Sie auf und sind sicher, dass etwas nicht stimmen kann. Warum?

> **Begriff der Aussage, Arbeitsdefinition:**
> Eine Aussage **A** ist eine Behauptung, der auf eindeutige Weise (sinnvoll) ein Wahrheitswert **w** (wahr) oder **f** (falsch) zugeordnet werden kann.

Beispiel 1.1

„Ober, noch ein Bier!", „$\int_3^9 (7x - \pi)\, dx$" und „Ach Mensch, ausgerechnet jetzt!" sind keine Aussagen: Man kann nicht sinnvoll über einen Wahrheitswert entscheiden. „Herr Müller ist nicht der Cleverste.", „Der Pluto ist ein Planet unseres Sonnensystems." und „$4! + 11 = 35$" sind Aussagen, da man (zumindest prinzipiell) über den Wahrheitswert entscheiden kann.

Wissensspeicher zum Thema „Folgen"
Eine unendliche reelle Folge lässt sich als eine geordnete Liste reeller Zahlen auffassen, die den natürlichen Zahlen ab einem Startwert $N \in \mathbb{N}_0$ zugeordnet sind.

Folge Häufig sind Folgen auf eine der drei folgenden Arten gegeben: Explizit durch Auflistung endlich vieler Folgenglieder (mit „Pünktchen"), explizit durch einen Term, der die Berechnung des Folgenwertes aus dem Laufindex der Folge beschreibt, oder rekursiv durch Angabe eines Startwertes (bzw. mehrerer Startwerte) und einer Formel, nach der jedes Folgenglied aus dem (den) vorangegangenen zu berechnen ist.

Folge	Werteliste
$(a_n)_{n \geq N}$, $N \in \mathbb{N}_0$	$(9, 11, 13, 15, 17, \ldots)$
Folgenterm	**Rekursive Definition**
$(2n + 1)_{n \geq 4}$	$a_4 = 9$, $a_{n+1} = a_n + 2$ für alle $n \geq 4$

Besondere Folgen (arithmetisch, geometrisch, alternierend) Folgen, bei denen die Differenz aufeinanderfolgender Glieder konstant ist, nennt man arithmetisch. Folgen, bei denen der Quotient aufeinanderfolgender Glieder (sofern definiert) konstant ist, nennt man geometrisch. Folgen, deren Glieder abwechselnd positives und negatives Vorzeichen haben, nennt man alternierend.

Arithmetische Folge	$(c + k \cdot s)_{k \geq 0}$, $c, s \in \mathbb{R}$
	z. B. $(11, 8, 5, 2, -1, \ldots)$
Geometrische Folge	$(c \cdot q^k)_{k \geq 0}$, $c, q \in \mathbb{R} \setminus \{1\}$
	z. B. $(6, 12, 24, 48, 96, \ldots)$
Alternierende Folge	z. B. $((-1)^k \cdot (k^2 + 1))_{k \geq N}$
	oder $(5, -6, 8, -9, \ldots)$

Reihen Folgen, deren Glieder in Form von Partialsummen gegeben sind, nennt man Reihen. Reihen sind also selbst Folgen, zu denen es aber eine weitere Folge (ihre Differenzenfolge) gibt, aus denen sie durch Summieren der Folgenglieder entstehen: n-tes Glied der Reihe ist die Summe der ersten n Glieder der Folge.

Folge	Partialsumme	Reihe
$(a_n)_{n\geq 0}$	$s_n = \displaystyle\sum_{k=0}^{n} a_k$	$(s_n)_{n\geq 0}$ oder $\displaystyle\sum_{n=0}^{\infty} a_n$

Summenformeln Für einige Reihen, insbesondere für arithmetische und geometrische Reihen gibt es Summenformeln. Sie liefern einen geschlossenen Term zur Berechnung der Reihenglieder ohne Summenzeichen.

Arithmetische Reihe	$\displaystyle\sum_{k=0}^{n}(c + s \cdot k) = (n + 1) \cdot c + s \cdot \dfrac{n \cdot (n + 1)}{2}$

Geometrische Reihe	$\displaystyle\sum_{k=0}^{n} c \cdot q^k = c \cdot \dfrac{q^{n+1} - 1}{q - 1}$, $\quad q \in \mathbb{R} \setminus \{1\}$

„Geometrische Folgen und Reihen": Hinführung und Exkurse

Einführung In diesem Kapitel wird an Beispielen klar, warum die geometrischen Folgen und Reihen eine Sonderstellung einnehmen. Sie treten in den unterschiedlichsten Zusammenhängen auf. Die Kenntnis ihrer Eigenschaften und der flexible Umgang mit Parametern und Summenformeln sind deshalb unverzichtbar für das Lösen vieler Probleme. Viele davon erwachsen aus Anwendungen in anderen Wissenschaften oder kommen scheinbar spielerisch daher. Andere sind dagegen absolut innermathematisch und rühren an wichtige Grundlagen wie den Zahlbegriff.

Eine umständliche Art, die Dreiecksfläche zu berechnen

a) Gegeben sei ein gleichschenkliges rechtwinkliges Dreieck Δ, wobei die Schenkel die Länge a haben. (Für Skizzen können Sie $a = 5$ cm wählen.) Berechnen Sie die Fläche von Δ.

b) Bestimmen Sie nun näherungsweise die Fläche von Δ (die Näherungswerte heissen im Folgenden $A_1, A_2, \ldots$), indem Sie sie in mehreren Schritten durch die Flächensummen von Quadraten, die im Dreieck liegen, annähern. (Siehe Skizze in Abb. 1.1: Im ersten Schritt nimmt man ein Quadrat, im zweiten zwei weitere hinzu, im dritten vier weitere, usw.) Erstellen Sie auch eine Tabelle, in der Sie die Berechnungen und Näherungswerte protokollieren. (Falls Ihnen dies mit $a = 5$ angenehmer ist, rechnen Sie mit diesem konkreten Wert. Aber es geht eigentlich einfacher mit allgemeinem a.)

Abb. 1.1 Dreiecksnäherung durch Quadrate

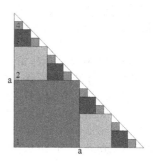

Abb. 1.2 Zenon aus Elea

c) Zeigen Sie, dass Teil b) zur allgemeinen Flächenformel für gleichschenklig rechtwinklige Dreiecke führt.

d) Was denken Sie: Kann man auch die Hypotenusenlänge mittels der entsprechenden Treppenlängen nähern? Notieren Sie Stichworte zur Begründung Ihrer Meinung.

Exkurs zu Paradoxien in der griechischen Philosophie Der griechische Philosoph Zenon (auch Zeno) von Elea (vgl. Abb. 1.2) lebte um 450 v. Chr. und beschäftigte sich vor allem mit dem Verhältnis von Raum, Zeit und Bewegung. Er tat dies in Form sogenannter Paradoxien, unter denen „Achilles und die Schildkröte" eine der bekanntesten ist. Im Wesentlichen geht es dabei um die Frage, ob die Welt in diskrete Einheiten zerlegbar oder kontinuierlich ist.

Die Paradoxien sind ähnlich angelegt wie indirekte Beweise: Der zu widerlegende Standpunkt (z. B. dass eine Strecke in unendlich kleine Teile geteilt werden kann) wird angenommen, um daraus die Unmöglichkeit laut Alltagserfahrung sehr wohl möglicher Vorgänge (z. B. das Einholen eines langsameren Läufers durch einen schnelleren) zu folgern. Insofern spielen mathematische Begriffe wie der des Unendlichen oder des Grenzwerts in den Paradoxien eine wichtige Rolle.

Tatsächlich gehen die Grundfragen Zenons und seines Lehrers Parmenides noch wesentlich weiter. Es wird zum Beispiel bezweifelt, ob Raum und Zeit überhaupt teilbar und Bewegungen überhaupt möglich sind. Ad absurdum führen dabei Annahmen wie die, dass ein Ereignis nie eintritt, wenn man unendlich viele Zeitpunkte benennen kann, zu denen es noch nicht eingetreten ist.

Exkurs – Interessantes über Primzahlen Jede rationale Zahl lässt sich in einen periodischen Dezimalbruch entwickeln. (Das kann man so einfach formulieren, wenn man 0,25 in der Form $0{,}25\overline{0}$ oder $0{,}24\overline{9}$ schreibt, und über die endliche Anzahl möglicher Reste bei der Division „Zähler durch Nenner" begründen.) Daraus folgt eine seltsame Aussage: Zu jeder Primzahl $p \notin \{2, 5\}$ existiert ein $n \in \mathbb{N}$ so, dass p Teiler von $\sum_{k=1}^{n} 9 \cdot 10^{k-1}$ ist. Unter den Teilern der Zahlen 9, 99, 999, 9999, … sind also alle Primzahlen außer der 2 und der 5 zu finden.

$$13 \nmid 9 \qquad 13 \nmid 99 \qquad 13 \nmid 999 \qquad 13 \nmid 9999 \qquad 13 \nmid 99\,999 \qquad 13 \mid 999\,999$$

„Geometrische Prozesse in der Anwendung": Kapitelanfang

Geometrische Folgen und Reihen in der Anwendung:

Sowohl geometrische Folgen als auch geometrische Reihen kommen in zahlreichen inner- und außermathematischen Anwendungen vor. Wichtige Beispiele sind Wachstumsprozesse und Abbauvorgänge aus den Naturwissenschaften, die Dezimalbruchentwicklung rationaler Zahlen und fraktale geometrische Figuren.

In den jeweiligen Anwendungen ist es wichtig zu erkennen,

- ob es sich überhaupt um ein geometrisches Bildungsgesetz handelt,
- ob jeweils die geometrische Folge oder die geometrische Reihe gefragt sind,
- welches die jeweiligen Parameter c und q sind bzw. wie man sie aus den gegebenen Informationen bestimmen kann und
- bei welchem Startwert N die Folge oder Reihe beginnt.

Beispiel 1.2

Ein Schilfrohr, das am ersten Tag der Messung 17 cm hoch ist, wächst von da an täglich um 4 mm. Wann wird es eine Höhe von 1 m erreichen?

Hier handelt es sich gar nicht um einen geometrischen Vorgang, da in jedem Schritt ein fester Summand hinzukommt.

Beispiel 1.3

Beim Entladen eines Kondensators wurde alle zwei Sekunden die Restspannung gemessen. Gefragt ist, ob die Messwerte zu einer geometrischen Folge gehören könnten und welches gegebenenfalls die Parameter sind. Die Messwerte sind in Tabelle 1.1 dargestellt.

Tab. 1.1 Restspannung beim Entladen eines Kondensators

Zeit in s	0	2	4	6	8	10
Spannung in V	12,5	10,1	7,95	6,45	5,1	4,1
U_{n+2}/U_n		0,81	0,79	0,81	0,79	0,80

Um das Vorliegen einer geometrischen Folge zu prüfen, berechnet man am besten die Quotienten aufeinanderfolgender Spannungen zu äquidistanten Zeitpunkten, wie es hier in der dritten Zeile bereits geschehen ist. Bis auf durch Messungenauigkeiten erklärbare Schwankungen scheint der Quotient konstant zu sein, d. h. es handelt sich um eine geometrische Folge. Möchte man Sekunden als Zeiteineinheiten haben, entspricht der hier errechnete Quotient allerdings dem Quadrat des Parameters: $q^2 = 0,8$. Der Startwert zur Zeit $t = 0$ (s) beträgt $c = 12,5$ (V). Zur Zeit t (in s) erhält man also die Spannung U (in V) mittels: $U(t) = 12,5 \cdot \sqrt{0,8}^t \approx 12,5 \cdot 0,89^t$

Beispiel 1.4

Weil Robin schon 14 Jahre alt ist, hat er anstelle eines Adventskalenders einfach eine 100 g-Tafel Schokolade bekommen. Statt nun aber jeden Tag eines der 24 Stücke zu essen, isst er jeden Tag die Hälfte dessen, was noch übrig ist. Wie viel g Schokolade hat er am Nikolaustag bereits verdrückt?

Da hier die Summe sukzessive immer kleiner werdender Teile gesucht ist, geht es um eine geometrische Reihe. Die bereits gegessene Menge in g ist nach sechs Tagen gegeben durch: $100 \cdot \sum_{j=1}^{6} 0,5^j \approx 98,44$

Übung 1.1

Ein Ball („Flummi") wird senkrecht fallen gelassen. Jedes Mal, wenn er auf dem Boden auftrifft, springt er wieder hoch und erreicht jeweils 90 % der vorherigen Höhe. Welche Gesamtstrecke legt er zurück, wenn er ursprünglich aus 1,5 m Höhe losgelassen wird? Wie gross wird die Gesamtstrecke, wenn der Ball beim Hochspringen 99 % der vorherigen Höhe erreicht? Und eine Sternchenfrage: Wenn die maximale Höhe von Sprung zu Sprung geometrisch abnimmt, tut dies auch die Zeit zwischen aufeinanderfolgenden Bodenkontakten. Würde ein gleich nach seiner Erfindung (um 1070) losgelassener Flummi theoretisch heute noch springen?

Übung 1.2

Cäsium[137] zerfällt infolge seiner Radioaktivität; und zwar halbiert sich die vorhandene Menge etwa alle dreißig Jahre. Handelt es sich hierbei überhaupt um einen durch eine geometrische Folge beschreibbaren Vorgang? Falls ja, wie viel Prozent des Cäsiums sind nach 90 (15, 40) Jahren noch vorhanden?

1.7   Weitere Informationen

Das Projekt iMPACt wurde ausführlicher auf dem MNU-Bundeskongress in Freiburg 2012 vorgestellt. Die Folien zum Vortrag sind online verlinkt. Abgesehen von den seitdem noch deutlich gestiegenen Zahlen der teilnehmenden Schulen und Nutzer sind die Inhalte aktuell. Grundsätzliche und jeweils aktuelle Informationen sowie sämtliche Materialien finden sich auf der Homepage.

- Präsentation: www.bundeskongress-2012.mnu.de/material/vortraege
- Homepage: www.mathematik.rwth-aachen.de/impact

1.8   Abschlussbemerkungen zum Thema des Tagungsbandes

Ich möchte in diesem abschließenden Teil des Beitrags je drei Punkte benennen, die ich im Kontext des Buchthemas für richtig beziehungsweise für falsch halte. Zugleich möchte ich etwas zur Einordnung der Fragestellung in ein größeres Ganzes sagen, das nachgerade trivial erscheinen mag, dessen Aspekte in der Diskussion meinem Eindruck nach aber viel zu häufig selektiv vergessen werden.

Drei richtige Ziele mit Schritten in ihre Richtung
Erstens: Bei der Konzeption der Vermittlung von Hochschulmathematik sollte der von Schulmathematik mehr Beachtung geschenkt werden. Und umgekehrt. Dazu braucht es Menschen, die beide Seiten kennen und mit den Vertretern beider Seiten kommunizieren können. Es braucht Foren des regelmäßigen Austauschs und der konstruktiven, themenge-bundenen Zusammenarbeit im Sinne gemeinsamer Interessen. Hochschuldozierende, die nach meinen Erfahrungen im Zweifel mehr Gestaltungsspielraum haben, sollten diesen wo möglich zur praktischen Unterstützung der schulischen Mathematiklehre nutzen.

Zur Einordnung: Bei der Abstimmung der Konzepte von Schul- und Hochschulmathe-matik sollten beide Parteien daran denken, dass die jeweils andere auch ‚am anderen En-de' etwas zu berücksichtigen hat: Die Schulanfänger von heute mit ihren Vorerfahrungen, Wesenszügen und Lebenswirklichkeiten auf der einen, die Berufsanforderungen und Zu-kunftsherausforderungen von heute auf der anderen Seite. Zudem ist die Schule zwar der einzige Zulieferer der Hochschule, die Hochschule aber nicht der einzige Abnehmer der Schule: Nach der aktuellen Studie von (Kortenkamp und Lambert, 2013) können große Teile der Bevölkerung unabhängig vom Schulabschluss in ihrem Alltag weder Volumen-abschätzungen noch Diagramminterpretationen für sich nutzen. Das wäre aber ein mindestens ebenso wichtiges Ziel, wie die adäquate Vorbereitung eines angemessenen Anteils auf MINT-Studiengänge und Berufe. Es ist sehr fraglich, ob Schule beide Ziele mit den gleichen Mitteln verfolgen kann.

Zweitens: Angehende Mathematiklehrer machen nur einen kleinen Teil derjenigen aus, die einen bewältigbaren Übergang von der Schule an die Hochschule verdienen. Aber ihre Aus- und Weiterbildung ist einer der wirksamsten Hebel für zukünftige Verbesserungen. Die jungen Menschen nach Kräften zu fördern und zu fordern, die sich der mathematischen Nachwuchsbildung zu widmen entschieden haben, und lebenslang mit ihnen im Austausch zu bleiben, sollte zu den obersten Zielen der Hochschulen gehören. Sie sind es, die Hochschuldozierende mit Interesse an mathematischer Bildung am ehesten auf ihre Seite holen können und am dringendsten auf ihrer Seite brauchen (vgl. auch das Ende von Abschnitt 1.1). Dazu darf allerdings die mathematische Kernausbildung der Lehramtskandidaten keinesfalls von der der übrigen Mathematikerinnen und Mathematiker entkoppelt werden.

Drittens: Der Zeitraum, in dem Spezialisierungsmöglichkeiten und Förderangebote Richtung Mathematik zur Verfügung stehen, sollte möglichst groß sein. Er sollte spätestens mit der schulischen Qualifikationsphase beginnen und ein ganzes Stück weit in die Bachelorstudiengänge hineinreichen. Großes Engagement von Seiten der Mathematikdidaktik verdienen in der nächsten Zeit vor allem Angebote, mit denen zwischen Schule und Hochschule Brücken geschlagen werden: „bezüglich der formalen Fertigkeiten, der Komplexität der behandelten Strukturen und des Abstraktionsniveaus, auf dem mathematisch argumentiert wird" (Cramer et al., 2011, S. 60).

Drei gut gemeinte, aber problematische Entwicklungen

Erstens: Manche der Anregungen in den neuen Curricula lesen sich, als wollte man alle erreichbaren Erlebnisse der Auseinandersetzung mit Wissenschaft allen Lernenden bereits in der Schule verschaffen: Sie sollen echte Modellierer, echte Forscher, kritische Hinterfrager und innovative Denker gewesen sein. Das ist offenkundig unrealistisch und hinsichtlich der suggerierten Selbsteinschätzung problematisch. Gerade 18jährige werden dann nicht nur zeitgleich mit dem eigenständigen, wilden Leben und sprunghaft veränderten Mathematikanforderungen konfrontiert, sondern dies auch noch in dem Gefühl, sie hätten im Wesentlichen schon alles gesehen. Deshalb sollten Modellieren, rationales Argumentieren und Problemlösen in der Schule meiner Meinung nach zwar unbedingt stattfinden; doch sollte dies statt unter inflationärem Gebrauch der entsprechenden Begriffe zusammen mit der angemessenen Bescheidenheit vermittelt werden.

Zweitens: So wertvoll vielfältige und zu den verschiedensten Zeiten nutzbare Angleichungsangebote sind, sollte nie suggeriert werden, wer erfolgreich Universitätsmathematik absolvieren will, müsse mehr oder weniger alle diese Angebote nutzen, und zwar schnell. Das wäre ein ebenso unachtsamer Umgang mit der Lebenszeit junger Menschen, wie es mangelnde gegenseitige Beachtung der Ausbildungsphasen untereinander ist. Die reguläre mathematische Lehre an Schule und Hochschule aufeinander abzustimmen bleibt das Kerngeschäft! Dabei geht es nicht in erster Linie um Tempo: Die Studierenden von heute werden aller Voraussicht nach einige Jahre länger arbeiten müssen als wir oder gar unsere Vorgänger. Wir müssen nicht alles dafür tun, dass sie auch noch zwei Jahre früher damit anfangen.

Drittens: Der Übergang zwischen Schule und Hochschule sollte zwar hinsichtlich der inneren Logik und der Charakteristika der Wissenschaft Mathematik geglättet werden, aber nicht in jeder und vor allem nicht notwendig in methodischer Hinsicht: Zu erleben, dass die Anforderungen plötzlich andere sind, dass man das ein oder andere noch längst nicht und umgekehrt etwas noch nie von einem Erwartetes überraschend gut im Griff hat, kann durchaus erfrischend und heilsam sein.

Literatur

Cramer, E., Heitzer, J., Hürtgen, H., Polaczek, C. & Walcher, S. (2011). Fit für's Studium – Argumentationsanlässe in der Oberstufe. *mathematik lehren*, 168, 58–61.

Cramer, E., Walcher, S. & Wittich, O. (2014). Mathematik und die „INT"-Fächer. In S. Prediger et al. (Hrsg.), *Mathematik in der Schule und im Studium*. New York: Springer.

Heitzer, J. & Roeckerath, C. (2012). Raum und Rahmen für mehr Mathe – das Aachener Schul-Hochschul-Projekt iMPACt. *Tagungsband 103. Bundeskongress MNU*, Freiburg.

Kortenkamp, U. & Lambert, A. (2013). So rechnet Deutschland. *dieZEIT*, 23|2013, 31–33.

Vorkurse und Mathematiktests zu Studienbeginn – Möglichkeiten und Grenzen

Gilbert Greefrath, Georg Hoever, Ronja Kürten
und Christoph Neugebauer

Zusammenfassung

Vorkurse und Mathematiktests zu Studienbeginn gibt es an vielen Hochschulen. Vorkurse sind an unterschiedlichen Standorten unterschiedlich akzentuiert und Mathematiktests sowie Self-Assessments für das Fach Mathematik werden zu unterschiedlichen Zwecken eingesetzt. In diesem Kapitel wird zunächst ein Überblick über unterschiedliche Vorkurs-Konzepte gegeben. Anschließend wird der Vorkurs an der Fachhochschule Aachen exemplarisch in diese Übersicht eingeordnet und auf der Basis einer Untersuchung an der Fachhochschule Aachen die Aussagekraft von Mathematiktests zu Studienbeginn diskutiert. Abschließend werden Online-Self-Assessments, die andere Schwerpunkte als Mathematiktests zeigen, in dieses Feld eingeordnet.

2.1 Einleitung

Gerade im Bereich der Mathematik ist der Übergang von der Schule in das Studium mit großen Hürden verbunden. Entsprechend zeigen sich an den Hochschulen hohe Abbruchquoten in Studiengängen mit signifikanten Mathematikanteilen. So geben etwa 80 % der Mathematik-Hauptfachstudierenden dieses Studium auf und studieren stattdessen ein anderes Fach oder verlassen die Universität (Dieter 2012). Die Motive für einen Studienabbruch sind dabei vielfältig. Die Studie des Hochschul-Informations-Systems (HIS) über die Ursachen eines Studienabbruchs aus dem Jahr 2010 bestimmt für das Studienjahr 2007/08 neben zu hohen Leistungsanforderungen auch finanzielle Probleme und mangelnde Studienmotivation als Faktoren für einen Studienabbruch (vgl. Heublein et al. 2010).

Probleme von Studierenden in Bezug auf die Leistungsanforderungen in mathematischen oder mathematikaffinen Studiengängen sind immer wieder Anlass, nach neuen Lö-

sungen dieser Probleme zu suchen. Nicht neu ist die Forderung nach Vor- oder Brückenkursen im Fach Mathematik (vgl. z. B. Kütting 1982: „Brauchen wir ein Nulltes Semester
in Mathematik?"). Die Konzeption von Vor- bzw. Brückenkursen für Studierende vor Studienbeginn wird jedoch derzeit an vielen Hochschulen neu diskutiert. So stellen einige
Hochschulen die Inhalte dieser Kurse von Vorgriffen auf Inhalte des ersten Semesters auf
Inhalte des Schulstoffs der Sekundarstufen I und II um (vgl. Cramer und Walcher 2010).

Um zum einen mögliche Vorkurskonzepte auf ihre Passung hin zu evaluieren und zum
anderen individuelle Unterstützungsangebote für die künftigen Studierenden machen zu
können, werden an vielen Hochschulen auch Tests zu Beginn des Vorkurses oder zu Beginn
des Studiums durchgeführt. Dies ist beispielsweise auch an den Fachhochschulen Aachen
und Münster der Fall. Es stellt sich daher die Frage, welche Aussagekraft solche Tests
haben können; etwa bezüglich Aussagen zur Wirkung von Vorkursen oder zur Prognose
oder Einschätzung für die Studierenden. Derartige Tests sind – ebenso wie viele Übungsaufgaben und Klausuren zu Mathematikvorlesungen – in der Regel ohne Hilfsmittel zu
bearbeiten. Dies stellt für die Studienanfängerinnen und -anfänger eine neue Situation dar,
weil sie im Mathematikunterricht einschließlich der Abiturprüfung im Fach Mathematik
häufig mit Taschenrechnern oder Taschencomputern gearbeitet haben. Dies ist sicher nur
ein Aspekt, der am Übergang von der Schule zur Hochschule zu bedenken ist.

Eine weitere Möglichkeit zu Studienbeginn zu unterstützen, bieten sogenannte Self-
Assessments. Diese können potenziellen Studienanfängerinnen und -anfängern eine detaillierte, studienfachbezogene Rückmeldung bezüglich ihrer Eingangskompetenzen geben
und sie so in ihrer Entscheidung für oder gegen ein bestimmtes Studium unterstützen, indem sie frühzeitig, d. h. vor Aufnahme eines Studiums, eine Rückmeldung bezüglich der
eigenen Fähigkeiten, Motive, Kompetenzen und Interessen bezogen auf den jeweiligen
Studiengang geben.

Im Folgenden soll zunächst ein Überblick über mögliche Vorkurs-Konzepte gegeben
werden. Anschließend diskutieren wir exemplarisch Informationen, die Studierende und
Lehrende aus Mathematiktests und Self-Assessments zu Studienbeginn erhalten können.

2.2   Vorkurs-Konzepte

Bei der Konzeption von Vorkursen können viele Aspekte berücksichtigt werden. Im Folgenden werden mögliche Entscheidungen zu Rahmenbedingungen, Zielen und Inhalten
sowie Kompetenzen diskutiert, die bei der Erstellung von Vorkurs-Konzepten getroffen
werden müssen.

2.2.1   Rahmenbedingungen

Zunächst stellt sich die Frage, welche Studierende mit einem mathematischen Vorkurs-
angebot angesprochen werden sollen. Dies können beispielsweise Lehramtsstudierende

für eine bestimmte Schulform, Mathematik-Fach-Studierende, angehende Ingenieure oder Studierende weiterer Studiengänge sein. In der Regel sind Vorkursangebote auf wenige Studiengänge beschränkt. Im Beispiel der Fachhochschule Aachen gibt es einen Vorkurs für die Ingenieurstudiengänge Elektrotechnik und Informatik.

Eine Festlegung zur Teilnahmeentscheidung der Studierenden am Vorkurs ist ebenfalls zu treffen. So kann ein Vorkurs freiwillig oder als Option angeboten werden. Im Rahmen der Option können etwa Bonuspunkte für Übungszettel oder für eine Klausur nach dem ersten Semester vergeben werden. Denkbar ist auch ein Pflicht-Vorkurs, in dessen Rahmen etwa ein Test absolviert wird, der für das weitere Studium Bedingung ist. An der Fachhochschule Südwestfalen in Meschede beispielsweise ist der Besuch des Vorkurses zwar freiwillig, an seinem Ende wird jedoch ein Test absolviert, der als Studienleistung Voraussetzung für den Studienabschluss ist. Studierende, die ausreichende Mathematikvorkenntnisse besitzen, können diesen Test absolvieren, ohne den Vorkurs besucht zu haben (vgl. Reimpell et al. 2014). Dadurch wird eine indirekte Verpflichtung erreicht. Im Falle von freiwilligen Vorkursen in Kassel aus dem Bereich der Wirtschaftswissenschaften hat sich gezeigt, dass Studienanfängerinnen und -anfänger mit FOS-Abschluss die Vorkurse relativ seltener besucht haben als Studienanfängerinnen und -anfänger mit Abitur, obwohl sie im Durchschnitt mit deutlich geringeren Schulmathematikkenntnissen das Studium aufnehmen (vgl. Voßkamp und Laging 2014).

Angeregt durch die vielfältigen Möglichkeiten des Internets werden Vorkurse häufig nicht mehr als reine Präsenzkurse angeboten, sondern durch online verfügbare Materialien unterstützt. Die Spannweite reicht dabei von reinen Online-Kursen wie dem Online-Mathematik-Brückenkurs (OMB) der TU Berlin (vgl. Roegner, Seiler und Timmreck 2014) oder dem Selbstlern-Vorkurs der Fakultät Technik der DHBW Mannheim (vgl. Derr et al. 2012) über kombinierte Blended-Learning-Kurse z. B. des Karlsruher Institut für Technologie (KIT) (Ebner und Folkers 2013), der TU Darmstadt oder der Universitäten Paderborn und Kassel (vgl. Bausch, Fischer und Oesterhaus 2014) bis hin zu reinen Präsenzkursen, wie sie zum Beispiel an der BiTS Iserlohn (vgl. Ruhnau 2013) durchgeführt werden. Sowohl reine Online-Kurse als auch Blended-Learning-Angebote bieten Studienanfängerinnen und -anfängern die Möglichkeit, sich auf das Studium vorzubereiten, ohne sich am Standort der Hochschule zu befinden. Diese Flexibilität bewirkt, dass auch dual oder berufsbegleitend Studierende an dem Vorkurs teilnehmen können. Des Weiteren ermöglichen die Selbstlernphasen den Studienanfängerinnen und -anfängern in ihrer eigenen Geschwindigkeit zu lernen. Verbunden mit diesem Zuwachs an Flexibilität ist jedoch auf der anderen Seite eine verringerte Kontrollmöglichkeit und für die Studierenden eine geringere Verbindlichkeit festzustellen (vgl. Derr et al. 2012). Blended-Learning Kurse finden häufig über längere Zeiträume von ein bis zwei Monaten statt, in denen sich Online-Selbstlernphasen und Präsenztermine abwechseln. In Wildau beispielsweise werden vier Online-Phasen, die jeweils 14 Tage umfassen, von Präsenzterminen am Wochenende abgeschlossen (vgl. Jeremias 2013), während sich am KIT ein einwöchiger Präsenzkurs an den dreiwöchigen Selbstlernblock anschließt (vgl. Ebner und Folkers 2013). Die Präsenztermine greifen die Inhalte der Selbstlernphase erneut auf und sollen Fragen klären sowie eine festere Verankerung des Gelernten bewirken (vgl. Ebner und Folkers 2013, Jeremias 2013).

Der 2013 im Rahmen des Projekts „Rechenbrücke" an der Fachhochschule Münster entwickelte Vorkurs ist ebenso ein Beispiel für einen Blended-Learning-Kurs, der neben einem zwölf Termine umfassenden Präsenzkurs auch Online-Materialien zur Vor- und Nachbereitung zur Verfügung stellt. Dazu gehören unter anderem Übungsaufgaben sowie Kurzvideos zu einzelnen Themen. Da die Klientel der Fachhochschule sich aus Vollzeit-, berufsbegleitenden und dual Studierenden zusammensetzt, sollen die Online-Materialien allen Zielgruppen zugleich eine Vorbereitung auf das Studium ermöglichen. Die Aufteilung des Kurses in zwölf inhaltlich abgeschlossene Module soll die Flexibilität weiter erhöhen, sodass einzelne Teile ausgelassen oder online bearbeitet werden können, wenn der Besuch des Präsenzkurses nicht möglich ist. Modularisierung und Flexibilisierung sollen den Studienanfängerinnen und -anfängern darüber hinaus eine an ihre persönlichen Fähigkeiten angepasste Vorbereitung auf das Studium ermöglichen. Mit Hilfe eines Eingangstests können die Studierenden entscheiden, welche Module des Vorkurses sie bearbeiten wollen.

2.2.2 Ziele und Inhalte

Mathematische Vor- und Brückenkurse werden häufig angeboten, um die Heterogenität der Voraussetzungen der zukünftigen Studierenden aufzugreifen und eine gemeinsame Grundlage zu schaffen, auf der anschließend die Mathematikveranstaltungen aufbauen können. Ein weiteres Ziel kann sein, den Studierenden, bei denen die Schulzeit schon einige Jahre zurückliegt, Wiederholungs- und Übungsphasen zum Einstieg in das Studium anzubieten. Dies geschieht, um die Studierenden optimal auf die Mathematikveranstaltungen der Hochschule vorzubereiten. Hier steht eher eine Nachbereitung des Mathematikunterrichts der Schule im Vordergrund. Hätte man das Ziel, bereits Inhalte des Studiums vorwegzunehmen und den Studierenden auf diese Weise den Einstieg ins Studium zu erleichtern, dann könnte man eher von einer Vorbereitung des Studiums sprechen.

Inhaltlich werden beispielsweise in einem Vorkurs an der Fachhochschule Aachen am Fachbereich Elektro- und Informationstechnik nach mathematischen Grundlagen die Kapitel Funktionen, Differential- und Integralrechnung sowie Vektorrechnung behandelt. Es handelt sich dabei um üblichen Schulstoff eines Gymnasiums mit einem großen Anteil von Inhalten aus der Sekundarstufe I.

In dem Vorkurs im Rahmen des Projekts „Rechenbrücke" an der Fachhochschule Münster handelt es sich um einen vergleichbaren Katalog. Zusätzlich werden in zwei von zwölf Modulen auch übergreifende mathematische Aspekte wie „Notieren von Aussagen und Gleichungen, Argumentieren und Systematisches Vorgehen" und schließlich übergreifende Aspekte für das Studium wie „Vorlesungsnachbereitung, Prüfungsvorbereitung, etc." behandelt. Man kann hier neben einer Nachbereitung des Mathematikunterrichts der Schule auch eine Vorbereitung auf die Anforderungen des Studiums erkennen. Diese Vorbereitung bezieht sich jedoch auf Metawissen sowie fachübergreifende methodische und organisatorische Hinweise (vgl. Hoffkamp, Schnieder und Paravinci 2013).

Das *cooperations-team schule – hochschule (cosh)* aus Baden-Württemberg hat einen Mindestanforderungskatalog Mathematik erstellt, der auf einem Konsens von Schulen und Hochschulen beruht und letzteren eine Grundlage für eine sinnvolle Auswahl der mathematischen Inhalte eines Vorkurses oder eines Mathematiktests zu Studienbeginn liefert (vgl. Dürrschnabel et al. 2013). An der Fachhochschule Münster wurden im Rahmen des fachbereichsübergreifenden Projekts „Rechenbrücke" basierend auf diesem Katalog in Absprache mit den Dozenten der Mathematik die Inhalte des Vorkurses ausgewählt. Ergänzt wurden die Ergebnisse von *cosh* durch die Erfahrungen der Dozenten auf der Basis typischer Schwierigkeiten von Studierenden und typischer Fehler in Klausuren[1].

2.2.3 Kompetenzen

Die Vermittlung der mathematischen Kompetenzen in Vorkursen kann unterschiedlich akzentuiert stattfinden. So stellt sich einerseits die Frage, ob sie eher prozessbezogen, also mit einem Schwerpunkt auf allgemeinen mathematischen Kompetenzen etwa auf Problemlösen, Modellieren und Argumentieren oder eher inhaltsbezogen, also eher strukturiert nach mathematischen Sachgebieten, erworben werden. Zu den prozessbezogenen Kompetenzen gehört auch das Kommunizieren. Lese- und Schreibübungen im Rahmen des fachlichen Kommunizierens sind beispielsweise Bestandteil des von Bikner-Ahsbahs und Schäfer (2013) vorgestellten Aufgabenkonzepts für eine Anfängervorlesung Mathematik.

Auch die inhaltsbezogenen Kompetenzen können unterschiedlich akzentuiert werden. In den Bildungsstandards (2012) für die allgemeine Hochschulreife findet man beispielsweise neben der Strukturierung nach Leitideen (Algorithmus und Zahl, Messen, Raum und Form, Funktionaler Zusammenhang, Daten und Zufall) auch die mathematischen Sachgebiete Analysis, Lineare Algebra/Analytische Geometrie und Stochastik als Strukturierungsmöglichkeit.

Ein weiterer Aspekt ist die Entscheidung bezüglich der Nutzung digitaler Mathematikwerkzeuge (Computeralgebrasystem, Tabellenkalkulation, Funktionenplotter, dynamische Geometriesoftware, …). So kann man einerseits hilfsmittelfrei verfügbare mathematische Kompetenzen fördern oder gerade die Nutzung digitaler Mathematikwerkzeuge in den Vordergrund stellen.

Diese Entscheidung hängt zusammen mit der Frage, ob die Vermittlung eher zum Ziel hat, Wissen einschließlich der Entwicklung entsprechender Grundvorstellungen (vgl. vom Hofe 2003) zu vermitteln oder mehr auf das sichere Verwenden der entsprechenden Kalküle, also mathematische Fertigkeiten, abzielt. Wissen bezeichnet dabei die im gesellschaftlichen Bewusstsein verankerten Abbilder der Realität. Fertigkeiten bilden zusammen mit

---

1 Der aktuell verwendete Katalog ist unter https://www.fh-muenster.de/studium/downloads/ Mindestanforderungskatalog_Mathematik_FH_Muenster.pdf abrufbar (abgerufen am 29.01.2014).

den Fähigkeiten das Können. Sie sind automatisierte Komponenten, die nicht bewusst gesteuert werden müssen (vgl. Pippig et al. 1988).

Ein Vorkurs kann aber ebenso konzipiert werden um allgemeine Kompetenzen für ein Studium zu vermitteln, etwa überfachliche Lernmethoden oder Studienorganisation einschließlich der universitären Arbeitsweise oder eher soziale Kompetenzen vermitteln wie das Kennenlernen von Studierenden oder Dozierenden zu Studienbeginn. So werden etwa einige Vorkurse so konzipiert, dass der Dozent sowie die Tutorinnen und Tutoren des Kurses auch das begleitende Team in der Anfängervorlesung im ersten Semester sind (vgl. Riedl, Rost und Schörner 2014). Eine Übersicht über Entscheidungen im Rahmen einer Vorkurs-Konzeption zeigt Abb. 2.1.

2.3   Mathematiktests an der Fachhochschule Aachen

Mathematiktests zu Studienbeginn können Lehrenden Informationen über die Vorkenntnisse und Ausbildung der zukünftigen Studierenden liefern. Sie können aber auch verwendet werden, um den Kompetenzzuwachs während eines Vorkurses zu messen oder Zusammenhänge zwischen Vorkenntnissen und Studienerfolg zu erheben. Solche Mathematiktests können ferner genutzt werden, um Studierenden Informationen über mögliche Defizite und schließlich Hinweise auf geeignete Selbstlernmaterialien zu geben. Im Folgenden werden Ergebnisse eines solchen Tests, der an der Fachhochschule Aachen durchgeführt wurde, vorgestellt. Dabei wurden der Kenntnisstand zu Beginn des Studiums sowie Veränderungen, die nach Durchführung des Vorkurses festgestellt werden konnten, erhoben. Außerdem wurden Zusammenhänge zu Klausuren nach dem ersten und zweiten Semester untersucht. Detailliertere Ergebnisse werden in Greefrath und Hoever (i. V. für 2014) veröffentlicht.

2.3.1   Konzeption

Im Rahmen einer Untersuchung an der Fachhochschule Aachen wurden seit dem Wintersemester 2009/10 jeweils zwei Mathematik-Tests ohne Notenrelevanz für die Studierenden durchgeführt. Die Tests wurden bis inklusive des Wintersemesters 2012/13 von 809 Studierenden bearbeitet. Test 1 fand jeweils zu Beginn des Vorkurses statt, Test 2 eine Woche nach Ende des Vorkurses zu Beginn der regulären Vorlesungszeit. Die Mathematik-Tests bestehen aus 16 Items, die sich auf die Vorkurs-Inhalte beziehen. Der Vorkurs richtete sich an angehende Elektrotechnik- und Informatik-Studierende und stellt mathematische Fertigkeiten aus dem Mathematikunterricht der Schule in den Mittelpunkt (s. Abb. 2.2).

Die Tests beinhalten auch eine statistische Erhebung zur Art und zum Zeitpunkt des Schulabschlusses, zur schulischen Vorbildung in Mathematik sowie zum Einsatz von digitalen Werkzeugen im Mathematikunterricht. Außerdem wurden die Klausurergebnisse der

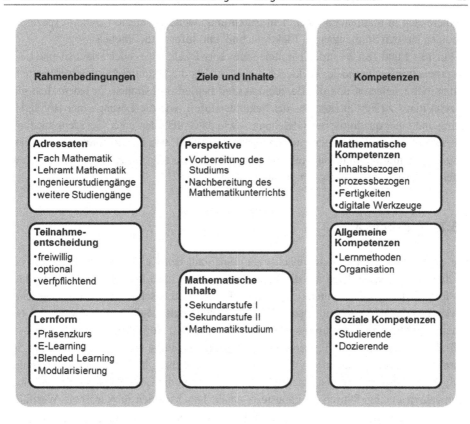

Abb. 2.1 Entscheidungen im Rahmen einer Vorkurs-Konzeptionen

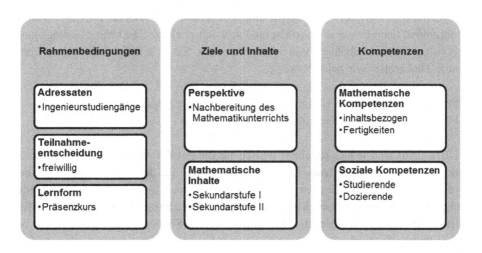

Abb. 2.2 Vorkurs-Konzeption an der Fachhochschule Aachen

Studierenden in Mathematik nach dem ersten und zweiten Semester sowie in speziellen Modulen aus den Studiengängen Elektrotechnik und Informatik erhoben.

Für Test 1 und Test 2 wurden parallele Items entwickelt, die es auch erlauben eine Leistungssteigerung während des Vorkurses zu messen. Für die Testdurchführung werden keine Hilfsmittel zugelassen und die Bearbeitungszeit beträgt 30 Minuten. In jedem Test gibt es zehn Items zu Fertigkeiten aus der Sekundarstufe I, wie die Lösung einer Bruchgleichung und einer quadratischen Gleichung sowie das Aufstellen einer Geradengleichung, und sechs Items zu Fertigkeiten aus der Sekundarstufe II, wie das Bestimmen von Ableitung und Stammfunktion. Ein Reliabilitätstest für innere Konsistenz des (zweiten) Tests liefert für Cronbachs Alpha einen reliablen Wert von 0,82.

2.3.2 Ergebnisse

Die Ergebnisse beziehen sich zunächst zum einen auf den Kenntnisstand zu Beginn des Studiums und zum anderen auf die Veränderungen, die nach Durchführung des Vorkurses festgestellt werden konnten. Ein weiterer Ergebnisteil beschäftigt sich mit möglichen Wirkungen des Vorkurses auf spätere Klausurergebnisse der Mathematikvorlesungen. Die Inhalte der Mathematikvorlesungen sind in Hoever (2013) zu finden.

Bei dem jeweils ersten Test erreichen die Studierenden, je nach Voraussetzungen, im Durchschnitt Lösungsquoten von 40–50 %. Dies ist zunächst – in Anbetracht der gestellten Aufgaben – besorgniserregend niedrig, allerdings liegen die Lösungsquoten des seit über zehn Jahren durchgeführten Eingangstests an Fachhochschulen in Nordrhein-Westfalen noch darunter (vgl. Knospe 2008 und 2011). Im Unterschied zu Knospe (2008) wurden in Aachen allerdings nur innermathematische Aufgaben und auch solche aus dem Bereich der Sekundarstufe II verwendet, daher sind die Tests nicht direkt vergleichbar.

Studierende mit allgemeiner Hochschulreife schneiden im Mittel um etwa zwei von 16 richtig gelöste Items besser ab als solche mit Fachhochschulreife. Die höhere Lösungsquote zeigt sich praktisch unabhängig von der Art der Items. Sie ist lediglich bei wenigen Items nicht zu beobachten, wie beispielsweise

- Für welchen Wert von x gilt $\lg(x) = 2$? Dabei ist $\lg$ der Logarithmus zur Basis 10.
- Führen Sie folgende Polynomdivision durch: $(x^3 + 5x^2 + x - 15) : (x + 3)$.

Diese Items sind jedoch durchaus typisch für die Art der Aufgabenstellungen der in beiden Tests verwendeten Items. Deutliche Unterschiede bei den Vorkenntnissen können für die unterschiedlichen Studiengänge festgestellt werden. Angehende Elektrotechnik-Studierende kommen mit deutlich besseren Vorkenntnissen an die Hochschule als die Informatik-Studierenden. Die schwachen Leistungen späterer Studienabbrecher zeigen sich bereits zu Beginn des Vorkurses.

Der Vergleich der Ergebnisse vor und nach dem Vorkurs zeigt eine deutliche Verbesserung der Testergebnisse um durchschnittlich etwa 3,5 gelöste Items. Es wurden auch deutliche Steigerungen von schwachen Test 1-Ergebnissen zu guten Test 2-Ergebnissen beobachtet. Bei den Items zu den Bereichen Potenz- und Logarithmengesetze, Trigonometrie, Polynomdivision sowie Vektorrechnung konnten besonders deutliche Steigerungen beobachtet werden.

Die Studierenden mit Fachabitur konnten im Vergleich durchschnittlich eine größere Steigerung erzielen, als solche mit allgemeiner Hochschulreife. Dies lässt sich aber möglicherweise auch auf den Deckeneffekt zurückführen. Auch der Vergleich der Studierenden mit allgemeiner Hochschulreife im Test 2, die am Vorkurs teilgenommen haben, mit denen, die an Test 2 ohne Vorkurs teilgenommen haben, zeigt einen hochsignifikanten Mittelwertunterschied zugunsten der Vorkursteilnehmenden.

Ermutigend ist, dass die Lösungsquoten des Tests nach dem Vorkurs in Aachen auf fast 70 % anstiegen. Einige Defizite der Studierenden in hilfsmittel-freien mathematischen Kompetenzen lassen sich also zu großen Teilen kurzfristig, im Rahmen eines geeigneten Vorkurses, beheben.

Der folgende weitere Ergebnisteil beschreibt Untersuchungen zu möglichen Wirkungen des Vorkurses auf spätere Klausurergebnisse. Betrachtet man die Klausurergebnisse nach dem ersten und zweiten Semester in Abhängigkeit von der Teilnahme am Vorkurs, so lassen sich auch nach dieser Zeit noch deutlich bessere Ergebnisse der Vorkursteilnehmenden innerhalb der einzelnen Notengruppen der Klausurergebnisse feststellen. Es bleibt allerdings offen, welche Ursache für diesen Effekt maßgeblich ist. Denkbar sind hier auch Faktoren wie Anstrengungsbereitschaft, da die Vorkursteilnahme freiwillig war.

Mögliche Korrelationen mit dem Klausurergebnis am Ende des zweiten Semesters zeigen, dass die Punktzahl beim Mathematiktest (1 bzw. 2) mit der Note der Mathematikklausur nach dem zweiten Semester stärker korreliert, als die Mathematiknote im Schulabschlusszeugnis. Zur Durchschnittsnote des Schulabschlusszeugnisses, Art des Schulabschlusses und dem Einsatz von Taschenrechner mit Grafik-Funktion in der Schule ist keine Korrelation zur Klausurnote nach dem zweiten Semester nachweisbar.

Der Test erscheint in dieser Konstellation also als gute Prognose für den Studienerfolg in den beiden Mathematik-Vorlesungen, zumindest als bessere Prognose im Vergleich zur Mathematiknote in der Schule oder der Durchschnittsnote des Schulabschlusszeugnisses. Das ist besonders in Anbetracht der Kürze des Tests ein interessantes Ergebnis.

2.4   Online-Self-Assessments

„Self-Assessments (Selbsteinschätzungstests) zur Studienwahl sind darauf ausgerichtet, eine bessere Passung zwischen den Studieninteressierten und der Studierfähigkeit von angehenden Studierenden und den Anforderungen eines Studienganges zu erzielen" (Baker und Tillmann 2007, S 80). Dies ist insbesondere wichtig, da „die Erwartungen von Studieninteressierten häufig beträchtlich von den tatsächlichen Studieninhalten und Anforderungen abweichen" (Tillmann, Baker und Krömker 2007, S. 70) und dadurch falsche Entscheidungen hinsichtlich der Studienfachwahl getroffen werden.

2.4.1 Ziele und Intentionen

Neben kognitiven Fähigkeiten wie z. B. mathematischen Kenntnissen – sofern diese für das Studium eines Fachs benötigt werden – werden in Online-Self-Assessments auch die nichtkognitiven Aspekte Motivation, Interesse und Engagement der Studieninteressierten erhoben, die nach Weinert (2001) neben Wissen und Problemlösestrategien Bestandteile von Kompetenzen sind.

Um Studieninteressierte bei der Wahl eines passenden Studienganges zu unterstützen und die Fachwechsler- und Abbrecherquote verringern zu können, bieten Online-Self-Assessments „eine differenzierte Ergebnisrückmeldung [die] bei der Einschätzung der eigenen Passung zu den spezifischen Anforderungen eines Studienganges [hilft] und dadurch als Entscheidungshilfe bei der Studienwahl dienen [kann]".[2] In Nordrhein-Westfalen bieten momentan vier von 18 Universitäten Self-Assessments an, von den übrigen 14 Universitäten verweisen fünf auf Tests anderer. Abhängig von ihrer Intention lassen sich die Tests in vier Kategorien einordnen (vgl. Heukamp et al. 2009).

Diese Kategorisierung ist als vereinfachtes Ordnungsschema zu sehen, da die meisten verfügbaren Self-Assessments Mischformen dieser vier Grundtypen darstellen (s. Abb. 2.3).

Abb. 2.3 Einteilung von Self-Assessments (Heukamp et al. 2009, S. 4)

---

2 Rheinische Friedrich-Wilhelms-Universität Bonn – Online-Self-Assessment (Allgemeine Informationen I): http://www.zem.uni-bonn.de/arbeitsbereiche/evaluation-qualitaetssicherung/bildung/online-self-assessment (abgerufen am 20.09.2013)

2.4.2 Aufbau

Die meisten Self-Assessments lassen sich in drei Teile unterteilen, einen organisatorischen, einen inhaltlichen und einen Auswertungsteil. Es wird darauf hingewiesen, dass die Verwendung von Papier und Stift für Notizen bei der Lösung der Aufgaben hilfreich sein kann, der Einsatz eines Taschenrechners jedoch auch im Hinblick auf die spätere Vergleichbarkeit der eigenen Ergebnisse mit dem Durchschnitt aller vorliegenden Ergebnisse nicht in Betracht gezogen werden sollte.

Beispielhaft für die existierenden Self-Assessments in NRW soll an dieser Stelle ein Test der RWTH Aachen näher vorgestellt werden. Neben der Studienmotivation (35 Items), Eigeninitiative und Engagement (12 Items) werden die Themenbereiche Lesetexte (4 Texte), Mathematikaufgaben (16 Items) und Tabellen und Grafiken (6 Items) erfasst. Inhaltlich werden vor allem Bereiche der Sekundarstufe I getestet. Dabei handelt es sich um üblichen Schulstoff aus den Themengebieten Algebra, Stochastik, Bruchrechnung, Prozent- und Zinsrechnung und Funktionen. Alle Mathematikaufgaben weisen ein geschlossenes Antwortformat auf. Zu jeder Aufgabe werden vier Antwortmöglichkeiten angeboten, von denen jeweils nur eine richtig ist. Die Kompetenzen in diesen Inhaltsbereichen werden sowohl mit reinen Rechenaufgaben als auch durch eingekleidete Aufgaben und Textaufgaben erhoben.

Die Ergebnisrückmeldung an die Testteilnehmer stellt ein zentrales Element eines Self-Assessments dar. Die Rückmeldung zu den Aufgaben des Aachener Tests findet erst am Ende des gesamten Tests statt. Dazu bekommt jeder Teilnehmer eine individuelle Rückmeldung und wird einem unteren, mittleren oder oberen Leistungsbereich zugeordnet. Oftmals fehlt in Self-Assessments eine Ergebnisrückmeldung mit direktem Bezug zur Aufgabe. Somit ist es nicht möglich nachzuvollziehen, welche Aufgaben richtig und welche falsch gelöst wurden. Erst durch eine Rückmeldung, die die Stärken und Schwächen der Studieninteressierten aufweist, wird ein Abgleich mit den Anforderungen des jeweiligen Studiengangs ermöglicht, so dass die Ziele der Universitäten erreicht werden können.

2.4.3 Mathematische Kompetenzen in Self-Assessments

Betrachtet man die mathematischen Testaufgaben der Self-Assessments aus NRW unter dem Aspekt der in den Bildungsstandards (2012) geforderten allgemeinen mathematischen und inhaltsbezogenen Kompetenzen, so stellt man fest, dass die prozessbezogenen Kompetenzen K4 („Mathematische Darstellungen verwenden"), K5 („Mit symbolischen, formalen ...") und K6 („Mathematisch kommunizieren") am meisten gefordert werden. Wenig Berücksichtigung finden dagegen die Kompetenzen K1 („Mathematisch argumentieren"), K2 („Probleme mathematisch lösen") und K3 („Mathematisch modellieren"), obwohl gerade diese drei Kompetenzen einen wichtigen Teil des mathematischen Wissens bilden, das Grundlage für ein erfolgreiches Studium im Fach Mathematik ist.Der Schwerpunkt bei den inhaltsbezogenen Kompetenzen liegt auf den Leitideen L1 („Algorithmus und Zahl"), L4 („Funktionaler Zusammenhang") und L5 („Daten und Zufall"). Die meisten Mathematik-aufgaben der Self-Assessments können dem Anforderungsbereich I („Reproduzieren"), die übrigen dem Anforderungsbereich II („Zusammenhänge herstellen") zugeordnet werden.

2.5   Fazit

Konzepte von Vorkursen können vielfältig sein und zahlreiche Aspekte berücksichtigen. Die Kombination aus Mathematiktests und modularen Vorkursangeboten ist eine Möglich-keit mit den heterogenen Voraussetzungen der künftigen Studierenden umzugehen.

Mathematiktests, wie sie üblicherweise zu Beginn des Studiums stattfinden, können in der Regel nur einen kleinen Teil des Spektrums an mathematischen Kompetenzen abbil-den, die während der Schulausbildung oder des Studiums von Bedeutung sind. Interessant ist, dass dieser kleine Ausschnitt, der häufig den Schwerpunkt im Bereich der händischen Fertigkeiten hat, wie das auch im Beispiel der Fachhochschule Aachen der Fall ist, für Mathematik-Klausuren während des Studiums offenbar bedeutsam ist – bedeutsamer als die Mathematik-Note des Schulabgangszeugnisses oder der Abiturdurchschnitt. Das zeigt, dass die in der Schule vermittelten Kompetenzen möglicherweise die händischen Fertig-keiten nicht hinreichend berücksichtigen, da sonst die Mathematik-Note der Schule und das Testergebnis näher beieinander liegen würden. Andererseits stellt sich die Frage, ob in den schriftlichen Prüfungen an den Hochschulen Grundvorstellungen und prozessbe-zogenen Kompetenzen neben den händischen Fertigkeiten ausreichend Berücksichtigung finden.

Online-Self-Assessments legen Schwerpunkte stärker in den Bereich nichtkognitiver Aspekte. Inhaltliche Kompetenzen werden ebenfalls hilfsmittelfrei getestet. Geometrische Inhalte sowie die allgemeinen mathematischen Kompetenzen Argumentieren, Modellie-ren und Problemlösen finden nur wenig Berücksichtigung. Dies lässt auf der Basis der Ergebnisse der Untersuchung an der Fachhochschule Aachen vermuten, dass sie viele An-forderungen aus Mathematikklausuren an den Hochschulen abbilden.

Um Studierenden einen passenden Übergang von der Schule zur Hochschule zu ermög-lichen, können Mathematiktests und Vorkurse von wenigen Tagen oder Wochen aber nur ein kleiner Baustein eines Gesamtkonzepts sein, das semesterbegleitend den Übergang von der Schule an die Hochschule in den Blick nehmen sollte.

Literatur

Baker, A. A. & Tillmann, A. (2007). Ein generisches Konzept zur Realisierung von Self-Assessments zur Studienwahl und Selbsteinschätzung der Studierfähigkeit. In C. J. Eibl, J. Magenheim, S. Schubert & M. Wessner (Hrsg.), *DeLFI 2007. Die 5. E-Learning Fachtagung Informatik*. Bonn: Köllen Druck + Verlag, 79–89.

Bausch, I., Fischer, P. R. & Oesterhaus, J. (2014). Facetten von Blended Learning Szenarien für das interaktive Lernmaterial VEMINT – Design und Evaluationsergebnisse an den Partneruniversitäten Kassel, Darmstadt und Paderborn. In I. Bausch et al. (Hrsg.), *Mathematische Vor- und Brückenkurse, Konzepte und Studien zur Hochschuldidaktik und Lehrerbildung Mathematik.* Wiesbaden: Springer Fachmedien, 87–102.

Bikner-Ahsbahs, A. & Schäfer, I. (2013). Ein Aufgabenkonzept für die Anfängervorlesung im Lehramt Mathematik. In C. Ableitinger, J. Kramer, & S. Prediger (Hrsg.). *Zur doppelten Diskontinuität in der Gymnasiallehrerbildung.* Heidelberg: Springer Spektrum, 57–76.

Bildungsstandards (2012). Bildungsstandards im Fach Mathematik für die Allgemeine Hochschulreife (Beschluss der Kultusministerkonferenz vom 18.10.2012), http://www.kmk.org/fileadmin/ veroeffentlichungen_beschluesse/2012/2012_10_18-Bildungsstandards-Mathe-Abi.pdf (abgerufen am 27.01.2014).

Cramer, E. & Walcher, S. (2010). Schulmathematik und Studierfähigkeit. *Mitteilungen der DMV* 18, 110–114.

Derr, K., Hübl, R., Ochse, J. & Vandaele, C. (2012). *Studienvorbereitung Mathematik: Selbstlernangebot der Fakultät Technik,* http://www.dhbw-mannheim.de/fileadmin/dhbw/fak-technik/projekte/ Vorbereitung_Mathematik_studium_duale_2012.pdf (abgerufen am 20.09.2013).

Dieter, M. (2012). *Studienabbruch und Studienfachwechsel in der Mathematik: Quantitative Bezifferung und empirische Untersuchung von Bedingungsfaktoren.* Dissertation, Universität Duisburg-Essen.

Dürrschnabel, K., Klein, H.-D., Niederdrenk-Felgner, C., Dürr, R., Weber, B. & Wurth, R. (2013). *Mindestanforderungskatalog Mathematik der Hochschulen Baden-Württembergs für ein Studium von MINT oder Wirtschaftsfächern (WiMINT),* http://www.mathematik-schulehochschule.de/stellungnahmen/aktuelle-stellungnahmen/120-s-04-mindestanforderungskatalogmathematik-der-hochschulen-baden-w%C3%BCrttembergs.html (abgerufen 27.01.2014).

Ebner, B. & Folkers, M. (2013). Ein Blended Learning Vorkurs Mathematik für die Fachrichtung Wirtschaftswissenschaften am Karlsruher Institut für Technologie (KIT). In A. Hoppenbrock et al. (Hrsg.), *Mathematik im Übergang Schule/Hochschule und im ersten Studienjahr – Extended Abstracts zur 2. khdm-Arbeitstagung 20.02. – 23.02.2013,* http://nbn-resolving.de/urn:nbn:de:hebis:34-2013081343293 (abgerufen am 27.01.2014).

Greefrath, G. & Hoever, G. (i. V. für 2014). Was bewirken Mathematik-Vorkurse? Eine Untersuchung zum Studienerfolg nach Vorkursteilnahme an der FH Aachen. Eingereicht für: R. Biehler, R. Hochmuth, H.-G. Rück, A. Hoppenbrock: *Mathematik im Übergang von Schule zur Hochschule und im ersten Studienjahr,* Wiesbaden: Springer Spektrum.

Heublein, U., Hutzsch, C., Schreiber, J., Sommer, D. & Besuch, G. (2010). Ursachen des Studienabbruchs in Bachelor- und in herkömmlichen Studiengängen. Ergebnisse einer bundesweiten Befragung von Exmatrikulierten des Studienjahres 2007/08. *HIS: Forum Hochschule* 2/2010. Hannover.

Heukamp, V., Putz, D., Milbradt, A. & Hornke, L. F. (2009). Internetbasierte Self-Assessments zur Unterstützung der Studienentscheidung. In H. Knigge-Illner et al. (Hrsg.), *Zeitschrift für Beratung und Studium. Handlungsfelder, Praxisbeispiele und Lösungskonzepte. Self-Assessments – neue Wege für Studienorientierung und Studienberatung?* Bielefeld: Universitäts Verlag Webler, 2–8.

Hoever, G. (2013). Höhere Mathematik kompakt. Berlin, Heidelberg: Springer Spektrum.

Hoffkamp, A., Schnieder, J. & Paravicini, W. (2013). Vorkurs kompetenzorientiert – Denk- und Arbeitsstrategien für das Lernen von Mathematik. In A. Hoppenbrock et al. (Hrsg.), *Mathematik im Übergang Schule/Hochschule und im ersten Studienjahr – Extended Abstracts zur 2. khdm-Arbeitstagung 20.02. – 23.02.2013,* http://nbn-resolving.de/urn:nbn:de:hebis:34-2013081343293 (abgerufen am 27.01.2014).

Jeremias, X. V. (2013). Blended-Learning-Brückenkurs Mathematik. In A. Hoppenbrock, et al. (Hrsg.), *Mathematik im Übergang Schule/Hochschule und im ersten Studienjahr – Extended Abstracts zur 2. khdm-Arbeitstagung 20.02. – 23.02.2013,* http://nbn-resolving.de/urn:nbn:de:hebis:34-- 2013081343293 (abgerufen am 27.01.2014).

Knospe, H. (2008). Der Mathematik-Eingangstest an Fachhochschulen in Nordrhein-Westfalen. Proceedings des 6. Workshops Mathematik für Ingenieure. *Wismarer Frege-Reihe,* 03/2008, 6–11.

Knospe, H. (2011). Der Eingangstest Mathematik an Fachhochschulen in Nordrhein-Westfalen von 2002 bis 2010. Proceedings des 9. Workshops Mathematik für ingenieurwissenschaftliche Studiengänge. *Wismarer Frege-Reihe,* 02/2011, 8–13.

Kütting, H. (1982). Brauchen wir ein Nulltes Semester in Mathematik? Ein Beitrag zur Reform des Bildungswesens. *mathematica didactica*, 5, 21–223.

Pippig, G. et al. (1988). *Pädagogische Psychologie*. Berlin: Volk und Wissen.

Reimpell, M., Hoppe, D., Pätzold, T. & Sommer, A. (2014). Brückenkurs Mathematik an der FH Südwestfalen in Meschede – Erfahrungsbericht. In I. Bausch et al. (Hrsg.), *Mathematische Vor- und Brückenkurse, Konzepte und Studien zur Hochschuldidaktik und Lehrerbildung Mathematik*, Wiesbaden: Springer Fachmedien, 165–180.

Riedl, L., Rost, D. & Schörner, E. (2014). Brückenkurs für Studierende des Lehramts an Grund-, Haupt- oder Realschulen der Ludwig-Maximilians-Universität München. In I. Bausch et al. (Hrsg.), *Mathematische Vor- und Brückenkurse, Konzepte und Studien zur Hochschuldidaktik und Lehrerbildung Mathematik*, Wiesbaden: Springer Fachmedien, 55–65.

Roegner, K., Seiler, R. & Timmreck, D. (2014). Exploratives Lernen an der Schnittstelle Schule/Hochschule. Didaktische Konzepte, Erfahrungen, Perspektiven. In I. Bausch et al. (Hrsg.), *Mathematische Vor- und Brückenkurse, Konzepte und Studien zur Hochschuldidaktik und Lehrerbildung Mathematik*, Wiesbaden: Springer Fachmedien, 181-196.

Ruhnau, B. (2013). Wie der Vorkurs Mathematik Grundlagen auffrischt und Einstellungen verändert. In A. Hoppenbrock et al. (Hrsg.), *Mathematik im Übergang Schule/Hochschule und im ersten Studienjahr – Extended Abstracts zur 2. khdm-Arbeitstagung 20.02. – 23.02.2013*, http://nbn-resolving.de/urn:nbn: de:hebis:34--2013081343293 (abgerufen am 27.01.2014).

Tillmann, A., Baker, A. A. & Krömker, D. (2007). Studienwahl mit Verstand – Mit Self-Assessment Online die Eignung testen. *Forschung Frankfurt, 25(3)*, 70–73.

vom Hofe, R. (2003). Grundbildung durch Grundvorstellungen. *mathematik lehren*, 118, 4–8.

Voßkamp, R. & Laging, A. (2014). Teilnahmeentscheidungen und Erfolg. Eine Fallstudie zu einem Vorkurs aus dem Bereich der Wirtschaftswissenschaften. In I. Bausch et al. (Hrsg.), *Mathematische Vor- und Brückenkurse, Konzepte und Studien zur Hochschuldidaktik und Lehrerbildung Mathematik*. Wiesbaden: Springer Fachmedien, 67–83.

Weinert, F. E. (2001) (Hrsg.). *Leistungsmessung in Schulen*. Weinheim und Basel: Beltz.

Kalkülfertigkeiten an der Universität: Mängel erkennen und Konzepte für die Förderung entwickeln

Ina Kersten

Zusammenfassung

Eine Fehler-Dokumentation aus Klausurarbeiten zeigt, dass Studierende der Biologie und Geowissenschaften im 1. Semester Fehler in Mathematik machen, die auch schon als Schülerfehler in der Mittelstufe in der Schule vorkommen. Etwas überraschend hat sich weiter herausgestellt, dass solche Fehler auch noch unter Studierenden des gymnasialen Lehramts mit Fach Mathematik in höheren Semestern auftreten. In Kapitel 3.2 werden verschiedene Fehlertypen analysiert und in Kapitel 3.3 Übungsaufgaben für den konstruktiven Umgang mit den Fehlern entwickelt. In Kapitel 3.4 werden einige mögliche Konsequenzen in Bezug auf Schule und Universität diskutiert.

3.1 Einleitung

In diesem Beitrag geht es um *syntaktische Fehler*, das sind Fehler, die beim Rechnen nach festen Regeln auftreten. Dabei handelt es sich um typische Fehler, die im Unterricht in der Schule gemacht werden und die gründlich untersucht worden sind, vgl. etwa Tietze (1988) und Malle (1993). Es stellt sich die Frage, wieso trotz der daraus gewonnenen Einsichten diese Fehler beim Studium an der Universität wieder auftauchen. Gründe könnten sein, dass Gelerntes wie z. B. Bruchrechnung relativ schnell vergessen wird, aber auch dass in der Mittelstufe nicht genug Unterrichtsstunden zur Verfügung stehen, um einprägsame Vorstellungen von Zahlbereichen, etwa nach Hefendehl-Hebeker & Prediger (2006), entwickeln zu können, die dann noch beim Studium präsent sind. Auch könnte eine Rolle spielen, dass bei manchen Studierenden nur wenig Interesse an Mathematik vorhanden ist, vgl. Halverscheid et al. (2013).

Wie in Prediger & Wittmann (2009) ausgeführt, haben syntaktische Fehler häufig einen *semantischen* Hintergrund, beruhen dann also auf einem unzureichenden konzeptionellen Verständnis und auf Fehlvorstellungen. Zum Beispiel beruht der syntaktische Fehler $\int e^{10x} \mathrm{d}x = \frac{e^{10x+1}}{10x+1}$, bei dem eine gelernte Regel über ihren Anwendungsbereich hinaus benutzt wurde, vermutlich auf unzulänglichen Grundvorstellungen zur Exponentialfunktion und zum Integral. Bei Fehlern dieser Art haben die betreffenden Studierenden kaum eine Chance, den Lehrveranstaltungen an der Universität mit Verständnis und wachsendem Erkenntnisgewinn folgen zu können. Daher ist es wichtig, die Fehler zu analysieren und Strategien zur Fehlerbearbeitung zu entwickeln.

Es stellt sich die Frage, ob der Lehrbetrieb an der Universität darauf eingestellt ist, sich mit einer solchen Fehlerproblematik auseinanderzusetzen, zumal der Übergang von der Schule zur Hochschule ohnehin schon schwierig ist, vgl. z. B. Dieter (2012) und Halverscheid & Pustelnik (2013). Gerade im ersten Semester finden die Übungen häufig in sehr vielen kleineren Gruppen statt, die von studentischen Hilfskräften geleitet werden, so dass es je nach persönlicher Lernbiografie der Hilfskräfte ganz unterschiedlichen Unterricht in den Gruppen gibt. Zum Teil können sich auch in den Übungen über Jahre hinweg eigene Kulturen entwickeln, etwa striktes Einhalten eines Schemas beim Aufschreiben der Lösungen im Stil von

Voraussetzung: $\int x^2 \mathrm{d}x$

Behauptung: $\int x^2 \mathrm{d}x = \frac{x^3}{3} + c$

Beweis: $\int x^2 \mathrm{d}x = \frac{x^{2+1}}{2+1} + c = \frac{x^3}{3} + c$ $\square$,

selbst wenn in einigen Exportvorlesungen kein Beweis vorkommt. Die Integrationskonstante c darf keinesfalls fehlen, auch nicht, wenn die Angabe einer speziellen Lösung genügen würde. Das Phänomen des relativ schnellen Vergessens scheint auch beim Studium aufzutreten. So zeigte sich z. B. in zwei Klausuren, dass einige Studierende ab drittem Semester kaum noch Vorstellungen zum Vektorraum hatten und z. B. die Dimension des Raumes zur „Dimension einer Basis" wurde. Die Klausuren werden auf syntaktische Fehler näher in Kapitel 3.2 untersucht.

3.2   Zwei Untersuchungen zu typischen Fehlern

Die erste Untersuchung basiert auf 361 Klausurarbeiten für Studierende der Biologie und der Geowissenschaften. Die Arbeiten hat Till Beuermann (2013) in seiner Masterarbeit bezüglich mangelnder Kalkülfertigkeiten untersucht und dabei festgestellt, dass viele der darin aufgetretenen Fehler so auch schon als Schülerfehler in der Schule vorkommen. Die Klausuren, in denen der Stoff der Mathematikveranstaltung im ersten Semester geprüft wurde, fanden 2012 im Februar (Geo), im März (Bio) und als Wiederholungsklausur im April statt. Beteiligt waren insgesamt genau 300 Studierende.

Die zweite Untersuchung bezieht sich auf 171 Klausurarbeiten für Studierende des gymnasialen Lehramts zwischen dem 3. und 13. Studiensemester mit Aufgaben zu Gewöhnlichen Differenzialgleichungen. Die Klausuren fanden im Februar und April 2013 statt. Beteiligt waren insgesamt 158 Studierende.

Die Untersuchungen waren zum Zeitpunkt der Klausuren nicht geplant gewesen, wurden dann aber durch die Fülle von Kalkülfehlern nahegelegt. Untersucht wurden nur solche Fehler, die nach einer mindestens 12-jährigen Schulbildung nicht mehr erwartet werden.

Die folgenden Fehleranalysen orientieren sich an Prediger & Wittmann (2009). Insbesondere wird zwischen Fehlermerkmalen auf syntaktischer Ebene, wo nach festen Regeln gerechnet wird, und semantischer Ebene, wo es auf konzeptuelles Verstehen ankommt, unterschieden und die jeweilige Gliederung in Fehlermuster, Fehlerursachen und Fehlerbearbeitungen übernommen.

Wir benutzen die Abkürzungen „BioGeo" für Fehler aus der ersten Untersuchung und „Lehramt" für Fehler aus der zweiten Untersuchung, sowie „sy" für syntaktisch und „se" für semantisch.

Fehler beim Rechnen mit Brüchen

Fehler 3.1   Beim Addieren

BioGeo: $\frac{5}{1+y^2} = \frac{5}{1} + \frac{5}{y^2}$ Lehramt: $\frac{1}{x^2 e^{x^2} + cx^2} = \frac{1}{x^2 e^{x^2}} + \frac{1}{cx^2}$

Fehlermuster Additivität des Nenners: $\frac{a}{b+c} = \frac{a}{b} + \frac{a}{c}$

Mögliche Ursachen Tietze (1988), S. 191, spricht von Gleichbehandlung von Teilen wie Zähler und Nenner. Es kann also $\frac{a}{b+c}$ wie $\frac{b+c}{a} = \frac{b}{a} + \frac{c}{a}$ behandelt werden. Nach Malle (1993), S. 174, wird gemäß Distributivgesetz ein allgemeines Schema der Form $a \diamond (b \circ c) = (a \diamond b) \circ (a \diamond c)$ gebildet und unkritisch angewandt. Es wird nicht beachtet, dass dies nicht für zwei beliebige Verknüpfungen anwendbar ist, insbesondere nicht mit Division anstelle von $\diamond$ und Addition anstelle von $\circ$. (sy)

Mögliche Bearbeitungen Beispiele für Umformungen von Brüchen auf Richtigkeit überprüfen und ggf. Gegenbeispiel angeben, Übung 3.2.1 (se).

Fehler 3.2   Beim Dividieren

BioGeo: $\frac{8}{2} = \frac{16}{3}$ oder $= \frac{3}{16}$ oder $= \frac{6}{8}$ Lehramt: $\frac{\frac{1}{2}}{x} = \frac{1}{x}$

Fehlermuster Ein Bruch wird durch eine Zahl dividiert, indem der Zähler mit der Zahl multipliziert wird. Davon ist im zweiten Fall noch der Kehrwert gebildet worden. Im dritten Fall ist vom richtigen Ergebnis der Kehrwert gebildet worden.

Mögliche Ursachen Es ist nicht darauf geachtet worden, auf welcher Höhe die Bruchstriche stehen, und $8 : \frac{3}{2}$ statt $\frac{8}{3} : 2$ berechnet worden (sy). Eine vage Vorstellung davon, dass die Division von Brüchen etwas mit Kehrwertbildung zu tun hat, ist umgesetzt worden (se).

Mögliche Bearbeitungen Selbst herleiten, wie man zur Definition des Quotienten $\frac{b}{a}$ kommt, Übung 3.1 (se). Kontrastierende Beispiele rechnen, Übung 3.2.2 (sy).

Fehler 3.3   Beim Kürzen

BioGeo: $\frac{e^{x^2}}{x^2} = \frac{e}{1}$ und $\frac{e^{x^2}}{x} = e^x$ und $\frac{1}{5}1^5 = 1$ sowie $\frac{2x^2}{1+x^2} = \frac{2}{1}$ und $\frac{x+2}{x+7} = \frac{2}{7}$

Lehramt: Offen, da sich keine Gelegenheit für einen solchen Fehler ergab.

Fehlermuster Kürzen von Exponent und Nenner sowie bei Summen gekürzt, als wären es Produkte.

Mögliche Ursachen Es wird a^y mit $a \cdot y$ verwechselt sowie in den letzten beiden Fällen $a + b$ als $a \cdot (+b)$ gelesen und dann jeweils gekürzt (sy). Oder es handelt sich um ein „Streichschema", vgl. Malle (1993), S. 176, das es erlaubt, gleiche Buchstaben bzw. Zahlen im Zähler und Nenner ohne Einschränkung zu streichen (sy). Es fehlen Kontrollen durch Einsetzen von Zahlenwerten (se).

Mögliche Bearbeitungen Fehler erkennen, Übung 3.2.1 (se). Fehler erklären, Übung 3.6 (sy). Unterschiede zwischen a^y und $a \cdot y$ herausarbeiten, Übung 3.7 (sy).

Unzulässiges Anwenden des Homomorphieschemas

Fehler 3.4   Beim Wurzelziehen

BioGeo: $\sqrt{(\frac{5}{2})^2 + 14} = \frac{5}{2} + \sqrt{14}$ und $\sqrt{x^2 - 49} = x - 7$

Lehramt: $\sqrt{e + c} = \sqrt{e} + \sqrt{c}$ und $\sqrt{x^2 e^{x^2} + cx^2} = xe^x + \sqrt{c}x$

Fehlermuster Summandenweises Wurzelziehen, dabei auch $\sqrt{e^y} = e^{\sqrt{y}}$

Mögliche Ursachen Das Homomorphieschema $\sqrt{a \circ b} = \sqrt{a} \circ \sqrt{b}$, das für die Verknüpfung Multiplikation gilt, wird auf die Addition bzw. Subtraktion übertragen und damit „übergeneralisiert", vgl. Malle (1993), S. 172. Der Anwendungsbereich für das Schema ist nicht genügend eingeschränkt worden (sy). Es wird nicht erkannt, dass $\sqrt{e^{x^2}} = e^x$ schon für $x = 1$ falsch ist (se).

Mögliche Bearbeitungen Grenzen der Übertragbarkeit des Homomorphieschemas und im Umgang mit Wurzeln aufzeigen, Übung 3.4 und 3.9 (se).

Fehler 3.5   Beim Quadrieren

BioGeo: $(x - 6)^2 = x^2 - 36$ Lehramt: $(e + c)^2 = e^2 + c^2$

Fehlermuster Summandenweises Quadrieren, ggf. mit Vorzeichenfehler

Mögliche Ursachen Das Homomorphieschema $(a \circ b)^2 = a^2 \circ b^2$, das für die Verknüpfung Multiplikation gilt, wird durch Übergeneralisierung auf die Subtraktion bzw. Addition übertragen. In einigen Fällen könnte es Flüchtigkeit sein, und es würde das Stichwort „binomische Formel" genügen, um den Fehler zu erkennen (sy). Es fehlt eine Kontrolle, z. B. $(-6) \cdot (-6) = +36$ (se).

Mögliche Bearbeitungen Fehlermöglichkeiten erkennen und zwischen additiven und multiplikativen Operationen unterscheiden. Übung 3.4 (se).

Fehler 3.6   Beim Integrieren

BioGeo: $\int \frac{e^{x^2}}{x} \cdot e^{-x^2} dx = e^x \cdot e^{-x^2}$ und $\int \frac{e^{x^2}}{x} \cdot e^{-x^2} dx = \frac{e^{\frac{1}{3}x^3}}{\frac{1}{2}x^2} \cdot e^{-\frac{1}{3}x^3}$

Lehramt: $\int \frac{2x+1}{(x^2+x+1)^2} dx = \ln(x^2 + x + 1) \cdot \int \frac{1}{x^2+x+1} dx$ und $\int e^{x^2} dx = e^{x^2}$

Fehlermuster Faktorenweises Integrieren und $\int e^{f(x)} dx = e^{f(x)}$. Bei BioGeo auch Kürzen von Exponent und Nenner. Im zweiten Fall werden alle vorkommenden Ausdrücke in x einzeln integriert.

Mögliche Ursachen Übergeneralisierung des Homomorphieschemas

$$\int (f(x) \circ g(x)) \, dx = \int f(x) dx \circ \int g(x) dx$$

von der Addition auf die Multiplikation und Übergeneralisierung der Regel $\int e^x dx = e^x$ zu $\int e^{f(x)} dx = e^{f(x)}$. Auch wirken sich Defizite in der Bruch- und Potenzrechnung aus. Insbesondere wird nicht erkannt, dass man den Integranden des ersten Integrals zu $\frac{1}{x}$ vereinfachen kann. Beim zweiten Integral wird der Bruch $\frac{2x+1}{(x^2+x+1)^2}$ in zwei Faktoren zerlegt und wenigstens der erste Faktor (korrekt) bearbeitet. Es wird hier, wie auch bei BioGeo, unzulässig „linearisiert", vgl. Malle (1993), S. 175: Um eine Operation auf einen Ausdruck anzuwenden, wird er in Teile zerlegt und die Operation auf die einzelnen Teile angewandt. Danach wird er wieder passend zusammengesetzt. (sy). Mit Hilfe von Produkt- und Kettenregel hätten die Ergebnisse durch Differenzieren überprüft und als falsch erkannt werden können. Inhaltliche Vorstellungen zum Integral scheinen zu fehlen (se).

Mögliche Bearbeitungen Gegenbeispiele überlegen und Fehler in einen größeren Kontext einordnen, Übung 3.4 und 3.5. Ergebnis kontrollieren, Übung 3.3.2. (se)

Fehler 3.7   **Beim Rechnen mit der Exponentialfunktion**

BioGeo: $e^{x^2} \cdot e^{x^4} = e^{x^8}$ und $e^{x^2} = e^{2x}$ Lehramt: $e^{x^3} \cdot e^{-x^3} = e^{-x^6}$ und $e^{x^2} = e^{2x}$

Fehlermuster Es ist $e^a \cdot e^b = e^{a \cdot b}$. Bei BioGeo wird auch im Exponenten die falsche Regel $x^n \cdot x^m = x^{n \cdot m}$ benutzt. Es ist $e^{x^n} = e^{xn}$.

Mögliche Ursachen Für die Funktion exp: $x \mapsto e^x$ wird das Homomorphieschema $\exp(a \circ b) = \exp(a) \circ \exp(b)$ bezüglich der Multiplikation angewandt und nicht erkannt, dass hier ein allgemeineres Homomorphieschema der Form

$$\exp(a \circ b) = \exp(a) \diamond \exp(b)$$

mit den Verknüpfungen + für $\circ$ und $\cdot$ für $\diamond$ gilt (sy). Möglicherweise ist der Fehler auch deshalb öfter aufgetreten, weil hier in der Anwendung die Funktionalgleichung

$$e^{a+b} = e^a \cdot e^b$$

von rechts nach links gelesen werden muss (sy). Das Ergebnis $e^{x^2} = e^{2x}$ wird nicht hinterfragt, etwa durch Anwenden der Logarithmusfunktion auf beiden Seiten oder durch Einsetzen von $x = 1$ (se).

Mögliche Bearbeitungen Grundvorstellungen über die Exponentialfunktion und ihre Funktionalgleichung entwickeln, Fehler $e^{(x^2)} = (e^x)^2$ erkennen und die richtige Regel $(e^x)^2 = e^{2x}$ herleiten, Übung 3.5 (se).

Fehler beim Lösen von Gleichungen und beim Abschätzen

Fehler 3.8   **Beim „Hinüberbringen auf die andere Seite"**

BioGeo: $2y = 0 \implies y = -2$ und $-\frac{2}{3}y = 0 \,\big|: \left(-\frac{2}{3}\right) \implies y = -\frac{3}{2}$

Lehramt: $e + c = 3 \implies c = \frac{3}{e}$ und $9 = -c \implies c = \frac{1}{9}$ sowie $z = y^{-2} \implies y = z^{-2}$

Fehlermuster   Additive Lösung einer multiplikativen linearen Gleichung: Aus $ax = b$ folgt $x = b - a$ (hier für $b = 0$). Ferner $0 : a = \frac{1}{a}$. Beim Lehramt multiplikative Lösung einer additiven linearen Gleichung: Aus $a + x = b$ folgt $x = \frac{b}{a}$. Beim letzten Fehler werden die Buchstaben y und z vertauscht.

Mögliche Ursachen   Bei dem Fehlermuster $ax = b \implies x = b - a$ wird offenbar die Multiplikation im Ausdruck ax nicht wirklich wahrgenommen und die Gleichung additiv gelöst. Es handelt sich um ein „Konkatenationsproblem", vgl. Tietze (1988), S. 174 f. Das Fehlermuster, das dort mit F73 bezeichnet wird, war bei einer Studie, die 1981 begann, in Klasse 9 das häufigste unter den Fehlermustern. Im zweiten Fall ist die Gleichung $ax = 1$ richtig gelöst und nicht wahrgenommen worden, dass statt der 1 eine Null da steht. (sy). Beim Lehramt wurde in dem Ausdruck $e + c$ das Pluszeichen übersehen oder der Ausdruck wurde als $e \cdot (+c)$ gelesen.

In den letzten beiden Fällen sind die Fehler vermutlich aufgetreten, weil die Größe, nach der aufgelöst werden soll, auf der rechten Seite vom Gleichheitszeichen steht und das Lesen einer Gleichung von rechts nach links ungewohnter ist. (Dies wird dadurch gestützt, dass die Lehramtsstudierenden fast alle den Ausdruck $x^2 - 4x + 4$ mit Hilfe der p, q-Formel in Linearfaktoren $x^2 - 4x + 4 = (x - 2)^2$ zerlegt haben, obwohl vielen die binomische Formel $(x - 2)^2 = x^2 - 4x + 4$ bekannt ist. Analog für $x^2 + 2x + 1$.) (sy). Es fehlen Kontrollen durch Einsetzen der Lösungen (se).

Mögliche Bearbeitungen   Grundvorstellungen über Gleichungen entwickeln und Gleichungen ähnlichen Typs lösen lassen, Übung 3.1 (se) und 3.8 (sy, se).

Fehler 3.9	**Flüchtigkeitsfehler**

BioGeo: $x^2 = 4 \implies x = 2$ Lehramt: $x^2 \geqslant x \; \forall x \in \mathbb{R}$

Fehlermuster   Beim Wurzelziehen wird die negative Lösung übersehen. (Dies ist insofern inkonsistent, als der Fehler bei einer quadratischen Gleichung $x^2 + px + q = 0$ mit $p \neq 0$ nicht gemacht wird.) Lehramt: Quadrieren vergrößert.

Mögliche Ursachen   Zu schneller Lösungserfolg (sy).

Mögliche Bearbeitungen   Grundvorstellungen über Gleichungen und Lösungen herstellen, Übung 3.8 (sy, se), über $>$-Beziehung reflektieren, Übung 3.9 und 3.3 (se).

Weitere Fehler

Es sind noch sehr viel mehr Fehler gemacht worden, etwa $1^{-1} = -1$, beim Differenzieren (u. a. faktorenweise), beim Anwenden von Potenzregeln wie $\sqrt{x^3} = x^{\sqrt{3}}$ oder beim Umformen von Termen wie $a(b + c) = ab + c$. Es gab viele Mängel beim Aufschreiben, z. B. Weglassen von Gleichheitszeichen oder $|\cdot -1$ statt $|\cdot(-1)$. Auffallend war auch, dass Fehler, die unmittelbar oder leicht durch Einsetzen eines Zahlenwertes als Fehler erkennbar sind, nicht selbst bemerkt wurden, wie zum Beispiel:

Fehler 3.10   **Hätten leicht bemerkt werden können**

BioGeo: $3 + \frac{1}{2} = \frac{3+1}{2}$ und $\frac{1}{3} + 3 = 3\frac{1}{3} = 1$ sowie $2 - \frac{3}{n} + \frac{1}{n^2} = (2 - 3 + 1)\left(\frac{1}{n} + \frac{1}{n^2}\right)$
$16^2 = 112$ und $\frac{1}{3}x^3 - x = \frac{1}{3}x^2$.

Diese Fehler dienen in Übung 3.3, in der Ergebnisse kontrolliert werden sollen, als Beispiele. Der letzte Fehler soll auch noch in Übung 3.6 erklärt werden.

Im BioGeo-Bereich sind auch etliche Fehler vorgekommen, die auf sehr große Defizite in den Grundvorstellungen schließen lassen, so dass hier dann individuelle Fördermaßnahmen empfohlen werden sollten, zum Beispiel:
$\int \frac{dx}{x^2} = \int \frac{1}{x}d = \ln(x) + c$ sowie Fehler der Art
$0 = -\sin(x)\big| + \sin \implies \sin = x$ und $0 = -\sin(x)\big| + \cos \implies \cos = x$.

3.3   Übungen zum Lernen aus den Fehlern

Die folgenden Übungsvorschläge sind für den Unterricht im ersten Semester gedacht. Dabei steht insbesondere das Unterscheiden von Addition und Multiplikation im Fokus, da sich dieses als ein größeres Problem herausgestellt hat.

Im Bereich $\mathbb{R}$ der reellen Zahlen gibt es zwei Welten mit ganz unterschiedlichen Gesetzen, nämlich die *Addition*, bei der zu jedem Paar a, b die Summe $a + b$ gehört, und die *Multiplikation*, bei der zu jedem Paar a, b das Produkt $a \cdot b$ gehört. Meist schreibt man für das Produkt ab statt $a \cdot b$. Verbunden sind die beiden Welten durch das *Distributivgesetz* $(a + b)c = ac + bc$ und durch die Exponentialfunktion, die Addition in Multiplikation überführt.

Die Unterscheidung dieser beiden Welten ist strikt zu befolgen, um Fehler zu vermeiden wie zum Beispiel, dass $\sqrt{13}$ in $\sqrt{9} + \sqrt{4} = 5$ zerlegt wird, aber auch schwierig, weil in der Definition der Addition auch die Multiplikation vorkommen kann, wie bei der Addition von Brüchen, und umgekehrt die Multiplikation auf die Addition zurückgeht, wie man schon an $3a = a + a + a$ sehen kann. Wir stellen die Axiome für die beiden Welten in Tabelle 3.1 gegenüber.

Mit Hilfe des Distributivgesetzes und der Axiome lassen sich leicht Regeln wie $0 \cdot a = 0$ und $(-1) \cdot a = -a$ sowie $(-1) \cdot (-1) = 1$ herleiten.

Tab. 3.1 Addition und Multiplikation

Gesetze der Addition	Gesetze der Multiplikation
Assoziativges.: $(a + b) + c = a + (b + c)$ Kommutativgesetz: $a + b = b + a$	Assoziativgesetz: $(ab)c = a(bc)$ Kommutativgesetz: $ab = ba$
Neutrales Element ist 0, also $a + 0 = a$ für alle $a \in \mathbb{R}$	Neutrales Element ist 1, also $a \cdot 1 = a$ für alle $a \in \mathbb{R}$
Zu jedem $a \in \mathbb{R}$ gibt es ein Inverses $-a$ mit $a + (-a) = 0$	Zu jedem $a \neq 0$ in $\mathbb{R}$ gibt es ein Inverses a^{-1} mit $a \cdot a^{-1} = 1$

Übung 3.1   **Von der Addition zur Subtraktion und von der Multiplikation zur Division**

Wie man von der Addition zur Subtraktion kommt, führen wir hier vor. Wie man von der Multiplikation zur Division kommt, soll dann selbst durchgeführt werden.

Wir gehen von der Gleichung $x + a = b$ aus und addieren $-a$ auf beiden Seiten. Aus obigen Gesetzen der Addition folgt dann $x + 0 = b + (-a)$ und also $x = b - a$ mit $b - a := b + (-a)$. Damit ist die Subtraktion aber noch nicht eindeutig definiert. Wir müssen uns noch vergewissern, dass jedem Paar a, b eindeutig die *Differenz* $b - a$ zugeordnet ist, d. h. dass die Gleichung $x + a = b$ nur die eine Lösung $x = b + (-a)$ hat. Ist nun x_1 eine weitere Lösung der Gleichung $x + a = b$, so gilt $x_1 + a = b$, und durch Addition $-a$ auf beiden Seiten folgt $x_1 + 0 = b + (-a)$, also $x_1 = b + (-a)$.

- Um von der Multiplikation zur Division zu kommen, ist analog die Gleichung $xa = b$ für $a \neq 0$ mit Hilfe der obigen Gesetze für die Multiplikation zu lösen, der *Quotient* $\frac{b}{a}$ zu definieren und die Eindeutigkeit der Lösung der Gleichung $xa = b$ zu zeigen.

Bemerkung zu Übung 3.1 Es wird hier noch einmal die Subtraktion als Umkehrung zur Addition und die Division als Umkehrung zur Multiplikation erfahren. Damit soll Fehlern beim Dividieren wie in Fehler 3.2 und beim Lösen von Gleichungen wie in Fehler 3.8 sowie der Verwechslung von a^{-1} mit $-a$ entgegengewirkt werden.

Übung 3.2   **Rechnen mit Brüchen**

Oben haben wir den Quotienten zweier reeller Zahlen a, b wobei $b \neq 0$ sei, als Bruch $\frac{a}{b} := ab^{-1}$ eingeführt. Man kann also auch jede reelle Zahl a als Bruch darstellen, nämlich als $a = \frac{a}{1}$. Etwas ungewohnt ist vielleicht, dass hier Zähler und Nenner eines Bruches $\frac{a}{b}$ beliebige reelle Zahlen sein können (abgesehen von $b \neq 0$), also z. B. auch selbst Brüche oder Wurzelzahlen. Für $a, b, c, d \in \mathbb{R}$ mit $b \neq 0$ und $d \neq 0$ gelten die folgenden Regeln:

Addition: $\frac{a}{b} + \frac{c}{d} = \frac{ad + bc}{bd}$ und bei gleichen Nennern: $\frac{a}{b} + \frac{c}{b} = \frac{a + c}{b}$

Multiplikation: $\frac{a}{b} \cdot \frac{c}{d} = \frac{ac}{bd}$ mit Kürzungsregel: $\frac{a}{b} = \frac{ad}{bd}$

1. Welche der folgenden Regeln sind richtig und welche falsch? Die richtigen sind zu begründen, die falschen durch Einsetzen von Zahlen zu widerlegen.

$\frac{ab}{a+c} \overset{?}{=} \frac{b}{c}$ und $\frac{a}{b+c} \overset{?}{=} \frac{a}{b} + \frac{a}{c}$ sowie $a + b\frac{c}{d} \overset{?}{=} \frac{ad+bc}{d}$ und $\frac{a+b}{a+c} \overset{?}{=} \frac{b}{c}$

2. Wie folgt $\frac{b}{\frac{a}{c}} = \frac{bc}{a}$ (also auch $\frac{1}{\frac{1}{2}} = 2$) für $a, c \neq 0$? Wie schreibt sich $\frac{\frac{b}{a}}{c}$ als Bruch mit

nur einem Bruchstrich, also insbesondere auch $\frac{\frac{1}{1}}{2} = \quad$ und $\frac{\frac{8}{3}}{2} = \quad$?

Bemerkung zu Übung 3.2 Es werden Vorstellungen zur Bruchrechnung aktiviert. Bei Aufgabe 1 werden die Fehler selbst gefunden und beschrieben. Bei Aufgabe 2 kann durch die kontrastierende Gegenüberstellung erkannt werden, dass es auf die Höhe des Bruchstrichs ankommt. Und es muss die Divisionsregel für Brüche überlegt werden. Vgl. Fehler 3.1, 3.2 und 3.3.

Übung 3.3	**Fehler vermeiden durch Kontrollieren des Ergebnisses**

1. Die folgenden Fehler hätten leicht durch Kontrollieren des Ergebnisses oder Einsetzen eines Zahlenwertes vermieden werden können:
   $16^2 = 112$ und $3 + \frac{1}{2} = \frac{3+1}{2}$ sowie $\frac{1}{3} + 3 = 3\frac{1}{3} = 1$ und $\frac{1}{3}x^3 - x = \frac{1}{3}x^2$, ferner
   $2 - \frac{3}{n} + \frac{1}{n^2} = (2 - 3 + 1)(\frac{1}{n} + \frac{1}{n^2})$ und $x^2 \geqslant x$ für alle $x \in \mathbb{R}$. Wie kann man jeweils schnell sehen, dass dies falsch ist?
2. Durch welche Kontrolle kann man den Fehler $\int e^{x^2} dx = e^{x^2}$ erkennen?

Bemerkung zu Übung 3.3 Durch Entwicklung von Kontrollstrategien werden Ergebnisse nicht mehr unkritisch hingenommen, vgl. Fehler 3.10, 3.9 und 3.6.

Übung 3.4	**Homomorphiebedingung prüfen**

In Tabelle 3.2 soll analog wie für das Wurzelziehen schon geschehen, angegeben werden, ob die jeweilige Operation additiv ist und ob sie multiplikativ ist. Auch ist dabei in negativ entschiedenen Fällen jeweils eine kompliziertere Regel, die statt dessen gilt, anzugeben (z. B. Regel für die partielle Integration). Das Zeichen $\circ$ steht für $\cdot$ oder $+$.

Wir betrachten die Fragestellung nun noch aus einem etwas anderen Blickwinkel. Sei D eine Teilmenge von $\mathbb{R}$ und $\varphi \colon D \to \mathbb{R}$ eine Funktion. Dann erfüllt φ die *Homomorphiebedingung* bezüglich einer Verknüpfung $\circ$, wenn $a \circ b \in D$ und

$$\varphi(a \circ b) = \varphi(a) \circ \varphi(b) \text{ für alle } a, b \in D$$

gilt. Die Frage ist also, ob die Funktionen $\mathbb{R}_{\geqslant 0} \to \mathbb{R}, a \mapsto \sqrt{a}$ und $\mathbb{R} \to \mathbb{R}, a \mapsto a^2$ die Homomorphiebedingung bezüglich der Addition (d. h. mit $+$ anstelle von $\circ$) und ob sie diese bezüglich der Multiplikation (d. h. mit $\cdot$ anstelle von $\circ$) erfüllen.

Sei M_{diff} die Menge der differenzierbaren, M_{stet} die Menge der stetigen und M die Menge aller Funktionen $I \to \mathbb{R}$, wobei I ein Intervall in $\mathbb{R}$ sei.

Tab. 3.2 Operation additiv? Operation multiplikativ?

Operation	Ist sie additiv? Ist sie multiplikativ?
Wurzelziehen, wobei $a, b \geqslant 0$ seien, $\sqrt{a \circ b} = \sqrt{a} \circ \sqrt{b}$	Multiplikativ: $\sqrt{a \cdot b} = \sqrt{a} \cdot \sqrt{b}$ Nicht additiv: $\sqrt{9 + 4} \neq \sqrt{9} + \sqrt{4} = 5$
Quadrieren $(a \circ b)^2 = a^2 \circ b^2$	
Differenzieren $(f \circ g)'(x) = f'(x) \circ g'(x)$	
Integrieren $\int (f(x) \circ g(x))\mathrm{d}x = \int f(x)\mathrm{d}x \circ \int g(x)\mathrm{d}x$	

Für das Differenzieren betrachten wir die Abbildung $\mathfrak{D}\colon M_{\text{diff}} \to M, h \mapsto h'$ und die Homomorphiebedingung $\mathfrak{D}(f \circ g) = \mathfrak{D}(f) \circ \mathfrak{D}(g)$ für alle $f, g \in M_{\text{diff}}$.

Analog formulieren wir für das Integrieren zur Abbildung $\mathfrak{I}\colon M_{\text{stet}} \to M_{\text{diff}}$, wobei $\mathfrak{I}(h)$ die Stammfunktion $\mathfrak{I}(h)\colon I \to \mathbb{R}, b \mapsto \int_a^b h(x)\mathrm{d}x$ von $h \in M_{\text{stet}}$ und $a \in I$ sei, die Homomorphiebedingung $\mathfrak{I}(f \circ g) = \mathfrak{I}(f) \circ \mathfrak{I}(g)$ für alle $f, g \in M_{\text{stet}}$.

In Tabelle 3.2 wird also gefragt, ob diese Bedingungen bezüglich Addition und ob sie bezüglich Multiplikation erfüllt sind. Ggf. sind Gegenbeispiele anzugeben.

Eine Abbildung, die eine Homomorphiebedingung erfüllt, nennt man einen *Homomorphismus* oder auch „strukturerhaltend". Solche Abbildungen spielen z. B. in der Algebra eine zentrale Rolle.

- Sei M_1 die Menge der reellen (2×2)-Matrizen und M_2 die Menge der konvergenten Folgen reeller Zahlen. Sind die Abbildungen $\det\colon M_1 \to \mathbb{R}, A \mapsto \det(A)$ und $\lim\colon M_2 \to \mathbb{R}, (a_n)_{n\in\mathbb{N}} \mapsto \lim_{n\to\infty} a_n$ Homomorphismen bezüglich Addition? Sind sie Homomorphismen bezüglich Multiplikation?

Bemerkung zu Übung 3.4 Die Studierenden finden Fehler und entsprechende Gegenbeispiele selbst. Auch geht es darum, ein Problembewusstsein dafür zu entwickeln, dass man nicht einfach eine Additivitätsregel für die Multiplikation übernehmen kann (und umgekehrt), und dass man stets darauf achten muss, um welche Verknüpfung es sich gerade handelt. Vgl. Fehler 3.4, 3.5 und 3.6.

Übung 3.5   **Von der Exponentialfunktion zur Logarithmusfunktion**

Die Exponentialfunktion $\exp\colon \mathbb{R} \to \mathbb{R}_{>0}, x \mapsto \exp(x) =: e^x$ führt Addition in Multiplikation über. Sie erfüllt daher die allgemeinere Homomorphiebedingung

$$\exp(x \circ y) = \exp(x) \diamond \exp(y)$$

mit $+$ anstelle von $\circ$ und $\cdot$ anstelle von $\diamond$.

Abb. 3.1 Funktionen exp und ln

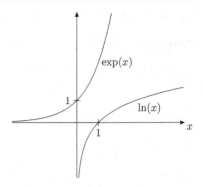

Es gilt also die *Funktionalgleichung*

$$\exp(x + y) = \exp(x) \cdot \exp(y) \text{ oder anders geschrieben } e^{x+y} = e^x \cdot e^y \qquad (3.1)$$

Die Funktion exp besitzt eine *Umkehrfunktion*, nämlich den natürlichen Logarithmus

$$\ln\colon \mathbb{R}_{>0} \to \mathbb{R}, x \mapsto \ln(x).$$

Zeichnet man in Abb. 3.1 die 45°-Achse ein, so sieht man, dass $\ln(x)$ durch Spiegelung an der Achse aus $\exp(x)$ hervorgeht. Es gelten die *Umkehrbeziehungen* $\ln(e^x) = x$ für alle $x \in \mathbb{R}$ und $e^{\ln(a)} = a$ für alle $a \in \mathbb{R}_{>0}$.

1. Wie kann man aus (3.1) mit Hilfe der Umkehrbeziehungen herleiten, dass der Logarithmus umgekehrt Multiplikation in Addition überführt, dass also

$$\ln(a \cdot b) = \ln(a) + \ln(b)$$

   für $a, b > 0$ gilt ?
2. Wie kann man aus (3.1) folgern, dass $e^{x^2} e^{-x^2} = 1$ für alle $x \in \mathbb{R}$ gilt?
3. Wie kann man aus (3.1) folgern, dass $(e^x)^2 = e^{2x}$ für alle $x \in \mathbb{R}$ gilt? Warum gilt $e^{x^2} \neq e^{2x}$ mit Ausnahme von $x = 0$ und $x = 2$?

Bemerkung zu Übung 3.5 Durch das Arbeiten mit der Funktionalgleichung soll Fehlern wie in 3.7 und 3.6 entgegengewirkt werden. Aufgabe 2 soll dazu anregen, die Gleichung von rechts nach links zu lesen.

| Übung 3.6 | **Fehler interpretieren** |

Bei den folgenden Fehlerbeispielen ist fälschlicherweise ein Exponent im Zähler mit dem Nenner gekürzt worden: $\frac{e^{x^2}}{x^2} = \frac{e}{1}$ und $\frac{e^{x^2}}{x} = e^x$ sowie $\frac{1}{5}1^5 = 1$. Im ersten Fall ist offenbar e^{x^2} mit $e \cdot x^2$ verwechselt worden. Greift diese Erklärung, dass der Ausdruck a^y mit $a \cdot y$ verwechselt wurde (wie bei $8^2 = 16$), auch in den anderen beiden Fällen? Wie lassen sich die Fehler $\frac{1}{3}x^3 - x = \frac{1}{3}x^2$ und $x^{\sqrt{3}} = \sqrt{x^3}$ erklären?

(Es ist $\sqrt{a} = a^{\frac{1}{2}}$ für $a > 0$, und es gilt auch für gebrochene Exponenten r, s die Beziehung $(a^r)^s = a^{rs}$.)

Bemerkung zu Übung 3.6 Hier sollen Fehler erklärt werden, was leichter fällt, wenn die Fehler nicht selbst gemacht worden sind, vgl. Fehler 3.3 und 3.10.

| Übung 3.7 | Binäre Methode anwenden |

Der Unterschied zwischen der n-ten Potenz $a^n = a \cdot a \cdot \ldots \cdot a$ mit n *Faktoren* und dem Produkt $n \cdot a = a + a + \ldots + a$ mit n *Summanden* wird hier verdeutlicht. Dabei ist n eine natürliche Zahl > 1 (sowie $a^0 = 1$ und $a^1 = a$). Soll $n \cdot a$ ausgerechnet werden, so muss, etwa von einer Rechenmaschine, nur eine Multiplikation durchgeführt werden. Zur Berechnung von $a^n = a \cdot a \cdot \ldots \cdot a$ aber sind $n - 1$ Multiplikationen nötig.

Mit der sog. *binären Methode*, die schon vor über 2200 Jahren in Indien auftauchte, wird die Zahl der Multiplikationen reduziert, (vgl. Knuth, 1998, S. 441). Man benutzt die binäre Zifferndarstellung für den Exponenten n, zum Beispiel

$$11 = 1 \cdot 2^3 + 0 \cdot 2^2 + 1 \cdot 2^1 + 1 \cdot 2^0 =: (1011)_2.$$

Man liest $(1011)_2$ von links nach rechts: Steht 1 da, so ist die Operation QA (d. h. Quadrieren und Multiplizieren mit a) auszuführen, und steht 0 da, die Operation Q (d. h. Quadrieren). Das erste QA wird gestrichen. Man erhält dann $a^{11} = aQQAQA = ((a^2)^2 \cdot a)^2 \cdot a$, wofür nur 5 Multiplikationen nötig sind.

(Eine Überprüfung mit Hilfe der Potenzregeln $(a^r)^s = a^{rs}$ und $a^r \cdot a^s = a^{r+s}$ ergibt tatsächlich $((a^2)^2 \cdot a)^2 \cdot a = (a^4 \cdot a)^2 \cdot a = (a^5)^2 \cdot a = a^{10} \cdot a = a^{11} \checkmark$.)

Wieviele Multiplikationen werden zur Berechnung von a^{22} nach der binären Methode benötigt?

Bemerkung zu Übung 3.7 Die Aufgabe wird im Hinblick auf Fehler 3.3 gestellt. Sie hat den Nebeneffekt, dass das Dualsystem an einem Beispiel wiederholt wird und dass die Potenzregeln geübt werden.

| Übung 3.8 | Gleichungen lösen |

Ein Grundanliegen in der Mathematik besteht darin, Gleichungen zu lösen. Wir betrachten vier Typen (siehe Tab. 3.3), bei denen nach einer unbekannten Zahl x gesucht wird, die die Gleichung erfüllt, und $a, b \in \mathbb{R}$ gilt. Beispiele zu Typ IV: $e^{5x} = 1$. Wende den Logarithmus $\ln$ auf beiden Seiten an, erhalte $\ln(e^{5x}) = \ln(1)$ und also $5x = 0$, vgl. Abb. 3.1. Gemäß Typ II folgt $x = \frac{0}{5} = 0$.

Tab. 3.3 Gleichungstypen

Typ	Gleichung	Lösungsweg
I	$a + x = b$	Subtrahiere a auf beiden Seiten erhalte $0 + x = -a + b$ und also $x = b - a$
II	$ax = b$ mit $a \neq 0$	Dividiere durch a auf beiden Seiten erhalte $1 \cdot x = \frac{b}{a}$ und also $x = \frac{b}{a}$
III	$x^2 = a$ mit $a > 0$	Ziehe auf beiden Seiten die Quadratwurzel erhalte $x_{1,2} = \pm \sqrt{a}$
IV	$f(x) = b$ mit irgendeiner Funktion f	Falls es eine Umkehrfunktion von f gibt, wende diese auf beiden Seiten an. (Nicht immer lösbar)

Löse $x^{-2} = 5$ für $x \neq 0$. Wende zunächst auf beiden Seiten die Funktion $a \mapsto a^{-1}$ an. Dies ergibt $(x^{-2})^{-1} = 5^{-1}$ und also $x^2 = \frac{1}{5}$. Es folgt $x_{1,2} = \pm \sqrt{\frac{1}{5}}$.

- Dass es zu Typ I und II nur eine Lösung gibt, haben wir in Übung 3.1 schon gesehen. Warum gibt es zu Typ III nicht mehr Lösungen als die beiden angegebenen?
- Warum ist die Gleichung $e^{20x} = -3$ nicht lösbar?
- Finde jeweils alle Lösungen: $0 = \frac{1}{7}x - 3$ und $x^{-3} = -5$ sowie $\ln(x^2) = 0$. Die Ergebnisse sind durch Einsetzen zu bestätigen.
- Die Gleichung $z = y^{-3}$ ist nach y aufzulösen. Das Ergebnis ist durch Einsetzen zu bestätigen.
- Aus $ab = 0$ folgt $a = 0$ oder $b = 0$. Wieso?
- Man überlege sich weitere Typen für die Tabelle.

Bemerkung zu Übung 3.8 Durch unterschiedliche Fragestellungen wird zum Nachdenken über Gleichungen angeregt. Dabei wird auch deutlich, wie wichtig der Begriff der Umkehrfunktion für das Lösen von Gleichungen ist. Auch wird geübt, wie man durch Einsetzen das Ergebnis überprüfen kann, vgl. Fehler 3.8 und 3.9.

Übung 3.9	**Von reellen zu komplexen Zahlen**

Die reellen Zahlen $\mathbb{R}$ sind anschaulich genau die Punkte der *Zahlengeraden* und die *komplexen Zahlen* $\mathbb{C}$ genau die Punkte der *Gaußschen Zahlenebene*. Wie in Abb. 3.2 veranschaulicht, lässt sich jede komplexe Zahl $z \in \mathbb{C}$ eindeutig schreiben als $z = r + si$ mit reellen Zahlen $r, s \in \mathbb{R}$. Die Zahl i wird *imaginäre Einheit* genannt und erfüllt die Gleichung $x^2 + 1 = 0$. Es gilt also $i^2 = -1$.

Die reellen Zahlen $\mathbb{R}$ sind auf der Zahlengeraden angeordnet und werden von links nach rechts größer. Es gilt also zum Beispiel $-2 > -3$. Wie erklärt sich, dass der Be-

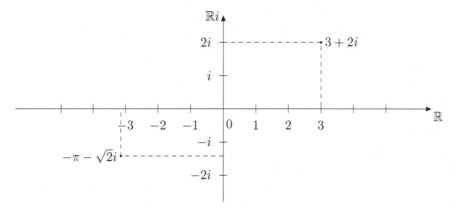

Abb. 3.2 Komplexe Zahlen

griff *positive Zahl* für eine reelle Zahl $a > 0$ nicht mehr sinnvoll für eine nicht-reelle komplexe Zahl ist?

Für $a > 0$ in $\mathbb{R}$ bezeichnet $\sqrt{a}$ die positive Lösung der Gleichung $x^2 - a = 0$. Da $i^2 = -1$ gilt, schreibt man auch $i = \sqrt{-1}$. Wo steckt der Fehler in der Gleichungskette $1 \stackrel{?}{=} \sqrt{1} \stackrel{?}{=} \sqrt{(-1) \cdot (-1)} \stackrel{?}{=} \sqrt{-1} \cdot \sqrt{-1} \stackrel{?}{=} i \cdot i \stackrel{?}{=} i^2 = -1$?

Bemerkung zu Übung 3.9 Fragestellungen vom Typ „Wo steckt der Fehler?" regen zum Nachdenken an, hier über das Wurzelziehen, vgl. Fehler 3.4. Auch werden Größenvergleiche angeregt, vgl. Fehler 3.9.

3.4   Mögliche Konsequenzen

Für die Schule

Es wird vorgeschlagen, auf das verwirrende Kalkül der „gemischten Zahlen", bei denen das Pluszeichen fehlt, zu verzichten. Manchmal fehlen Plus- und Malzeichen wie bei $3\frac{1}{2}x = 6\frac{1}{2}$ (vgl. Tietze, 1988, S. 176). Es sollte gelernt werden, wie man Brüche wie $\frac{7}{2}$ als $\frac{6}{2} + \frac{1}{2} = 3 + \frac{1}{2}$ darstellt, weil manche Rechnungen dadurch einfacher werden, wie z. B.

$$\frac{17}{6} + \frac{39}{5} = \left(2 + \frac{5}{6}\right) + \left(7 + \frac{4}{5}\right) = 9 + \frac{5}{6} + \frac{4}{5},$$

und man eine bessere Größenabschätzung des Ergebnisses erhält. Aber ein Kalkül zusätzlich zur Bruchrechnung wird dabei gar nicht benötigt. Es ist nur wichtig, das Vorkommen der gemischten Zahlen in der Umwelt zu thematisieren, nämlich dass man dort das Pluszeichen weglässt und von $3\frac{1}{2}$ Broten oder $1\frac{3}{4}$ Stunden spricht, was aber bei Rechnungen durch Summen $3 + \frac{1}{2}$ bzw. $1 + \frac{3}{4}$ zu ersetzen ist.

Dem in der Einleitung erwähnten schnellen Vergessen kann durch *regelmäßige Wiederholungen*, ggf. auch in neuen Kontexten, entgegengewirkt werden.

Für weitere Möglichkeiten, den Fehlern entgegen zu wirken, siehe etwa Vollrath & Weigand (2009).

Für die Universität

Es wird vorgeschlagen, am Anfang des Studiums einige Testaufgaben zu stellen, die darauf abzielen, etwaige Mängel bei Kalkülfertigkeiten überhaupt erst einmal zu erkennen z. B. durch Aufgaben vom Typ wie in Übung 3.2 oder in Tabelle 3.2. Um Defizite auszugleichen, könnte ein wöchentlicher Unterstützungskurs angeboten werden, in dem auf Fehler eingegangen wird, aber z. B. auch Anregungen zum Lösen der wöchentlichen Hausaufgaben gegeben werden. Bei den damit verbundenen persönlichen Gesprächen werden auch noch einmal Probleme deutlich, auf die dann in der Lehrveranstaltung eingegangen werden kann.

In den letzten Jahren gab es eine Reihe von Initiativen und Projekten, die ganz neue Impulse, Ideen und Beispiele für die Lehramtsausbildung brachten, vgl. etwa Ableitinger et al. (2013), Allmendinger et al. (2013) und Beutelspacher et al. (2011). Anregungen aus diesen Büchern sollten genutzt werden, um einen mehr „verstehens-orientierten" Unterricht für die Lehramtsstudierenden zu gestalten. Wenn einprägsame Vorstellungen entwickelt werden, wird vielleicht auch dem schnellen Vergessen des häufig als zu abstrakt empfundenen Vorlesungsstoffes entgegengewirkt.

Kompetenter Umgang mit Fehlern setzt Erfahrung und Reflexion darüber voraus. Daher ist es empfehlenswert, für die Anfänger-Übungen eine *Lehrkraft für besondere Aufgaben* einzustellen (wie in Göttingen geschehen), statt einen beträchtlichen Teil eigenständiger Lehre zu vielen studentischen Hilfskräften zu überlassen.

Im ersten Semester könnten Alternativen zur traditionellen Vorlesung ausprobiert werden, bei denen Studierende ihren eigenen Lernprozess stärker mitgestalten. Zum Beispiel könnte an einigen Stellen geeigneter Lehrstoff von den Studierenden selbst weiterentwickelt werden, wie es bei Übung 3.1 angedacht ist. Auch könnten z. B. einzelne Teile des Lehrstoffs zum Selbststudium ausgewählt werden, um in den Vorlesungsstunden auch Zeit für Übungen an der Schnittstelle zwischen Schul- und Hochschulmathematik zu haben, in Analysis etwa nach Bauer (2013). Insbesondere könnte im ersten Semester ausprobiert werden, vermehrt moderierend zu wirken statt nur Vorlesung zu halten. Auch sollten Fehler verstärkt diskutiert werden.

Danksagung   Herzlich danken möchte ich Till Beuermann für die auf sich genommene enorme Mühe, 361 Klausurarbeiten auf Fehler zu untersuchen, Stefan Halverscheid für die Durchsicht des Manuskripts und nützliche Anregungen, Susanne Prediger für hilfreiche Literaturhinweise und den Gutachtern für etliche Verbesserungsvorschläge.

Literatur

Ableitinger, C., Kramer, J. & Prediger, S., Hrsg. (2013). *Zur doppelten Diskontinuität in der Gymnasiallehrerbildung - Ansätze zu Verknüpfungen der fachinhaltlichen Ausbildung mit schulischen Vorerfahrungen und Erfordernissen.* Springer Fachmedien Wiesbaden.

Allmendinger, H., Lengnink, K., Vohns, A., Wicke, G., Hrsg. (2013). *Mathematik verständlich unterrichten. Perspektiven für Unterricht und Lehrerbildung.* Springer Fachmedien Wiesbaden.

Bauer, T. (2013). *Analysis - Arbeitsbuch. Bezüge zwischen Schul- und Hochschulmathematik - sichtbar gemacht in Aufgaben mit kommentierten Lösungen.* Springer Fachmedien Wiesbaden.

Beuermann, T. (2013). *Beobachtung von fehlenden Kalkülfertigkeiten und mangelndem Verständnis von Mathematik beim Einstieg in das universitäre Studium.* Masterarbeit (Master of Education), Mathematisches Institut, Universität Göttingen.

Beutelspacher, A., Danckwerts, R., Nickel, G., Spies, S. & Wickel, G. (2011). *Mathematik Neu Denken. Impulse für die Gymnasiallehrerbildung an Universitäten.* Springer Fachmedien Wiesbaden.

Dieter, M. (2012). *Studienabbruch und Studienfachwechsel in der Mathematik: Quantitative Bezifferung und empirische Untersuchung von Bedingungsfaktoren.* Dissertation, Universität Duisburg-Essen. http://duepublico.uni-duisburg-essen.de/servlets/DerivateServlet/Derivate-30759/Dieter_Miriam.pdf

Halverscheid, S., Pustelnik, K., Schneider, S. & Taake, A. (2013). Ein diagnostischer Ansatz zur Ermittlung von Wissenslücken zu Beginn mathematischer Vorkurse. In Bausch, I. (Hrsg.). *Mathematische Vor- und Brückenkurse* (S. 293–306). Wiesbaden: Springer.

Halverscheid, S. & Pustelnik, K. (2013). Studying Math at the university: Is dropout predictable? In Lindmeyer, A. M. & Heinze, A. (Eds.). *Proceedings of the 37th Conference of the International Group for Psychology of Mathematics Education.* Vol. 2 pp. 417–424. Kiel, Germany: PME.

Hefendehl-Hebeker, L. & Prediger, S. (2006). Unzählig viele Zahlen: Zahlbereiche erweitern – Zahlvorstellungen wandeln. *PM* 48(11), 1–7.

Knuth, D. E. (1998). *The art of computer programming.* Volume 2, Second Edition, Addison Wesley.

Malle, G. (1993). *Didaktische Probleme der elementaren Algebra.* Wiesbaden: Vieweg.

Prediger, S. & Wittmann, G. (2009). Aus Fehlern lernen – (wie) ist das möglich? *PM* 51(27), 1–8.

Tietze, U.-P. (1988). Schülerfehler und Lernschwierigkeiten in Algebra und Arithmetik - Theoriebildung und empirische Ergebnisse aus einer Untersuchung. *Journal für Mathematikdidaktik* 9(2/3), 163–204.

Vollrath H.-J., Weigand H.-G., (2009). *Algebra in der Sekundarstufe.* Heidelberg: Spektrum Akademischer Verlag.

Mathematik und die „INT"-Fächer

4

Erhard Cramer, Sebastian Walcher und Olaf Wittich

Zusammenfassung

Der Übergang Schule-Hochschule bereitet zunehmend Schwierigkeiten, insbesondere in Studiengängen mit erhöhten Mathematik-Anforderungen. Vor diesem Hintergrund betrachten wir natur-, ingenieur- und wirtschaftswissenschaftliche Studienfächer mit Fokus auf den Anforderungen zum Studienbeginn. Es zeigt sich, dass gerade hier die Reformen der Schulcurricula negative Auswirkungen haben. Schließlich werden einige denkbare Ansätze zur Verbesserung der Situation vorgestellt.

4.1 Einleitung

Eigentlich müsste es der Mathematik als Fach in Schulen und Hochschulen glänzend gehen. Im Gefolge des PISA-Schocks wurden Reformen initiiert, Mathematik ist jetzt in vielen Bundesländern verbindliches Abiturfach und allgemein gültige Standards wurden vereinbart. Erfolgsmeldungen bei weiteren PISA-Runden rühmen die eingeleiteten Maßnahmen. Zudem wird allseits die Wichtigkeit der Mathematik u. a. als „Schlüsseltechnologie" für Industrie, Wirtschaft und Gesellschaft betont.

Andererseits häufen sich an der Schnittstelle von Schule und Hochschule die Klagen, wobei ausgerechnet die Mathematik im Mittelpunkt steht. Viele Studienanfänger sehen sich unvermittelt und oft auch unerwartet enormen Anforderungen gegenüber und scheinen kaum auf den Übergang vorbereitet zu sein. Die Abbrecherzahlen gerade in Ingenieursstudiengängen sind horrend; ein planmäßiger Studienverlauf scheint eher Ausnahme als Regel. Dies wurde auch in der Politik registriert, woraufhin (gut ausgestattete) Initiativen ins Leben gerufen wurden, welche von Hochschulseite beim Übergangsproblem Abhilfe leisten sollen.

Unseres Erachtens muss eine Bestandsaufnahme des Problems aber auch mögliche Ursachen im schulischen Bereich berücksichtigen, und erfolgversprechende Lösungsansätze erfordern ein Zusammenwirken beider Seiten. Zudem scheint uns die Diagnose der Problematik, welche durchaus fachspezifisch ist, noch bei weitem nicht abgeschlossen. Der vorliegende Artikel enthält einige Anmerkungen und illustrierende Beispiele zum Übergangsproblem aus der Praxis von Hochschullehrenden, wobei der Schwerpunkt auf sogenannten „Servicefächern" liegt. Die Autoren sind bekanntermassen keine Didaktiker, und verstehen diesen Beitrag auch nicht als wissenschaftliche Studie. Spezifische Aussagen zu Wissen und Fähigkeiten von Studierenden entstammen – sofern kein weiterer Beleg zitiert wird – den Erfahrungen der Autoren und Kolleginnen und Kollegen in der Lehre. Sollten einige der hier dargestellten Probleme und Vorschläge als Anlass für didaktische Diskussionen und Forschung genommen werden, so hätte unser Beitrag seinen Zweck erfüllt.

4.2   Mathematik aus der INT-Perspektive

Dieser Beitrag wird sich nur am Rande mit dem Mathematikstudium (B. Sc. oder Höheres Lehramt) befassen, obwohl – oder gerade weil – sich der Großteil von Initiativen zu Übergangsproblemen auf diese Studiengänge zu konzentrieren scheint.

Im Fokus dieses Artikels steht somit

$$INT := MINT \setminus M,$$

wozu wir noch wirtschaftswissenschaftliche Studiengänge hinzunehmen. Wir begründen diese Beschränkung mit einigen Zahlen. So liegt die Anzahl der Mathematiker in Deutschland (inkl. Höheres Lehramt) geschätzt bei 70 000; eine genauere Aufschlüsselung findet sich in Dieter & Törner (2009). Schätzungen für die Anzahl der Ingenieure in Deutschland liegen bei 1.6 Millionen; siehe Koppel (2012). Die Mathematik-Fachbereiche an den meisten Universitäten, insbesondere an Technischen Universitäten, verdanken ihre personelle Stärke (wenn nicht gar ihre Existenz) diesem Bedarf an Serviceveranstaltungen.

Für die meisten Vertreter der Anwendungsdisziplinen ist Mathematik ein (wenn auch fundamentales) „Höheres Werkzeug" zur Unterstützung des eigenen Arbeitsgebiets, mit entsprechend spezialisierten und eingeschränkten Anforderungen.

Insbesondere verfügen Anwender über eine fachspezifische Sichtweise der Mathematik, die durchaus Kommunikationsprobleme mit Mathematikern verursachen kann, in der Forschung wie in der Lehre. Welche mathematischen Inhalte in welcher Form und Tiefe für einen INT-Studiengang notwendig und sinnvoll sind, kann nur im Austausch zwischen Mathematiklehrenden und Fachvertretern geklärt werden. Ansätze zur Berücksichtigung spezieller Anforderungen eines Faches und spezieller Bedürfnisse seiner Studierenden werden im Folgenden exemplarisch vorgestellt.

Vorab sollen jedoch einige Anmerkungen zum Effekt der PISA-Studien und der grundlegenden schulischen Curriculumsreformen auf die Übergangsproblematik stehen. Es gibt in

einigen einschlägigen Veröffentlichungen eine Tendenz, die Curriculumsreformen a priori
positiv zu interpretieren und zu werten. (Ein Beispiel ist die Stellungnahme der Mathematik-Kommission Übergang Schule – Hochschule von MNU, GDM und DMV (Koepf et al.,
2013) vom 31.10.2013 zu aktuellen Entwicklungen in Baden-Württemberg, welche folgenden Passus enthält: „Wir konstatieren (...) eine erfreuliche Entwicklung im Sinne der aktuellen Bildungsstandards für die allgemeine Hochschulreife. Es fand eine Verschiebung von
kalkülorientierten Aufgabenformaten zu mehr verständnisorientierten Aufgabenstellungen
statt (...).") Eine solche Einschränkung der Diskussion halten wir für nicht sachgerecht;
auch ein möglicher negativer Einfluss der geänderten Lehrpläne und Zielsetzungen muss
berücksichtigt werden. Es ist weiterhin festzuhalten, dass PISA eben nicht die Berufs- oder
Studierfähigkeit im Fokus hat, wie schon die Definition des zentralen Begriffs der „Mathematical Literacy" (siehe Baumert et al. (2001), S. 141) zeigt:

> Mathematische Grundbildung ist die Fähigkeit einer Person, die Rolle zu erkennen und zu verstehen,
> die Mathematik in der Welt spielt, fundierte mathematische Urteile abzugeben und sich auf eine
> Weise mit der Mathematik zu befassen, die den Anforderungen des gegenwärtigen und künftigen
> Lebens dieser Person als konstruktivem, engagiertem und reflektierendem Bürger entspricht.

PISA hatte großen Einfluss auf die Aufgabenkultur: Ein allgemein zugängliches Beispiel ist die „Äpfel" -Aufgabe mit Obstbäumen, welche durch Nadelbäume vor dem Wind
geschützt werden; siehe Baumert et al. (2001), S. 147 ff. Es fällt zum einen auf, dass die
Fragen in der Aufgabe für Obstbauern oder Biologen nicht von Interesse sind. Zum anderen erfordern sie zwar eine gewisse Art von Kreativität, haben aber mit mathematischen
Anforderungen in realen Anwendungen wenig zu tun.

Parallel hierzu ist die Änderung der Ziele und Schwerpunkte des Mathematikunterrichts zu nennen, welche unter dem Oberbegriff „Kompetenzorientierung" stattfand. Die
Umsetzung im Bundesland NRW ist u. a. den Kernlehrplänen für die Sekundarstufe I (Ministerium für Schule und Weiterbildung NRW, 2013) zu entnehmen. Wir werden im Folgenden auch Indizien aufführen, dass die Einstiegshürden in ein Studium mit größeren
Mathematik-Anforderungen dadurch höher geworden sind.

In den folgenden Abschnitten werden Anforderungen, Möglichkeiten und alte wie neue
Probleme von Mathematik-Serviceveranstaltungen an zwei Fallbeispielen vorgestellt. Wir
konzentrieren uns bewusst auf zwei Fächer, die als weniger mathematiklastig gelten (oder
galten).

4.3   Fallbeispiel: Mathematik für Biologen

Die Mathematik hat in den letzten Jahren in einigen Teildisziplinen der Biologie wie Geno-
mik oder Systembiologie deutlich an Gewicht gewonnen. Andererseits gibt es nach wie vor
Teilgebiete, deren Vertreter wenig Bedarf für Mathematik sehen. In welchem Umfang und
mit welchem Tiefgang die Mathematik im Biologie-Curriculum einer Hochschule vertreten

ist, hängt daher auch von lokalen Schwerpunktsetzungen und Traditionen ab. Diese unterschiedlichen Anforderungsprofile der biologischen Disziplinen stellen für Mathematik-Dozierende ein Heterogenitätsproblem eigener Art dar.

Im Folgenden wird auf die Erstsemesterveranstaltung *Mathematik für Biologen und Biotechnologen* eingegangen, wie sie an der RWTH Aachen seit etwa zehn Jahren abgehalten wird. Es wird dabei kein Anspruch auf Originalität erhoben; Leitlinie war die Konzeption einer Vorlesung und Übung, die auch von eher reservierten Biologen als sinnvoll akzeptiert wird.

Für die Veranstaltung – die einzige genuine Mathematik-Veranstaltung im Biologie-Curriculum – sind 2 Semesterwochenstunden (SWS) Vorlesung und 2 SWS Globalübung vorgesehen, hinzu werden fakultativ zwei Wochenstunden Diskussion angeboten. Weiterhin gibt es die Möglichkeit, Hausaufgaben zu bearbeiten und korrigieren zu lassen.

Inhalte und Schwerpunkte wurden in Absprache mit Biologie-Dozierenden festgelegt.

Fachliche Vorgaben von seiten der Biologie umfassen dabei

- Mathematik im Labor (Mischungsprobleme, Verdünnen von Stammlösungen, pH-Wert etc.);
- Schaffung eines Fundaments für die Vorlesung Biostatistik (welche in Regie der Fachgruppe Biologie gehalten wird);
- Einfache deterministische Modelle (z. B. Transport und Abbau, Populationen);
- Handwerkszeug (Regression, Taylorentwicklung...), auch für Folgeveranstaltungen wie „Physik für Biologen".

Die Inhalte der Veranstaltung wurden wie folgt festgelegt:

- Mathematische Sprechweisen, Zahlbereiche, Rechnen und Rechengesetze;
- Einfache Gleichungen und Gleichungssysteme;
- Kombinatorik, Laplace-Wahrscheinlichkeit, Binomialverteilung;
- Folgen und Reihen;
- Funktionen: Grenzwerte, Stetigkeit, Differenzierbarkeit;
- Exponentialfunktion und Logarithmus (auch Differentialgleichungen, Poisson-Verteilung);
- Stammfunktionen.

Angesichts der Zeitvorgaben ist an eine (im Sinne einer systematisch entwickelnden Vorlesung) solide Grundlegung etwa des Grenzwertbegriffes nicht zu denken — von der Frage nach der Angemessenheit eines solchen Zugangs einmal abgesehen. In der Vorlesung werden zwar die „Epsilontik" in Definitionen und wenigen vorgerechneten Beispielen genutzt und auch ihre Rolle für die Herleitung von Rechenregeln kurz erläutert, die meisten Übungsaufgaben erfordern jedoch nur den Rückgriff auf bekannte Grenzwerte und Rechenregeln — was im Übrigen für den Großteil der Teilnehmenden schon anspruchsvoll genug ist.

Aus Zeitgründen ist es auch ein Problem, motivierenden Anwendungen und Beispielen aus der Biologie für die Studierenden genügend Platz zu geben. Als pragmatische Lösung wird versucht, einige biologisch relevante Themen im Längsschnitt vorzustellen, wobei die Entwicklung des Anwendungsbeispiels an neu gelerntes mathematisches Wissen und Können geknüpft wird. Exemplarisch wird nun ein solches Thema vorgestellt. Es sollte erwähnt werden, dass sich das Beispiel auf klassische experimentelle Techniken bezieht.

Anwendung: Sättigungskurven In der einfachsten Form handelt es sich um die Untersuchung einer Reaktion, in welcher sich ein Ligand X reversibel an ein Protein Y bindet; der gebundene Zustand wird mit Z bezeichnet:

$$X + Y \leftrightharpoons Z$$

Ein Beispiel ist die Bindung von Sauerstoff an Myoglobin. Die Modellierung (für die Gleichgewichtskonzentrationen x, y, z, wobei von homogener Verteilung ausgegangen wird) beruht auf zwei grundlegenden Prinzipien der Chemie. In mathematischer Formulierung lauten diese wie folgt.

$$\text{Massenwirkungsgesetz:} \quad xy = K \cdot z; \quad \text{Stöchiometrie: } x + z = \text{const.};$$

dabei ist $K > 0$ eine Konstante. Mit diesen Beziehungen kann man mathematisch arbeiten und zum Beispiel die mittlere Anzahl r der besetzten Bindungsstellen je Protein (also den Anteil der gebundenen Proteine am gesamten Bestand) durch Umformung von Bruchtermen bestimmen: Es ist nach Definition

$$r = \frac{z}{y+z} = \frac{Kz}{Ky + Kz} = \frac{xy}{Ky + xy},$$

wobei mit K erweitert und dann das Massenwirkungsgesetz benutzt wurde. Mit Kürzen findet man die Gleichung

$$r = \frac{x}{x+K}.$$

Falls das Protein über $n > 1$ Bindungsstellen verfügt, ergibt eine aufwendigere Herleitung unter Heranziehen von Kombinatorik und binomischem Lehrsatz (siehe die ausführliche allgemeine Darstellung in Dossing et al., 2006):

$$r = \frac{nx}{x+K}. \tag{4.1}$$

Die Mathematik ist für die Untersuchung der Reaktion unverzichtbar, weil a priori die Dissoziationskonstante K (und ggf. auch die Zahl n der Bindungsstellen) nicht bekannt ist.

Mit Mathematik erhält man aber wieder experimentell zugängliche Fragestellungen: Man kann die gefundene Beziehung (4.1) als Term einer Funktion $r = r(x)$ auffassen, und r sowie x sind durch sog. Dialyse-Experimente bestimmbar. Bei der „klassischen" Vorgehensweise, wo Geradengleichungen bevorzugt werden, formt man die Beziehung noch um und erhält

$$\frac{1}{r} = \frac{1}{n} + \frac{K}{n} \cdot \frac{1}{x}, \tag{4.2}$$

also $1/r$ als lineare Funktion von $1/x$. Bisher war im Grunde nur Mathematik der Sekundarstufe I gefordert, aber zum Verständnis und Nachvollziehen der Argumente ist Vertrautheit und kompetenter Umgang mit solch elementarer Mathematik nötig. (Der biochemische Hintergrund wird in Segel (1991) geschildert.)

Wie bestimmt man die Parameter K und n? Aus Experimenten sind Messpunkte (x_1, r_1), $\dots, (x_k, r_k)$ bekannt, und man will die Parameter in (4.1) so bestimmen, dass der Graph von r diese Messpunkte möglichst gut annähert. Eine verbreitete Methode zur Lösung des Problems ist die Methode der kleinsten Quadrate, die die Abweichung der Messpunkte vom Funktionsgraphen durch eine Quadratsumme quantifiziert. Dies führt auf das nichtlineare Regressionsproblem, die Funktion

$$\sum_i \left(\frac{nx_i}{x_i + K} - r_i \right)^2$$

zweier Variablen (n, K) zu minimieren. Eine Lösung ist ohne Rechnereinsatz nicht möglich. Klassisch wurde deshalb eine lineare Regression unter Heranziehen von (4.2) durchgeführt, und als Surrogat auch das Anlegen eines Lineals mit optisch möglichst guter Passung. Begrifflich ist dabei für die Studierenden Einiges zu leisten, und es ist Abstraktionsvermögen gefordert. Selbst wenn man das Minimierungsproblem nur für einen Parameter ausführt (indem man z. B. $n = 1$ vorgibt) und somit auf Bekanntes aus der Differentialrechnung einer Variablen zurückgreifen kann, ist eine Visualisierung des Problems (eine Kurve aus einer vorgegebenen Schar soll „möglichst gut" vorgegebene Punkte approximieren) nicht ohne Weiteres hilfreich, da es zunächst keinen Bezug zur vertrauten graphischen Darstellung von Minimierungsproblemen gibt. Man stößt überdies schnell auf sehr grundlegende Fragen, wenn man bemerkt, dass die Ergebnisse der Regression nach (4.1) bzw. nach (4.2) im Allgemeinen voneinander abweichen. Thematisiert man zudem noch die Verwendung der Quadratsummen als Maß für die Abweichung, so eröffnet sich ein weites Problemfeld und auch die Einsicht, dass das Ergebnis einer mathematischen Modellierung von bewusst oder unbewusst getroffenen Entscheidungen bei der Modellwahl mit bestimmt wird. In seiner Gesamtheit ist dieses Längsschnitt-Beispiel für die Mehrzahl der Teilnehmer der Lehrveranstaltung nur mit Mühe nachvollziehbar, es trifft aber den Kern mathematischer Modellierungsarbeit.

Die Lehrveranstaltung wurde nicht bewusst auf der Basis vorab definierter Kompetenzen konzipiert. Man könnte aber sehr wohl a posteriori solche formulieren:

Mathematik-Kompetenzen für Biologen

1. *Modellierungskompetenz:* Die Studierenden setzen (elementare) mathematische Verfahren zur Beschreibung und Analyse biologischer Vorgänge ein. Sie verstehen die Möglichkeiten und Grenzen der Mathematik in diesem Anwendungsbereich und sind in der Lage, den Einfluss von Modellannahmen kritisch zu beurteilen.
2. *Handwerkliche Grundkompetenz:* Die Studierenden gehen sicher mit grundlegenden mathematischen Objekten, Begriffen und Regeln um, welche für die Analyse elementarer Modelle nötig sind. Sie sind insbesondere in der Lage, im Anwendungskontext mathematische Routineaufgaben zu identifizieren und diese zielgerichtet auszuführen.

Es wäre ein fundamentaler Irrtum, Kompetenz 1 ohne Kompetenz 2 für hinreichend zu halten. Faktisch begegnen uns in der Lehre jedoch genau solche Situationen: Da Bruchterme in den nordrhein-westfälischen Kernlehrplänen (Ministerium für Schule und Weiterbildung NRW, 2013) nicht mehr obligatorisch sind, wird im Fallbeispiel oben die Herleitung des Ausdrucks für die mittlere Besetzungszahl r vielen Studierenden unerklärlich. Einen eigenen kreativen Umgang der Studierenden mit Herleitungen in ähnlichen Problemsituationen kann man nicht erwarten.

Der tatsächliche Verlauf der *Mathematik für Biologen und Biotechnologen* im WS 12/13 (beim zehnten Durchlauf des Konzepts; Dozent war einer der Autoren) war ernüchternd. Obwohl vor dem Hintergrund der Schulreformen die Planung modifiziert wurde, um elementare Lücken zu schließen (u. a. mehr Gewicht auf elementares Rechnen, Gleichungen, Dreisatz), erzielten die Biologie-Studierenden merklich schlechtere Prüfungsergebnisse. Eine positive Ausnahme bildete nur die kleinere Gruppe der Biotechnologie-Studierenden. Viele Biologie-Studierende hatten Probleme mit der Selbsteinschätzung: Da sie in der Schule erfolgreich waren und in der Regel zu den Besten gehörten, erwarteten sie auch an der Universität keine Probleme. Subjektiv ist diese Einstellung verständlich, aber Lernen und Lehren werden durch eine solche Erwartungshaltung nicht einfacher. Insgesamt hatte der tatsächlich behandelte Stoff geringeren Umfang und Vertiefungsgrad, und gerade anwendungsrelevante Beispiele fielen dem Zeitdruck zum Opfer. Im Grunde startet damit ein „Domino-Effekt" wie er auch in anderen Studiengängen zu beobachten ist: Durch Abstriche in Eingangsveranstaltungen werden Schwierigkeiten nicht behoben, sondern in spätere Phasen des Studiums verlagert. Eine Anpassung an veränderte Eingangsvoraussetzungen ohne Qualitätsverlust gelang den Lehrenden in dieser Veranstaltung nicht, was natürlich auch Anlass zu selbstkritischen Fragen sein muss. Aber es zeigt sich auch, dass die Hochschulen nicht alles auffangen können, was nachgeholt werden müsste.

4.4   Fallbeispiel Wirtschaftswissenschaften

Wirtschaftswissenschaftliche Studiengänge gibt es an den meisten deutschen Universitäten und Fachhochschulen, die Studierenden bilden die größte Studierendengruppe an deutschen Hochschulen überhaupt. So waren im Jahr 2011 fast 200 000 Studierende in Betriebswirtschaft eingeschrieben; siehe Statistisches Bundesamt (2013). In den ersten Semestern der Bachelorstudiengänge ist eine mathematische und statistische Grundausbildung üblich. Ein Grundkanon an mathematischen Inhalten, der für das Verständnis ökonomischer Basismodelle sowie deren Analyse und Lösung als notwendig erachtet wird, ist weitgehend akzeptiert. Eine Darstellung entsprechender Inhalte (auch mit Blick auf einen Masterstudiengang) findet sich in einschlägigen Lehrbüchern wie etwa Sydsæter & Hammond (2008), Kamps et al. (2009) oder Opitz & Klein (2011). Diese Inhalte reichen beginnend bei mathematischen Grundlagen bis hin zur Optimierung von Funktionen mehrerer Veränderlicher. Anzumerken ist jedoch für die praktische Umsetzung, dass die ursprünglich als Ergänzung bzw. zur Einführung der Notation verstandenen Kapitel zu mathematischen Grundlagen (Zahlbereiche; Rechengesetze für Brüche, Potenzen, Wurzeln; Mengen und zugehörige Operationen, etc.) inzwischen Bestandteil der universitären Lehre geworden sind. Grund ist u. a., dass formale Fertigkeiten im Sinne von Winter (1975) sowie bedeutsame Themen wie etwa Äquivalenz von Aussagen und Mengenschreibweise in den Schulen kaum bzw. gar nicht mehr behandelt werden. Demgegenüber muss aber auch ein betriebswirtschaftliches Studium einen wesentlichen Anteil quantitativer Methodik enthalten und damit auf einem soliden mathematischen Fundament aufbauen. Sicherlich ist das notwendige mathematische Wissen für den Durchschnittsstudierenden nicht so anspruchsvoll wie in Ingenieurstudiengängen. Jedoch ist ein sicherer Umgang mit mathematischen Methoden zum Verständnis vieler ökonomischer Modelle und Prinzipien von zentraler Bedeutung. So laufen viele ökonomische Fragestellungen auf (in der Regel nicht triviale) Optimierungsprobleme hinaus, da Prozesse, Erträge, Kosten o.ä. letzlich optimiert werden sollen.

Die Notwendigkeit guter mathematischer Schulkenntnisse ergibt sich auch daraus, dass ab dem ersten Semester auch volkswirtschaftliche Veranstaltungen wie Mikro- und Makroökonomie zum Kanon gehören; für diese sind mathematische Modelle allgemeines Rüstzeug. Zudem sind Gebiete wie etwa Supply Chain Management, Operations Research und Management sowie elementare Finanzmathematik ohne mathematische Vorkenntnisse nicht vermittelbar.

Ehe nun ein Fallbeispiel vorgestellt wird, sollen die wesentlichen Inhalte der Module *Mathematik A/B* (jeweils 2 SWS Vorlesung und Übung) des Bachelorstudiengangs BWL an der RWTH Aachen kurz skizziert werden. (Zudem ist im Studienplan ein Modul *Statistik* vorgesehen.) Die *Mathematik A* umfasst folgende Themenfelder:

1. Mathematische Grundbegriffe (z. B. Variable, Mengen, logische Aussagen, Funktionen, Grenzwerte etc.);
2. Folgen und Reihen und ihre Eigenschaften (z. B. Monotonie, Konvergenz etc.);
3. Funktionen einer Veränderlichen (z. B. Stetigkeit, Monotonie, Differenzierbarkeit, Extremalstellen, Integrierbarkeit) und ihre ökonomischen Anwendungen;
4. Lösung von Optimierungsproblemen in einer Variablen mit Methoden der Differentialrechnung.

Die *Mathematik A* ist daher hinsichtlich ihrer mathematischen Inhalte vergleichbar zur oben vorgestellten *Mathematik für Biologen und Biotechnologen.*

In der *Mathematik B* werden diese Fragestellungen weitergeführt:

1. Lineare Gleichungssysteme;
2. Grundlagen der Theorie der Funktionen mehrerer Veränderlicher (Differentiation und Integration);
3. Optimierungsprobleme in mehreren Variablen (mit und ohne Nebenbedingungen);
4. Differenzengleichungen;
5. Methoden der Beschreibenden Statistik.

Fallbeispiel: Zinsrechnung Grundlegende Fragestellungen der Betriebswirtschaft sind verbunden mit Zinseffekten, Kreditfragen, Laufzeiten von Krediten, Tilgungsplänen etc. Aus der elementaren Finanzmathematik wird hier ein Standardmodell mit Ein- und Auszahlungen und Verzinsung vorgestellt. Dabei wird folgende Notation verwendet:

K_0:   Anfangskapital

i: Zinssatz

$q = 1 + i$:   Aufzinsungsfaktor

Z_k: Ein- oder Auszahlung zu Beginn (vorschüssig) oder zum Ende (nachschüssig) der Periode k, wobei $k \in \{1, \ldots, n\}$

K_n: Kapital nach Ablauf von n Perioden

Das Kapital nach Ablauf von n Zeitintervallen bei nachschüssigen Zahlungen und nachschüssiger Verzinsung ist gegeben durch den Ausdruck

$$K_n = K_{n-1}q + Z_n = K_0 q^n + \sum_{k=0}^{n-1} Z_{n-k} q^k \stackrel{(\spadesuit)}{=} K_0 q^n + \sum_{k=1}^{n} Z_k q^{n-k}.$$

Insbesondere gilt bei konstanten Zahlungen $Z_k = Z, k \in \{1, \ldots, n\}$:

$$K_n = K_0 q^n + \sum_{k=0}^{n-1} Z q^k \stackrel{(\spadesuit)}{=} K_0 q^n + Z \frac{1 - q^n}{1 - q} \quad \left(= K_0 q^n + Z \frac{q^n - 1}{q - 1} \right). \qquad (4.3)$$

Hierzu ist Folgendes anzumerken:

1. Das Beispiel kann eingebettet werden in das Gebiet *Folgen und Reihen*; dieses ist für die meisten Studierenden neu. Schwierigkeiten entstehen jedoch nicht primär wegen des neuen Themas; sie sind durch elementare Defizite bedingt.

2. Es geht nicht darum, konkrete Werte in die Formeln einzusetzen und den Ausdruck auszurechnen, d. h. ein „Kochrezept" anzuwenden.

3. Vielmehr ist das Verständnis von indizierten Variablen gefordert, und dies wird essentiell, wenn kompliziertere Modelle behandelt werden.

4. Die Kenntnis der verwendeten Symbolik (etwa $\sum$) ist wichtig. Dies ist inbesondere für die Praxis von Bedeutung, wo eine Umsetzung solcher Formeln in Tabellenkalkulationen eine Standardaufgabe darstellt. Aus der mathematischen Notation $\sum_{k=0}^{n-1} a_k$ wird dann z. B. summe(Zahl1;...;Zahln).

5. Zudem ist ein Verständnis für durchgeführte Manipulationen bedeutsam (z. B. Nachvollziehen der Gleichheit in (♣) und (♠)). Zum Verständnis der Gleichheit in (4.3) sind etwa Kenntnisse über Summenformeln (hier geometrische Summe) grundlegend.

Weiterhin sind bereits in diesem Modell weiterführende wichtige Fragen angelegt. Ist etwa $Z = 0$, so wird ein Sparvertrag mit konstanter Verzinsung beschrieben. Neben der einfachen Möglichkeit, das angesparte Kapital nach n Jahren berechnen zu können, ist auch von Interesse, wie lange für ein angestrebtes Zielkapital W gespart werden muss. Dies läuft auf die Lösung der Gleichung

$$W = K_0 q^n$$

bzgl. n hinaus, die bekanntlich mittels des Logarithmus umgeformt werden kann zu

$$n = \frac{\ln(W/K_0)}{\ln q}.$$

Komplizierter ist die Behandlung einer ähnlichen Fragestellung mit $Z \neq 0$. Interpretiert man z. B. K_0 als Kreditsumme, i als Zinssatz und $Z > 0$ als konstante Tilgung, so kann die Frage gestellt werden, wann der Kredit abgezahlt ist. Gesucht ist daher eine möglichst kleine natürliche Zahl n, so dass

$$K_n \leq 0 \iff K_0 q^n - Z\frac{q^n - 1}{q - 1} \leq 0.$$

Dies ist äquivalent zu

$$(K_0(q - 1) - Z)q^n + Z \leq 0. \tag{4.4}$$

Diese Bedingung zeigt, dass eine Lösung nur möglich ist, wenn $K_0(q - 1) - Z$ negativ ist, d. h. wenn die Tilgung Z die anfallende erste Zinszahlung $K_0(q - 1)$ übersteigt. Nach einigen weiteren Umformungen resultiert letztlich die Bedingung

$$n \geq \frac{\ln\left(\frac{Z}{Z - K_0(q-1)}\right)}{\ln q}. \tag{4.5}$$

In diesem Beispiel wird zwar keine höhere Mathematik verwendet, jedoch sind grundlegende Basiskenntnisse erforderlich, um die Umformungen durchführen und verstehen zu können. Im Einzelnen sind folgende Punkte wichtig:

1. Sicherer Umgang mit Termumformungen;
2. Kenntnis und Anwendung des Logarithmus (z. B. Vorzeichen von $\ln q$ für $q > 1$, Definitionsbereich) sowie Verständnis des Logarithmus als Umkehrfunktion zur Exponentialfunktion;
3. Verhalten von Ungleichungen bei Multiplikation mit (negativen) Faktoren und monotonen Transformationen;
4. Interpretation einfacher Terme.

Die Dozenten an den Hochschulen nahmen bis vor einigen Jahren an, dass diese Anforderungen vom Durchschnittsstudierenden erfüllt sind. Nach neueren Erfahrungen ist dies allerdings nicht mehr der Fall. Mittlerweile scheint es, dass fast keiner der genannten Punkte von der Mehrheit der Studierenden ausreichend beherrscht wird. Natürlich wird all dies in Vorlesungen thematisiert, allerdings lässt sich damit eine entsprechende Vorbildung nur bedingt ersetzen. Man könnte einwenden, dass es für den Durchschnittsstudierenden letztlich genüge, die Formel (4.5) zur Festlegung von n nachzuschlagen. Allerdings würde der Bezug zum Ausgangsproblem damit zu einer Blackbox und ein Verstehen der Sinnhaftigkeit des Ergebnisses ausgeschlossen. An Stelle einer stringenten Herleitung aus der inhaltlich sinnvollen Bedingung (4.4) an Z träte somit eine Vorschrift, die man eben zu befolgen hat.

Anforderungen an die Vorkenntnisse Die vorstehenden Ausführungen illustrieren ein Grundproblem, mit dem die Mathematikausbildung bereits in solchen Studiengängen konfrontiert ist, die vergleichsweise wenig Mathematik fordern. In der Regel befinden sich die Studienanfänger und Studienanfängerinnen auf Grundkursniveau, so dass hinsichtlich der mathematischen Vorbildung (insbesondere hinsichtlich der im Schulunterricht behandelten Themen) Abstriche gemacht werden müssen. Defizite in der Mathematik der Sekundarstufe I, mangelnde Kenntnis und Beachtung von Regeln sowie unzureichende Übung in deren Anwendung verursacht bei Lernenden und Lehrenden eine hohe Frustration. Für viele Studierende bleibt die Mathematik ein Brennpunkt im ganzen Studienverlauf.

4.5   Eigene Mathematik der INT-Fächer

Mathematik wird an den Hochschulen nicht nur von Mathematikern gelehrt; die mathematische Sozialisation von Studierenden der Servicefächer wird auch wesentlich von Lehrenden dieser Fächer geprägt. Diese Prägung hat unterschiedliche Erscheinungsformen,
welche im Folgenden beschrieben werden sollen.

4.5.1   Mathematik sofort

INT-Studierende begegnen der Mathematik vom ersten Tag an in ihren Kernfächern, und
es wird erwartet, dass sie von Anfang an Mathematik als Werkzeug einsetzen. Darauf sind
die meisten durch die Schule kaum vorbereitet, und Mathematikvorlesungen können, so
weit sie überhaupt darauf ausgerichtet sind, Lücken nur mit Verspätung schließen.

Als konkretes Beispiel soll Gross et al. (2011) betrachtet werden, ein populäres Lehrbuch zur Technischen Mechanik im ersten Semester. Die Autoren berücksichtigen offenbar
die veränderten Eingangsvoraussetzungen der Studienanfänger in ihrer Konzeption eines
Buches, das sich an Ingenieurstudierende aller Fachrichtungen an allen Hochschulen richtet. Der Mathematikanspruch ist gegenüber Vorauflagen deutlich reduziert, und oft werden
„formelmäßige" Zugänge begleitet von graphisch-anschaulichen. Leserkommentare (etwa
in Internetforen oder bei Online-Buchhändlern) bewerten dies überwiegend positiv.

Aber auch Gross und Koautoren können dem Problem der mangelnden Mathematikvor-
aussetzungen nicht komplett entkommen. Im zweiten Kapitel („Kräfte mit gemeinsamem
Angriffspunkt") finden sich – trotz sehr moderaten Vorgehens – Bezüge auf Trigonometrie
in einem Umfang und Vertiefungsgrad (Sinus- und Kosinussatz, trigonometrische Identitä-
ten), die wesentlich über das in der Regel an weiterführenden Schulen Gelernte hinausgehen. Folgt ein Dozent dem Aufbau des Buches, so wird dieses Thema wohl innerhalb der
ersten drei oder vier Semesterwochen behandelt. Im Folgekapitel („Allgemeine Kraftsys-
teme und Gleichgewicht des starren Körpers") wird sicherer Umgang mit der Vektorrechnung im $\mathbb{R}^3$ (u. a. Linearkombinationen, Skalarprodukt, Vektorprodukt) vorausgesetzt. Ein
Abiturient hat – abhängig von Bundesland und Schule – unter Umständen nichts von diesen Themen gesehen. Man mag argumentieren, dass gerade diese Themen nicht übermäßig
schwierig sind, und Nachlernen keine große Mühe bereiten sollte. Dem wäre zuzustim-
men, wenn es sich um eine von nur wenigen zu schließenden Lücken handelte und wenn
ein Grundverständnis für den Formalismus und seine geometrische Interpretation vorausgesetzt werden könnte.

Im Kapitel 8 („Arbeit"), das bei Übernahme des Aufbaus gegen Ende des ersten Semesters behandelt wird, ist zusätzlich Umgang mit Kurvenintegralen und Differentialrechnung
mehrerer Veränderlicher gefordert. Dass hierbei Probleme auftreten, ist – im Gegensatz
zum oben Geschilderten – nicht neu; damit sind Erstsemester natur- und ingenieurwissenschaftlicher Studiengänge seit Jahrzehnten konfrontiert. Dass bereits im Kapitel 4 zur
Berechnung von Schwerpunkten Integration über ebene und räumliche Bereiche – bzw.

das trickreiche Umschiffen solcher Integrationsaufgaben durch spezielle Ansätze – thematisiert wurde, gehört ebenfalls zu den klassischen Übergangsproblemen. Die Problematik verstärkt sich aber vor dem Hintergrund elementarer Schwierigkeiten.

4.5.2 Spezielle Mathematik-Kulturen

Mangelnde schulische Vorkenntnisse haben auch zur Folge, dass sich in einigen Anwenderdisziplinen eine Art Surrogat-Mathematik entwickelt.

Was Mathematiklehrende in der Schule oder an der Universität nicht vermitteln, übernehmen andere — auf ihre Weise. Für die Biologie ist Stephenson (2005) in dieser Hinsicht ein interessantes Lehrbuch. Der Autor, der wohl zu Recht von geringen Mathematikkenntnissen bei US-amerikanischen Highschool-Absolventen ausgeht, verspricht „Mathematik im Labor" und erfüllt dieses Versprechen unter anderem mit ca. 35 Seiten zu elementaren Mischungsproblemen. Beherrscht man Dreisatz und Rechnen mit Bruchtermen, so ist diese Fülle von einzeln diskutierten möglichen Problemsituationen unnötig und eher verwirrend. An Stelle eines Standardformalismus wird Lesern nahegelegt, für jede einzelne Problemsituation die jeweils eigens zugeschnittene Schrittfolge im Buch mit variierten Zahlen zu imitieren. Verständiger Umgang mit dem Thema wird ersetzt durch Knopfdruck-Mathematik. Ironischerweise wird es dadurch nicht einfacher, und nicht weniger fehleranfällig: Wer bei jedem Mischproblem erst die Beispielliste durchgehen und nachprüfen muss, welche Situation vorliegt, investiert viel Zeit und unnötige Arbeit.

Jedoch ist dem Autor ein gewisser Hang zu theoretischem Tiefgang nicht abzusprechen:

> Erst letztes Jahr entdeckte ich, dass der Ansatz, den ich bei den meisten Aufgaben im molekularbiologischen Labor verwende, einen Namen hat. Man bezeichnet ihn als Dimensionsanalyse. Für mich war es immer das ‚Kürzen von Ausdrücken', eine Methode, mit der mein Gehirn sehr gut klarkommt. Viele haben versucht, mich zu dem Ansatz $C_1 V_1 = C_2 V_2$ zu bekehren, doch ohne Erfolg. Meine Art der Lösung von Aufgaben wurde von einigen getadelt und verlacht, von anderen dagegen gelobt. Als ich hörte, dass mein Ansatz Dimensionsanalyse genannt wird, fühlte ich mich wie ein Patient mit einer unerklärlichen Krankheit, der sich bestätigt fühlt, sobald der Arzt einen lateinischen Namen dafür verwendet. Zumindest wird einem dann klar, dass offenbar auch andere Menschen daran leiden müssen, dass die Krankheit untersucht worden ist und dass es eine Heilung gibt. (Vgl. Stephenson, 2005, S. XI)

Wer in diesem Zitat einen Ansatz von Selbstironie zu finden meint, lese das Buch im Ganzen und lasse sich eines Besseren belehren.

Als Mathematiklehrender an der Universität mag man solche Erscheinungen mit Amusement zur Kenntnis nehmen, weil man im Lehren des Dreisatzes ohnehin nicht seine professionelle Erfüllung sieht. Aber es sollte Besorgnis erregen, dass in einem elementaren Anwendungsbereich sinnvolle algorithmische Verfahren durch Selbstgestricktes ersetzt werden. Und es sollte – womit wir zum nächsten Punkt kommen – große Besorgnis erregen, dass den Mathematikern auch die interessanten Inhalte abhanden kommen.

4.5.3   Relevante Mathematik wandert ab

Die Umorientierung einführender Mathematikveranstaltungen auf Nachholen von Schulstoff und Schließen von Lücken hat auch den Effekt, dass die Anwender zur mathematischen Selbsthilfe greifen, um zu Beginn notwendige aber nicht vorhandene mathematische
Inhalte in Eigenregie zu vermitteln. Dazu sollen exemplarisch zwei Beispiele aus dem Vor-
lesungsverzeichnis der RWTH (WS 2012/13) zitiert werden:

*   Im ersten Semester Physik (B. Sc.) findet sich eine Veranstaltung *Einführung in die
    Theoretische Physik (Tutorium)*. Im Grunde ist es ein altbekanntes Problem, dass die
    nötige Mathematik für die Physik nicht schnell genug von einer (systematisch aufbau-
    enden) Mathematikveranstaltung geliefert werden kann. Diesem Problem wurde früher
    durch entsprechende Vorkurse begegnet. Die Vorkurse existieren nach wie vor, aber ihr
    Inhalt hat sich geändert: In ihrem Fokus steht nun Schulstoff, oder ehemaliger Schul-
    stoff.
*   Die Veranstaltung *Mathematische Methoden der Elektrotechnik* im ersten Semester des
    Bachelorstudiengangs Elektrotechnik ist jüngeren Ursprungs. Es geht hierbei vor allem
    um angewandte und numerische Lineare Algebra, die schnell für Ingenieuranwendun-
    gen verfügbar sein soll. Die Veranstaltung *Höhere Mathematik I* hingegen befasst sich
    mit Grundlagen und mathematischem Brückenbau. Es manifestiert sich hier – wie in der
    Physik – ein im Grunde sehr altes Problem. Neu ist aber, dass die Mathematiklehrenden
    immer mehr für Reparaturarbeiten zuständig zu werden drohen, anstatt anspruchsvolle
    und relevante Themen mit zu entwickeln.

Sich auf ein „Service-Monopol" für die Mathematik-Fachbereiche zu verlassen, wäre
angesichts solcher Entwicklungen wohl ein verhängnisvoller Irrtum.

4.6   Die aktuelle Lage

In den Anfängerveranstaltungen mathematiklastiger Studiengänge scheint sich inzwischen
das geringere Gewicht u. a. von Kalkülaufgaben und auch von Übungsphasen im schulischen Unterricht bemerkbar zu machen.

Es treten Defizite in elementarem Wissen und Können zu Tage, welche selbst für die
fachlich weniger anspruchsvollen Zielsetzungen der „Mathematical Literacy" kritisch werden. Es fehlt – um ein konkretes Beispiel aus einem Gespräch mit einem Lehrer zu zitieren
– bei vielen Schülerinnen und Schülern zum Beginn der Oberstufe nicht nur die Fähigkeit,
eine Gleichung wie

$$\left(-\frac{2}{3}\right) \cdot x = 1$$

systematisch zu lösen. Es fehlt – und das ist schlimmer – am grundlegenden Bewusstsein, dass es für solche Aufgaben systematische Lösungsverfahren gibt.

Dies ist – so vermuten wir – ein Effekt der Kompetenzorientierung in Lehrplänen, deren Umsetzung beispielsweise in NRW wohl bei vielen Lernenden, Lehrenden und in zentralen Prüfungen dazu geführt hat, die „inhaltsbezogenen Kompetenzen" für zweitrangig zu erachten. Auch die vor mehreren Jahren dezidiert geäußerte Kritik an „einseitig kalkülorientiertem Unterricht" hatte wohl übergroßen Erfolg. Die Erkenntnis, dass Kalkül ein wesentlicher und nützlicher Bestandteil der Mathematik ist, können viele Schülerinnen und Schüler heute nicht mehr gewinnen.

Wenn man Kompetenzorientierung in einem weiteren, durchaus begrüßenswerten Sinn so versteht, dass die Schülerinnen, Schüler und Anfangssemester in der Lage sein sollen, sich gezielt in authentische Problemsituationen einzuarbeiten und zur Lösung geeignete mathematische Ansätze zu nutzen, dann ist kaum ein Erfolg zu sehen. Ein positiver Effekt der „prozessbezogenen Kompetenzen" wird gerade in anwendungsorientierten Lehrveranstaltungen, welche wir und Kollegen abhalten, nicht sichtbar.

An der RWTH Aachen gibt es eine Reihe von Angeboten vor und zum Studienbeginn, um Defizite nach Möglichkeit abzubauen.

- Ein vierwöchiger *Vorkurs* für Studierende im ersten Semester unterschiedlicher Fachrichtungen mit zwei Stunden Vorlesung und drei Übungsstunden pro Tag (jeweils vor dem Wintersemester).
- Ein semesterbegleitender *Überbrückungskurs Mathematik* speziell für Studierende der Wirtschaftswissenschaften, welcher an die oben beschriebene Veranstaltung *Mathematik A* gekoppelt ist und mit einigem Erfolg zur Abmilderung der beschriebenen Probleme beiträgt.
- Ein sechswöchiger studienbegleitender *Brückenkurs (für Ingenieure)* mit einer zweistündigen Diskussionsstunde an zwei Wochentagen.
- Im Vorfeld des WS 2013/2014 wurde an der RWTH für einige INT-Studiengänge erstmals eine Kombination aus Vorkurs und regulärer Mathematik-Einführungsveranstaltung angeboten, mit wesentlich höherer Anzahl an Übungsstunden. Inwieweit dieser Ansatz angenommen wird und erfolgreich ist, muss sich noch zeigen.

All diese Veranstaltungen sind fakultativ; die semesterbegleitenden Angebote stehen zudem in Konkurrenz mit einem dichtgepackten Programm an Pflichtveranstaltungen. Ihr Effekt würde sich wohl steigern, wenn sie Bestandteil der Obligatorik wären.

Nach unseren Erfahrungen sind solche Vor- und Brückenkurse vor allem dazu nützlich, im Grunde vorhandenes Wissen aufzufrischen und kleinere Lücken zu schliessen. Neue mathematische Begriffe und Verfahren können in begrenztem Umfang präsentiert werden.

Aber vor allem bei der Kompensation tiefergehender Probleme stoßen solche Kurse an ihre Grenzen.

Gravierend für die Schwierigkeiten vieler Studierender in einführenden Veranstaltungen sind Defizite in der Mathematik der Sekundarstufe I sowie – in hohem Maße – mangelnde

Fertigkeiten im Umgang mit dem Kalkül. Die reduzierte Einübung des Kalküls wirkt sich dabei gerade auf Kreativität und Problemlösefähigkeit negativ aus.

Ein konkretes Beispiel für dieses Phänomen liefern Induktionsaufgaben in Anfängerveranstaltungen: Das (für die meisten neue) Induktionsprinzip verstehen alle, aber der Induktionsschritt will jenseits elementarster Beispiele nicht gelingen, weil man hierfür ein oder zwei einfache Termumformungen vorausahnen müsste. Es fehlt am mathematischen Handwerkszeug.

Die Fähigkeit zu einer kreativen Anwendung des Kalküls, bei der bestimmte Zwischenschritte im Kopf antizipiert und dann überprüft werden, beruht in erster Linie auf Übung, Erfahrung, Wiederholung aus verschiedenen Perspektiven und einem gewissen Vorrat an Beispielen, und all dies wiederum benötigt Zeit. Diese Zeit steht in einigen Wochen Voroder Begleitkurs nicht zur Verfügung. Die enorm wichtige Aufgabe, über Jahre das nötige Maß an Gewöhnung zum freien Umgang mit der Mathematik zu vermitteln, kann nur von der Schule geleistet werden.

4.7   Die nächste Reform?

Beginnen wir mit einem radikalen Vorschlag:

„Der Mathematikunterricht soll dem Schüler Möglichkeiten geben,

- schöpferisch tätig zu sein,
- rationale Argumentation zu üben,
- die praktische Nutzbarkeit der Mathematik zu erfahren,
- formale Fertigkeiten zu erwerben."

Dieses Zitat ist fast 40 Jahre alt; es stammt aus Winter (1975). Die Ziele hat Heinrich Winter in wohldurchdachter Weise begründet mit Blick auf Charakteristika des Menschen und Charakteristika der Mathematik. Der Einfluss dieser spezifischen Leitlinien ist, im Gegensatz zu seiner weithin zitierten Arbeit Winter (1995) über Grunderfahrungen, die eher eine fachlich unverbindliche Interpretation gestattet, bedauerlicherweise gering geblieben. Sie liefern aber seit Jahrzehnten ein sehr gutes Instrument, um jeweilige Fehlentwicklungen zu diagnostizieren.

Zur Zeit sind in den meisten Bundesländern mindestens zwei der Ziele von Winter stark unterrepräsentiert. Das sind zum einen die formalen Fertigkeiten, zu denen auch die Verfasser der neuen gemeinsamen KMK-Standards (vgl. Sekretariat KMK, 2012) erstaunlich wenig zu sagen wissen. Hier scheint grundsätzlich auch die gängige Aufzählung und Einteilung mathematischer Kompetenzen defizitär zu sein.

Zum anderen können viele Lehrpläne, wie etwa in NRW (Ministerium für Schule und Weiterbildung NRW, 2013) den praktischen Nutzen der Mathematik nicht bewusst machen: Es fehlt an relevanten und authentischen Anwendungen.

Was kann und sollte getan werden? Sinkende Qualität der Studienabschlüsse wäre fatal. Wenn wir die Frage der Realisierbarkeit zunächst hintanstellen, erachten wir Folgendes für sinnvoll:

- Curricula und Abiturprüfungen, welche von über 50 Prozent eines Geburtsjahrgangs bewältigt werden sollen, vernachlässigen zwangsläufig vertiefte Kenntnisse und Spezialwissen, wie es für eine deutlich kleinere Gruppe zum Start eines (M)INT-Studiums erforderlich ist. Jedoch muss auch solch weitergehendes Wissen und Können in allgemeinbildenden Schulen zu erwerben sein. Wenn sich diese elementare Einsicht durchsetzt, sollten folglich Tendenzen zu einer Einheitsmathematik für alle, oder einer zu geringen Differenzierung zwischen Grund- und Leistungskursen, wieder rückgängig gemacht werden.
- Parallel sollten die nötigen Mathematik-Kompetenzen für die einzelnen (M)INT-Studiengänge identifiziert und eine kritische Bestandsaufnahme vorgenommen werden, mit besonderem Blick auf die Voraussetzungen zum Studienbeginn. Dies wäre eine mühsame, aber wichtige gemeinsame Aufgabe für Lehrende des Fachs (aus dem Anwendungsfach wie aus der Mathematik) und der Fachdidaktik. Es gäbe idealerweise nach Abschluss dieses Prozesses eine verlässliche Grundlage auch für Lehrpläne und sinnvolle Zielsetzungen im Grundkurs- und Leistungskurs-Abitur.
- Lehrerinnen und Lehrer brauchen einen Blick über den Tellerrand. Dies betrifft die Schule, aber auch ihre Ausbildung an den Universitäten. Die meisten haben zur Zeit keine klare Vorstellung von den Mathematikanforderungen an den Großteil der Studienanfänger, weil ihr Fachstudium authentische Anwendungen der Mathematik etwa in Technologie und Wirtschaft kaum thematisiert.
- Schließlich sollte kurzfristig einem der massivsten und drängendsten Probleme im Übergang – fehlende Zeit zum Üben und Aufholen von Defiziten – dadurch abgeholfen werden, dass neben vier- oder fünfwöchigen fakultativen Vorkursen auch Orientierungssemester an den Hochschulen eingeführt werden. Im wohlverstandenen Interesse der Studienanfänger sollten diese – ggf. nach einem Einstufungstest – obligatorisch werden.

Sollten sich Mathematiker und Mathematikerinnen um solche Dinge kümmern? Wir halten dies für dringend nötig.

Die derzeitigen Übergangsprobleme gefährden die Entwicklung der MINT-Studiengänge und auch die Stellung der Mathematiker an den Schulen und Hochschulen. Und es geht dabei nicht um vermeintliche Partikularinteressen: Die Leidtragenden der Übergangsprobleme sind in erster Linie die Studienanfänger!

Literatur

Statistisches Bundesamt (2013) Zahlen & Fakten: Zeitreihe der Studierenden im Studienfach Betriebs- wirtschaftslehre in Deutschland 1975-2011. https://www.destatis.de/DE/ZahlenFakten/Indikatoren/ LangeReihen/Bildung/lrbil02.html (eingesehen 19.07.2013)

Baumert, J. et al. (Hrsg.) (2001). *PISA 2000. Basiskompetenzen von Schülerinnen und Schülern im internationalen Vergleich.* Opladen: Leske + Budrich.

Dieter, M. & Törner, G. (2009). Zahlen rund um das Mathematikstudium. Teil 5: Zahlen zum Bildungsstand und zum Arbeitsmarkt. *Mitteilungen der DMV*, 17, 111–116.

Dossing, D., Wagner, H. & Walcher, S. (2006) Oligomere, rationale Funktionen und Kombinatorik. *MNU*, 59(7), 396–402.

Gross, D., Hauger, W., Schröder, J. & Wall, W. (2011). *Technische Mechanik 1*, 11. Auflage. Heidelberg: Springer.

Kamps, U., Cramer, E. & Oltmanns, H. (2009). *Wirtschaftsmathematik – Einführendes Lehr- und Arbeitsbuch*, 3. Auflage. München: Oldenbourg.

Sekretariat der Ständigen Konferenz der Kultusminister der Länder in der Bundesrepublik Deutschland (2012): Bildungsstandards im Fach Mathematik für die Allgemeine Hochschulreife (Beschluss der Kultusministerkonferenz am 18.10.2012). http://www.kmk.org/fileadmin/veroeffentlichungen_ beschluesse/2012/2012_10_18-Bildungsstandards-Mathe-Abi.pdf (eingesehen am 19.07.2013)

Koppel, O. (2012). *2012: Ingenieure auf einen Blick. Erwerbstätigkeit, Innovation, Wertschöpfung.* Düsseldorf: Verein Deutscher Ingenieure.

Koepf, W., Greefrath, G. & Elschenbroich, H.-J. (2013) Mathematik-Kommission Übergang Schule– Hochschule: Stellungnahme vom 31. Oktober 2013. http://www.mathematik-schule-hochschule.de (eingesehen am 03.03.2014)

Ministerium für Schule und Weiterbildung des Landes Nordrhein-Westfalen (2013): Kernlehrplan Mathematik (G8). http://www.standardsicherung.schulministerium.nrw.de/lehrplaene/lehrplannavigator-s-i/gymnasium-g8/mathematik-g8/kernlehrplan-mathematik/ (eingesehen am 07.12.2013)

Opitz, O. & Klein, R. (2011). *Mathematik – Lehrbuch für Ökonomen*, 10. Auflage, München: Oldenbourg.

Segel, L. A. (Ed.) (1991). *Biological Kinetics.* Cambridge: Cambridge University Press.

Stephenson, F. H. (2005). *Mathematik im Labor.* München; Heidelberg: Elsevier, Spektrum, Akad. Verl.

Sydsæter, K. & Hammond, P. (2008). *Mathematik für Wirtschaftswissenschaftler: Basiswissen mit Praxisbezug*, 3. Auflage. München: Pearson Studium.

Winter, H. (1975). Allgemeine Lernziele für den Mathematikunterricht? *Zentralblatt für Didaktik der Mathematik*, 3, 106–116.

Winter, H. (1995). Mathematikunterricht und Allgemeinbildung. *Mitteilungen der Gesellschaft für Didaktik der Mathematik*, 61, 37–46.

Begriffssysteme und Differenzlogik in der mathematischen Lehre am Studienbeginn

5

Dirk Langemann

Zusammenfassung

Die häufig beobachteten Schwierigkeiten von Studienanfängerinnen und Studienanfängern insbesondere im Fach Mathematik werden unter dem Aspekte der Kommunikation von Lehrenden und Studierenden diskutiert. Ausgewählte Beispiele und Zitate von Studierenden und Lehrenden werden vorgestellt. Sie lassen Rückschlüsse auf individuelle Vorstellungen von Begriffen und mögliche Gedankenwelten zu, in denen die Beispiele und Zitate logisch konsistent erscheinen. Auf unterschiedlichen Kommunikationsebenen beobachten wir differierende Begriffskonzepte bei Lehrenden und Studierenden. Die entstehende Differenzlogik kann mit dem Ziel einer erfolgreichen inhaltlichen Vermittlung durch das Auffinden einer Meta-Kommunikation überwunden werden, in der implizite Begriffskonzepte expliziert werden. Aus der gezielten Explizierung der Differenz ergeben sich erste Handlungsansätze zur Überwindung der aus differierenden Begriffssystemen resultierenden Missverständnisse in der Lehre.

5.1 Einleitung

Eine häufige Erfahrung fast aller Lehrenden an Hochschulen wird in der Klage, dass die Studienanfängerinnen und Studienanfänger immer weniger den Anforderungen an ein Hochschulstudium genügten (Meyer, 2011), gut zusammengefasst, und sie ist in dieser kurzen Formulierung von der zeitlosen Dauerklage, mit der Jugend ginge es bergab (Platon), kaum zu unterscheiden.

Tatsächlich scheint der politische Wunsch nach einer hohen Studierendenquote mit der Studierfähigkeit einer großen Zahl von Abiturientinnen und Abiturienten zu kollidieren, was studienfachübergreifend zu einer hohen Abbruchquote führt (Heublein et al., 2012).

69

In den vergangenen Jahren wurde das schulische Curriculum (Niedersächsisches Kultusministerium, 2006, 2009) – nicht zuletzt durch die stärkere Betonung des kompetenzorien-
tierten Lernens neben dem inhaltsorientierten Lernen – mehrfach verändert, wobei ein positiver Einfluss auf die Studierfähigkeit nicht nachweisbar ist (Cramer und Walcher, 2010).
Obwohl auch in anderen Fächern existent (Meyer, 2011), sind die Übergangsschwierigkeiten von der Schule zur Hochschule im Fach Mathematik besonders deutlich (Weinhold,
2013b). Hochschullehrende berichten von verheerenden Bearbeitungen von Standardauf-
gaben vor allem in den ersten Semestern (Weinhold, 2013a), die sich unabhängig von didaktischen Ansätzen beobachten lassen. Weiterhin berichten sie, dass sie ihre Prüfungsauf-
gaben immer weiter vereinfachen und dass diese Vereinfachungen den Notendurchschnitt
nicht verbessern (Klein, 2013). Gleichzeitig investieren selbstbewusste, lernwillige und interessierte Studienanfängerinnen und Studienanfänger viel Zeit in ihr Studium, und erleben
trotzdem deprimierend oft Misserfolge.

Hier wird ein Diskussionsansatz zu den Ursachen der genannten Erfahrungen vorgestellt, der die Kommunikation zwischen Lehrenden und Studierenden ins Blickfeld rückt,
deren Hemmnisse für den Schulunterricht in Hefendehl-Hebeker (2001) diskutiert werden. Entlang eines virtuellen Dialogs zwischen einer Studierenden und einer Lehrkraft
beschreibt Prediger (2002) Kommunikationsbarrieren und Wege zu ihrer Überwindung.

Hauptaugenmerk des vorliegenden Textes ist die Differenzlogik zwischen Lehrenden
und Lernenden in der Studieneingangsphase, die mit der Änderung der Lehr- und Lernsituation sowie der intendierten Vermittlungsziele und Lehrformen beim Übergang von der
Schule mit einer eher induktiven Arbeitsweise zur Hochschule mit einer eher deduktiven
Inhaltsvermittlung entsteht Strike & Posner (1982). Das Vorhandensein der Differenz wird
mit ausgewählten Zitaten und Beispielen belegt, die fast jedem Lehrenden an einer Hochschule aus der Lehrpraxis bekannt erscheinen werden und die in zahlreichen Vorträgen und
Veröffentlichungen (vgl. Weinhold, 2013a) dokumentiert sind. Es wird versucht, aus den
Äußerungen auf individuelle Vorstellungen der Kommunizierenden zu schließen. Wir su-
chen also nach Gedankenwelten bei Lehrenden und Lernenden, in denen die angegebenen
Zitate und Beispiele logisch konsistent und subjektiv rational sind.

Aus dem Blickwinkel der Kommunikation können differierende Begriffssysteme bei
Lehrenden und Lernenden, die jeweils subjektiv logisch konsistent sind, dazu führen, dass
Studierende objektiv eine andere Botschaft empfangen, als vom Lehrenden beabsichtigt,
vgl. Hefendehl-Hebeker (2001) und Prediger (2002). Bei Berücksichtigung dieser Differenz lässt sich die Erfahrung mangelnder Studierfähigkeit gleichzeitig mit der Annahme selbstbewusster, intelligenter und lernwilliger Schulabgängerinnen und Schulabgänger
denken. Als ein Weg aus der Differenz wird die Explizierung impliziter Begriffsattribute
und die Suche nach einer kommunikativen Meta-Ebene zur Überwindung differierender
Begriffskonzepte besprochen.

Zunächst disktuerien wir erste extremal ausgewählte Beispiele, die nicht notwendigerweise von schwachen Studierenden stammen. Zitate und Beispiele sind im folgenden kur-
siv gedruckt. Sie sind ausgewählt, um die zugrundeliegenden Aspekte der jeweiligen Gedankenwelt zu verdeutlichen. Ohne gesonderte Untersuchung wird als gesichert angenom-

men, dass die Gedankenwelten, aus denen die Zitate und Beispiele resultieren, sowohl bei Studierenden als auch bei Lehrenden genügend weit verbreitet sind, um einen diskussionswürdigen Forschungsgegenstand darzustellen. Genauere Abgrenzungen zu individuellen Vorstellungen und dem Phänomen der subjektiven Rationalität findet man in Lengnink et al. (2011) und Sierpinska (1992).

Der vorliegende Aufsatz weist auf die kommunikativen Ursachen möglicher Übergangsschwierigkeiten zwischen Schule und Hochschule hin (Gueudet, 2008; Prediger, 2009), präsentiert erste Handlungsansätze zur Überwindung der aus differierenden Begriffskonzepten hervorgehenden Missverständnisse und möchte eine kommunikationstheoretische wissenschaftliche Diskussion in der Hochschuldidaktik befördern. Nach der Darstellung des Hintergrundes in Abschnitt 5.2 führt Abschnitt 5.3 kurz in Begriffskonzepte und Differenzlogik ein. Es werden Probleme der Erkennbarkeit und der Lösungsorientierung angesprochen. Abschnitt 5.4 widmet sich unterschiedlichen Ebenen der Differenzlogik und zeigt, dass sich differenzlogische Elemente zwischen Lehrenden und Lernenden vom mathematischen Formalismus bis in die Alltagssprache ziehen. Dadurch wird das Auffinden einer gemeinsamen kommunikativen Meta-Ebene erschwert. Der Artikel schließt mit ersten Implikationen in Abschnitt 5.5 zur Abfederung differenzlogisch implizierter Lernschwierigkeiten und einem Ausblick auf weitere Untersuchungen.

5.2   Hintergrund und Ausgangslage

Pro Studienjahr besuchen ca. 1000 Studierende aus den acht Studiengängen der Fakultäten für Maschinenbau und Bauingenieurwesen die Lehrveranstaltungen zur Ingenieurmathematik an der TU Braunschweig. Zusätzlich wurden im Rahmen des Kompaktstudiums Mathematik für Ingenieure in den Jahren 2010 und 2011 Studienanfängerinnen und Studienanfänger dieser ingenieurwissenschaftlichen Studiengänge begleitet (Langemann, 2013). Das Kompaktstudium wurde umfangreich evaluiert und intensiv untersucht (Aust et al., 2011). Zur Zeit läuft ein Forschungsprojekt, um Unterschiede zwischen den Studierenden mit regulärem Studienstart und den Studierenden, die das Kompaktstudium absolviert haben, herauszuarbeiten (Weinhold, 2013a). Für die hier vorgestellten Überlegungen wurden Aussagen von Studierenden im Rahmen dieses Forschungsprojektes verwendet und ausgewählte Lehrende befragt.

Im ersten Semester werden die Lehrveranstaltungen Ingenieurmathematik I (Analysis 1) und Ingenieurmathematik II (Lineare Algebra) angeboten. Die Vorlesungen, großen Saalübungen und betreuten kleinen Übungen werden durch Kurzskripte, umfangreiche Zusatzmaterialien, Tutorien, Online-Lernangebote und Wiederholungskurse begleitet. Exemplarisch seien die Inhalte der Lehrveranstaltung Ingenieurmatik I mit Folgen, Reihen, elementaren Funktionen und ihren Eigenschaften, Differentiation inklusive Taylor-Entwicklung und Integration im Eindimensionalen angegeben (Langemann, 2010). Es handelt sich um Inhalte, die starke Überschneidungen mit dem schulischen Curriculum haben, z. B. Differentiation, und um Inhalte, die bis vor kurzem Teil des schulischen Curriculums waren, z. B.

Folgen und Grenzwertdefinition. Die letztgenannten Inhalte, die wegen der Unterrichts-
fülle zugunsten anderer Konzepte aus dem schulischen Curriculum herausgefallen sind,
stellen also keine über die üblichen Anforderungen im Abitur hinausgehenden Abstrakti-
onsstufen dar. Lernziel dieser Lehrveranstaltungen mit starken Wiederholungsanteilen im
ersten Semester ist die Befähigung der ingenieurwissenschaftlichen Studienanfängerinnen
und Studienanfänger zum sicheren Umgang mit dem mathematischen Formalismus und zur
sicheren Anwendung der mathematischen Grundfertigkeiten, wie sie im Ingenieurstudium
und in der zukünftigen Berufsausübung benötigt werden.

5.2.1 Vorgeschlagene Forschungsfrage

In den folgenden Überlegungen nehmen wir an, dass die Studienanfängerinnen und Studienanfänger die bessere Hälfte aller Schulabgängerinnen und Schulabgänger hinsichtlich
Fleiß, Begabung o. ä. sind, dass sie während der schulischen Ausbildung Arbeitstechniken,
Grundvorstellungen, Begriffssysteme und Motivationsgründe für ihre Bildung erlernt und
verfeinert haben, dass sie ihr Studienfach gemäß eigenen Kriterien gewählt haben und dass
sie aus ihrer Sicht das Studium mit allen Anforderungen erfolgreich bewältigen wollen.

Die ersten beiden ingenieurwissenschaftlichen Studiensemester sehen eine Beschäf-
tigungszeit mit dem Fach Mathematik vor, die rein zeitlich mehreren Schuljahren entspricht
(Schulze-Pillot, 2013), sodass der Einfluss einzelner Vorkenntnisse auf den Lernerfolg gering ist. Da somit das Auftauchen oder Nichtauftauchen ausgewählter mathematischer Inhalte im schulischen Curriculum, wie z. B. der oft diskutierten Logarithmus-Funktion oder
auch des Logarithmus selbst (Niedersächsisches Kultusministerium, 2006; Guba et al.,
2009; Strauß, 2002), nicht ausschlaggebend für den Erfolg im Studium sind, erfolgen
die Überlegungen unabhängig von einzelnen mathematischen Inhalten.

Das Ziel des vorliegenden Aufsatzes besteht darin, unterschiedliche Aspekte der Kommunikation zwischen Lehrenden und Lernenden in der Studieneingangsphase anzuspre-
chen und damit einen Beitrag zum Verständnis der differierenden Einschätzungen über
Sinnhaftigkeit und Schwierigkeit der mathematischen Inhalte eines ingenieurwissenschaftlichen Studiums sowie der möglicherweise voneinander abweichende Ansichten über Lernmethoden zu liefern. Auf der Grundlage des konzeptionellen Wandels der Wissensvermitt-
lung und des Wissenserwerbs (Strike & Posner, 1982) beim Übergang von der Schule in die
Hochschule (Gueudet, 2008) versuchen wir hier, einen Einblick in kommunikative Hemmnisse durch individuelle Vorstellungen auf unterschiedlichen Kommunikationsebenen zu
geben.

5.2.2 Erste Beispiele

Die erste Situation verdeutlicht ein fehlendes Begriffskonzept und unterstreicht den Unterschied zu einem Fehler oder einer Ungenauigkeit. Sie entstammt einer mündlichen Prüfung

zur Lehrveranstaltung Ingenieurmathematik I, die am Ende des dritten Studiensemesters gemäß Prüfungsordnung durchgeführt wurde, weil der Studierende dreimal die schriftliche Klausur nicht bestanden hatte.

Beispiel 5.1

Die Aufgabe bestand darin, den Differentialquotienten, dessen allgemeine Definition bereits notiert war, für die Funktion $f(x) = x^2$ anzugeben und den Term später zu vereinfachen. Zunächst wusste der Studierende nicht weiter, und notierte nach der Aufforderung, f einzusetzen, unter Auslassung des Grenzwerts Folgendes:

$$f'(x) = \frac{f(x+h) \; - \; x^2}{h} \; . \tag{5.1}$$

Auf die Frage, wie mit $f(x + h)$ umzugehen sei, wusste der Studierende zuerst keine Antwort und notierte nach der Aufforderung, es zu versuchen, $f(x + h) = x^2 + h$. Nach eigener Aussage hatte dieser Studierende *sehr viel gelernt*.

Der verkürzte Bruchstrich in Gleichung (5.1) und der fehlende Limes können als Schreibfehler gedeutet werden, die zumindest zeitnah korrekt interpretiert würden. Der Ausdruck $x^2 + h$ ist jedoch nicht als Schreibfehler von $(x+h)^2$ deutbar. Der Studierende kann das Konzept der Funktionsauswertung eines Terms nicht anwenden und hat wahrscheinlich keine Vorstellung, was die Schreibweise $f(x)$ einer Funktionsauswertung bedeutet. An dieser Stelle konkretisiert sich unsere Forschungsfrage auf die Suche nach einer Gedankenwelt, in der ein Student subjektiv *sehr viel gelernt* haben kann, ohne jedoch über aus Sicht der Lehrenden fundamentale Fähigkeiten wie zum Beispiel über das Konzept der Funktionsauswertung zu verfügen.

Das nächste Beispiel stammt aus einer Klausur für Ingenieurmathematik II. Die Studierenden waren aus Ankündigungen und aus Altklausuren darauf vorbereitet, dass die Klausur Aufgaben zur Eigenwertberechnung enthalten würde, und mehr als 90 % von ihnen haben die Aufgabe bearbeitet, wobei die überwiegende Mehrheit von etwa 80 % der Bearbeitungen dem dargestellten Weg folgt und mit unterschiedlich groben Fehlern scheitert. Die Aufgabe war so gestellt, dass eine Anwendung des in der Vorlesung dargelegten und in den Übungen zur Rechenerleichterung benutzten Zusammenhangs, dass die Eigenwerte einer Dreiecksmatrix auf der Diagonalen ablesbar sind, den Rechenaufwand stark vermindert.

Beispiel 5.2

Gesucht waren Eigenwerte und -vektoren der Matrix

$$A = \begin{pmatrix} 1 & 1 & 0 & 1 \\ 0 & 1 & 0 & 0 \\ 0 & 0 & 2 & 1 \\ 0 & 0 & 0 & 2 \end{pmatrix}.$$

Zumeist wurde zur Berechnung der Eigenwerte das charakteristische Polynom gebildet, welches im Extremfall so

$$\det(A - \lambda I) = (\lambda - 1(\lambda - 2(\lambda - 2 \cdot \lambda - 2 = \lambda^6 - 17\lambda^4 + \lambda^3 + \dots$$

geschah. Nur in Ausnahmefällen wurde das charakteristische Polynom nicht ausmultipliziert. Meist wurde $\lambda_1 = 1$ geraten und die Rechnung nach einer oft umfänglichen Polynomdivision aufgegeben. Häufig wurde notiert, dass *störende Reste bei der Polynomdivision weggelassen* würden. Überwiegend endete die Bearbeitung mit

$$\lambda_1 = 1, \quad \lambda_2 = ??$$

und gelegentlich mit dem Hinweis, dass *eine weitere Rechnung nicht möglich* sei.

Beispiel 5.2 zeigt eine Fixierung auf das Abarbeiten von Lösungswegen, eine Notation wider die mathematische Grammatik und die Abwesenheit von Plausibilitätsüberlegungen. Bemerkenswert ist, dass, abgesehen von kreativen Klammersetzungen, die Linearfaktorzerlegung des charakteristischen Polynoms bei der Bearbeitung der Aufgabe fast von selbst entstand und in fast allen Bearbeitungen notiert wurde. Die häufige Bearbeitung zeigt, dass die Studierenden diese Aufgabe für *schaffbar* hielten.

Beispiel 5.2 dokumentiert differenzlogische Aspekte. Während Lehrende die wiederholte Verkennung naheliegender Rechenvereinfachungen für ein Zeichen mangelnder Beschäftigung mit den Inhalten der Lehrveranstaltung halten, empfinden sich die Studierenden als *intensiv vorbereitet*, weil sie in der Lage waren, die Berechnung von Eigenwerten algorithmisch für eine 4×4-Matrix umzusetzen.

Darüber hinaus ist das Festhalten an einer möglicherweise schulisch eingeübten Kalkülorientierung auf Seiten der Studierenden subjektiv rational, wenn man annimmt, dass die Studierenden mit der Kalkülorientierung in der Schule genügend erfolgreich waren, um ein Ingenieurstudium anzustreben. In der Studieneingangsphase mit einem geringeren Übungsanteil als in der Schule bleibt neben der Festigung der grundlegenden Inhalte und Rechentechniken im allgemeinen wenig Zeit, einen flexiblen Umgang mit dem Kalkül zu üben. Vor diesem Hintergrund präsentiert Beispiel 5.2 auch Differenzen zwischen den Erwartungen an Lernende und den geschaffenen Lerngelegenheiten, wobei an dieser Stelle eher auf Konzepte hinter der Wichtung der Lehrinhalte hingewiesen werden soll.

In den beiden folgenden Situationen ist es Studierenden aus unterschiedlichen Gründen gelungen, ihre Gedankenwelten zu modifizieren und sich im Sinne der Zielorientierung auf andere Begriffssysteme einzulassen.

Beispiel 5.3

Vor einer mündlichen Ergänzungsprüfung nach dem dritten fehlgeschlagenen schriftlichen Versuch bemühen sich etwa ein Viertel der Prüfungskandidaten um ein Vorgespräch. Der Extremfall wird durch einen Studierenden verkörpert, der sagte, er hätte *vor jeder Klausur sehr viel geübt*, er hätte *alle Aufgaben aus den Übungen und den Altklausuren gekonnt*, und der nun verzweifelt vom ausbleibenden Erfolg fragte: *Was soll ich lernen, und wie soll ich lernen?*

Der zukünftige Prüfer empfahl, vom Lösen der Aufgaben zunächst abzusehen und stattdessen *die Inhalte der Vorlesung zu rekapitulieren*, die *mathematische Notation detailliert zu lesen* und *in selbständigen Reproduktionen* sorgfältig und korrekt zu verwenden, eigene *Verbildlichungen zu erarbeiten*, *Skizzen zu zeichnen* und *Kurzreferate zu wesentlichen Inhalten zu memorieren.*

Nach einigen Nachfragen versprach der Studierende, sich derart vorzubereiten, und kommentierte die souverän bestandene Prüfung am Ende mit: *Wie konnte ich so etwas einfaches vorher nicht verstehen?*

Die Hinweise in Beispiel 5.3, die so für die Mehrzahl aller Prüfungen sinnvoll sind, haben offenbar dazu geführt, dass der Studierende seine drei Semester lang erfolglos angewandten Lernstrategien angepasst hat. Die Bereitschaft zu dieser Anpassung wurde sicher durch die Anspannung vor dem letzten Prüfungsversuch erhöht. Man darf aber fragen, was ihn bewogen hat, vorher an erfolglosen Strategien festzuhalten? Nicht zuletzt wegen der Einfachheit der Abwandlung der Lernstrategie in Beispiel 5.3 kann vermutet werden, dass der Studierende vor diesem Gespräch noch keine Gelegenheit hatte, andere Strategien bewusst zu reflektieren. Die implizit vorhandenen Erwartungen der Lehrenden wurden möglicherweise zuvor nicht formuliert oder konnten diesen Studierenden nicht erreichen, vgl. Explizierung von Begriffskonzepten in Abschnitt 5.5.

Beispiel 5.4

Nach der Einführung der Bachelor-Studiengänge an der TU Braunschweig im Jahre 2009 und der damit verbundenen Umstrukturierung der Studiengänge gab es mit 15 % nicht bestandenen Klausuren in den Lehrveranstaltungen Ingenieurmathematik die höchsten Bestehensquoten, die seitdem bei gleichbleibendem Charakter, Aufbau und Schwierigkeitsgrad der Klausuren tendenziell sinken.

Die Beobachtung 5.4 unterstreicht, dass das Nichtvorhandensein von Altklausuren und von alten Übungsaufgaben, die Nichtexistenz von Erfahrungen aus der Hochschulsozialisation (Langemann, 2013) und die Abwesenheit von älteren Semestern in den Lehrveranstaltungen ein Vorteil sein können, da die Studierenden somit aus einem exogenen Anlass gezwungen waren, sich auf das universitäre Lehrangebot einzulassen. Gemessen am Erfolg wird hier aus einem scheinbaren Mangel ein Vorteil.

Beispiel 5.5

Ein Lehrender, der Mathematik für Maschinenbau-Studierende unterrichtet, behandelt die Differentialgleichung des Federschwingers und illustriert den Themenkreis der Eigenschwingungen und angeregten Schwingungen am Beispiel einer Gitarre. Der Lehrende sieht die Gitarre als eine Anwendung des Federschwingers.

Das Beispiel 5.5 zeigt, dass der Begriff *Anwendung* von dem Lehrenden nicht notwendigerweise in einem für die Studierenden verständlichen Sinne gebraucht wurde, denn die Gitarre gehört weder notwendigerweise zu den Erfahrungswelten der angesprochenen Studierenden noch in die von ihnen zwingend für erforderlich gehaltenen Wissensgebiete. Der gedankliche Verweis von der Gitarre zu technischen oszillierenden Systemen und Bauteilen ist somit eine implizit eingeforderte Leistung, was möglicherweise vom Lehrenden nicht beabsichtigt war.

5.3   Differenzlogik und Kommunikation

Zu jedem Begriff gehört eine charakteristische Auswahl von Attributen des Begriffs und deren Wichtung. Attribute sind neben der definierenden Beschreibung des Begriffs seine Verwendung und Einsetzbarkeit, seine Einordnung in Zusammenhänge und Theorien, Fragen der Nützlichkeit und seine Bewertung beispielsweise hinsichtlich der Schwierigkeit des Verständnisses. Durch die Ausprägung und Gewichtung der Attribute färbt der jeweils Kommunizierende den betreffenden Begriff.

Begriffskonzept möge hier die Gesamtheit der einem Begriff zugeordneten individuellen Vorstellungen (Lengnink et al., 2011; Strike & Posner, 1982) bezeichnen. Diese Gesamtheit ergibt eine mentale Repräsentation, die von der fachlich intendierten des Lehrenden abweichen kann, gemäß systemtheoretischer Ansätze sogar zwingend abweichen muss.

Differenzlogik bezeichne hier unterschiedliche Begriffskonzepte oder Erfahrungswelten zwischen Kommunizierenden, die dazu führen, dass ein Begriff oder allgemeiner ein sprachliches oder meta-sprachliches Objekt von den Kommunizierenden unterschiedlich interpretiert und aufgenommen wird (Luhmann, 1987). Differierende Begriffskonzepte führen zu differierenden Argumentationen, wobei in der subjektiv rationalen Gedankenwelt eines Kommunizierenden die eigene Argumentation logisch konsistent und die abweichende des Gegenübers als nicht konsistent wahrgenommen wird (Brousseau, 1986; Luhmann, 2002). Es entsteht folglich der subjektive Eindruck, die differierenden Argumentationen seien Ausdruck differierender „Logiken". Die Kommunikation zwischen den Partnern ist also sprachlich möglich, ihr Inhalt wird von den Kommunikationspartnern jedoch unterschiedlich interpretiert.

Solche Missverständnisse sind erst durch eine Meta-Kommunikation, also durch eine Verständigung über die Kommunikation selbst, aufzulösen. Die Problemlösung besteht also im Auffinden einer Meta-Ebene, auf der auch die impliziten Begriffsattribute expliziert werden können, was sich jedoch situationsabhängig als unterschiedlich schwierig erweisen kann. In diesem Sinne ist die Durchsetzung des Begriffssystems eines der Kommunikationspartners einerseits eine Machtdemonstration, die seine Deutungshoheit über diese Kommunikation manifestiert, und andererseits ist die Durchsetzung der Deutungshoheit eine Form der Meta-Kommunikation.

Eine Beschreibung existierender Differenzlogik erfordert eine kommunikative Ebene, in der die differierenden Begriffssysteme beschrieben werden können (Chevallard, 1999). Sie ist somit eine Meta-Kommunikation über die Kommunikation.

In der Studieneingangsphase agieren und kommunizieren Lehrende aus ihrem universitären Begriffssystem. Dabei haben sie als Teil der Hochschule ein offensives Selbstverständnis ihrer Rolle und ihrer Bedeutung innerhalb der Hochschule. Die Studierenden bringen jedoch ihre in der Schule erworbenen Begriffskonzepte mit und besitzen als junge Erwachsene mit dem höchstmöglichen Schulabschluss ein offensives Selbstbewusstsein.

Erschwerend kommt hinzu, dass die Kommunikation zwischen Lehrenden und Lernenden vor allem in großen Veranstaltungen fast ausschließlich vom Lehrenden zum Studierenden gerichtet ist, so dass der Lehrende eine Differenz kaum wahrnimmt, der Studierende jedoch nicht agieren kann, wenn er die Differenz wahrnimmt. Die Einseitigkeit dieser Kommunikation unterstreicht ein tradiertes Machtverhältnis, in dem die Begriffssysteme der Lehrenden den Anspruch auf Gültigkeit für Lehrende und Lernende erheben. Die Durchsetzung dieses Anspruchs ist im traditionellen Rollenverständnis und im Verständnis vieler Lehrenden der einzig mögliche Ausweg aus der logischen Differenz. Zudem ist der Anspruch fachlich begründet. Nach der Diskussion unterschiedlicher Ebenen individueller Vorstellungen werden wir die Frage der Durchsetzung dieses Anspruchs in Abschnitt 5.5 aufgreifen.

5.4   Ebenen differierender Begriffskonzepte

Differierende Begriffskonzepte zwischen Lehrenden und Lernenden gibt es auf unterschiedlichen kommunikativen Ebenen. Auf der rein fachlichen Ebene existieren unterschiedliche Konzepte zu mathematischen Begriffen wie *Ungleichung, Funktion, Skizze, Linearität*. Als nächsthöhere, meta-mathematische Ebene bezeichnen wir hier die sprachlichen Strukturelemente einer mathematischen Lehrveranstaltung wie *Aufgabe, Herleitung, Beweis* und *Probe*. Auf der allgemeinsprachlichen Kommunikationsebene finden sich differierende Konzepte zu Begriffen wie *Fehler, Klausur, Lernen, Durchdenken* und *Brauchen*.

5.4.1   Mathematische Begriffe

Laut gymnasialem Curriculum wird der funktionalen Zusammenhang eingeführt (Niedersächsisches Kultusministerium, 2006) und durch umfangreiche weitere Aspekte wie z. B. maximale Definitionsmengen (Niedersächsisches Kultusministerium, 2009) nahe an einen fachsprachlichen Funktionsbegriff herangeführt. Funktionen tauchen in vielen mathematischen Zusammenhängen auf, ohne dass die Repitition des Begriffs selbst für die jeweilige Verwendung notwendig wäre. Entsprechend unterschiedlich sind die Antworten auf die Frage, was eine Funktion sei.

Beispiel 5.6

a) Der Begriff der Funktion wird von Hochschullehrenden als *Zuordnung* $f : D \to B$ mit definierenden Eigenschaften nahe an einem fachsprachlichen Formalismus beschrieben und in den Fällen $f : \mathbb{R}^1 \to \mathbb{R}^1$ und $f : \mathbb{R}^2 \to \mathbb{R}^1$ durch Skizzen veranschaulicht.

b) Studierende beschreiben eine Funktion durch Aussagen wie *so 'was wie $f(x) = x^2$, die Taste $\boxed{\sin^{-1}}$* und *na, die Skizze selbst*.

Natürlich offenbaren die kurzen Zitate aus Beispiel 5.6b nicht das gesamte Begriffskonzept. Es bleibt unklar, ob ein umfassendes Konzept vorliegt und ob eine Beschreibung des Funktionsbegriffs abfragbar wäre. Man erkennt dennoch, dass der Begriff *Funktion* von Studierenden deutlich stärker auf seine Verwendung und Einsetzbarkeit in übergeordneten Zusammenhängen oder im Kontext der Problembearbeitung und des Aufgabenlösens fokussiert ist. Das hier erkennbare Konzept zielt nicht auf die Frage, was eine Funktion ist, vgl. Bsp. 5.6a, sondern vielmehr auf die aus der Sicht der Studierenden nachvollziehbar wichtigere Frage, wo und in welcher Form eine Funktion verwendet wird, vgl. Sierpinska (1992).

Der Lehrende sieht sich in der Lehrveranstaltung im Besitz der Deutungshoheit und erwartet, dass die Lernenden sein vorgestelltes Begriffskonzept annehmen. Er setzt Macht ein, um das unvollständige studentische Begriffskonzept durch sein Begriffskonzept zu ersetzen. Fehlt ihm diese Macht und die dazugehörige Anerkennung, so wird dies misslingen. Die instruktive Vermittlung ist auf eine kommunikative Meta-Ebene, z. B. zur Notwendigkeit des Funktionsbegriffs, s. a. Teilabschnitt 5.4.3, angewiesen.

Beispiel 5.7

a) Lehrende vermitteln den Begriff der Linearität einer Abbildung f gemäß der Definition $f(\lambda x + \mu y) = \lambda f(x) + \mu f(y)$ für alle $x, y \in D$ und $\lambda, \mu \in \mathbb{R}$, illustrieren ihn mit der Vertauschbarkeit der Anwendung von Linearkombination und Abbildung und geben Beispiele an.

b) Die Befragung der Studierenden zum Begriff *Linearität* ergaben neben zahlreichen ausfallenden Antworten Zitate wie *brauchen wir nicht, nicht klausurrelevant, abstrakter Unsinn*. Diese Einschätzung spiegelt sich in häufigen Fehlern, bei denen übergeneralisierend alle Funktionen verwendet werden, als seien sie linear (Prediger, 2009; Tietze, 2000).

Anders als in Beispiel 5.6, trifft beim Begriff *Linearität* ein Begriffskonzept der Lehrenden nicht auf ein vorhandenes Konzept. Der Begriff *Linearität* muss folglich keinen anderen, möglicherweisen vagen Begriff ersetzen.

5.4.2 Meta-mathematische Begriffe

Beispiel 5.8

a) Befragt zum Begriff *Aufgabe* sprechen die Lehrenden von der *Anwendung von Inhal-ten der Vorlesung* zur *Veranschaulichung von mathematischen Sachverhalten* und zur *Anregung zum eigenständigen Durchdenken*.

  b) Studierende beschreiben dagegen eine *Aufgabe* als *etwas, das man können muss, weil so etwas in der Klausur drankommt*.

Auch hier wird eine differierende Zielsetzung deutlich. Während der Lehrende die Auf-gabe als ein Hilfsmittel zum Verständnis von Sachverhalten und Zusammenhängen und zur Einübung von Techniken sieht, fokussiert der so zitierte Studierende den Begriff auf das Attribut der Verwendung in den abschließenden Klausur. Die Überwindung und ggf. Um-gehung der mathematischen Lehrinhalte rangiert hier deutlich vor der Bereitschaft ihrer Aufnahme.

In ähnlicher Weise gibt es auch beim Konzept zum Begriff *Probe* Differenzen. Lehren-de streben danach, die Probe als Möglichkeit zu vermitteln, die berechneten Ergebnisse zu prüfen, und sehen in einer sinnvollen Probe einen Nachweis des mathematischen Verständ-nisses. Die befragten Studierenden sahen die Probe als *eine lästige Zusatzforderung* oder als *Zeitverschwendung* an. Einer mündlichen Ergänzungsprüfung zu Ingenieurmathematik IV (Gewöhnliche Differentialgleichungen) im vierten Semester verdeutlicht dies.

Beispiel 5.9

Der zu Prüfende rechnete $\frac{1}{1-y} = \frac{1}{1} - \frac{1}{y}$. Der Prüfer unterbrach den Studierenden und bat ihn um eine Probe für den notierten Zusammenhang. Der Studierende antwortete *Hä?* Darauf ermunterte der Prüfer den Studierenden, er möge den Zusammenhang zunächst für eine Zahl y testen. Der Studierende sah verwundert drein und äußerte *Wie? Wieso?*

Beispiel 5.9 zeigt, dass der Wunsch des Prüfers nach einer Probe beim Studierenden auf Unverständnis stößt. Offenbar ist das Konzept der Probe und ihr Nutzen diesem Stu-dierenden bis ins vierte Semester unbekannt geblieben. Daraus folgt weiterhin, dass alle Appelle der Lehrenden, das Ergebnis zu prüfen, sich eigene Aufgaben zu erstellen und die Sinnhaftigkeit seiner Rechnungen zu testen, von diesem Studierenden nicht angenommen werden konnten.

5.4.3 Allgemeine Begriffe

Die differierenden Begriffssysteme für allgemeinsprachliche Begriffe sollen hier an den beiden Verben *Brauchen* und *Lernen* verdeutlicht werden. Insbesondere das Argument, bestimmte Anteile einer Lehrveranstaltung zu brauchen oder nicht zu brauchen, wird von Studierenden oft als Motivation für eine selektive Beschäftigung mit den Inhalten verwendet. Interessant ist hierbei die Beobachtung, dass das Verb *Brauchen* in diesen Einschätzungen kontextfrei ohne Zweckrahmen, wozu man etwas brauchen oder nicht brauchen sollte, verwendet wird, so als gäbe es einen einzigen eindeutig bestimmten Zweckrahmen.

Die befragten Lehrenden kommentierten das Verb *Brauchen* als eine *in der Bildung sinnlose Kategorisierung von Lehrinhalten, mit der Studierende Gedankengebäude zerstören*, obwohl sie so tun, als meinten sie die *Anwendbarkeit in praxi*. Die Studierenden verbinden mit *Brauchen* das Vorkommen als *konkretem Teil der Berufsausübung* oder das *Vorkommen in der Klausur. Brauchen* stellt somit ein Beispiel eines Begriffskonzepts dar, das aus studentischer Sicht wichtig ist, und bei Lehrenden als hinderlich oder nicht vorhanden angesehen wird. Es ist damit ein Beispiel für einen Begriff, der einseitig mit einem Konzept belegt ist, vgl. Begriff *Linearität* in Teilabschnitt 5.4.1.

Differierende Vorstellungen gibt es ebenso beim Begriff *Lernen*. Während die Lehrenden damit ein *kontinuierliches Durchdenken der mathematischen Sachverhalte und Zusammenhänge aus der Lehrveranstaltung* meinen, verbinden Studierende mit diesem Verb eher variable Tätigkeiten der ausdrücklichen *Vorbereitungsphase auf die Klausur*. Das Verb *Lernen* bezeichnet den Zustand der Studierenden in diesem Zeitabschnitt, das Abarbeiten von alten Klausur- und Übungsaufgaben, das Auswendiglernen und Wiederholen von Algorithmen und das Diskutieren in Lerngruppen. Die Aufforderungen der Lehrenden, möglichst intensiv zu lernen, wird – unter der Annahme des eben genannten studentischen Konzepts – als eine besonders intensiv zu durchlebende Vorbereitungsphase verstanden. In dieser Interpretation würde die folgende Aussage einer Studierenden des Fachs Maschinenbau konsistent erscheinen.

Beispiel 5.10

Die Studierende wird um eine Skizze der e-Funktion gebeten: *Ich hab ganz viel gelernt, aber e^x weiß ich jetzt nicht.*

An Beispiel 5.10 ist ebenfalls diskussionswürdig, dass die Studierende eine Skizze eines Graphen mit dem Wort *Wissen* assoziiert.

5.4.4   Sprache der Mathematik

In Beispielen 5.1 und 5.2 wird deutlich, dass der mathematische Formalismus entstellt erscheint. Auffällig sind außerdem zahlreiche Fälle von Übergeneralisierung, vgl. Beispiel 5.7b. Auch wenn dies als Notlösung bei Kenntnisabwesenheit und damit als kreativer Ansatz interpretiert werden kann (Tietze, 2000), so wird doch ein Fehlkonzept zur Formulierbarkeit und Überprüfbarkeit von mathematischen Zusammenhängen sichtbar. Die Überwindung von studentischen Fehlkonzepten wird durch mehrere Einflussfaktoren erschwert. Zunächst liegt die zeitliche Gewichtung zwischen Vorlesung und Übung im Studium auf der Inhaltsvermittlung, während die Einübung von Arbeitstechniken in das selbstorganisierte Lernen der Studierenden verschoben ist. Dadurch wird der Übungsprozess nicht durch eine ständig präsente Lehrpersönlichkeit unterstützt. Zusätzlich hält ein Studium ein heterogenes Angebot an Orientierungspunkten bereit. Ein Lehrender, der in großen Lehrveranstaltungen schwer erreichbar erscheint, setzt sich nicht notwendigerweise gegenüber anderen Orientierungen wie älteren Studierenden, Kommilitonen, Diskussionsforen oder Internetangeboten durch.

Viele Studierende scheinen ihre verminderte mathematische Ausdrucksfähigkeit als Mangel anzusehen, weshalb sie sich scheuen, in Übungen mitzuarbeiten, Fragen zu stellen oder Aufgaben an der Tafel vorzurechnen. Ein mögliches Vorrechnen empfinden viele Studierende als großen Stress und Fragen des Übungsleiters oder des studentischen Auditoriums als grob unhöflich, was sich negativ auf die Lernatmosphäre auswirkt. Die Kommunikation zwischen Lehrenden und Lernenden bleibt unter diesen Umständen einseitig vom Lehrenden zum Lernenden gerichtet. Aus der mangelnden Fähigkeit zur mathematischen Formulierung resultieren folgerichtig die Schwierigkeiten vieler Studierender, Fragen zu formulieren. Gerade in großen Lehrveranstaltungen fehlen die Ressourcen und Möglichkeiten, ein entwickeltes dialogorientiertes Lernen anzubieten (Ruf & Gallin, 2003). Dieses soll durch die Anregung zur Diskussion in den kleinen Übungsgruppen teilweise abgefedert werden, wird jedoch von den Studierenden, wie oben erwähnt, nur schleppend angenommen. Leider scheinen schulische dialog- und sprachorientierte Formen des Mathematiklernens (Niedersächsisches Kultusministerium, 2009; Wittmann, 1981) nach dem Übergang an die Universität nur sehr eingeschränkt fortgeführt zu werden – ein Befund, der eine gründlichere Untersuchung verdient.

Abschließend sei eine studentische Standardaussage erwähnt, die von Lehrenden als latenter Vorwurf verstanden werden kann, die jedoch unter der Annahme einer individuellen Vorstellung zum Wort *Verstehen* zu einer subjektiv sinnvollen Frage wird.

Beispiel 5.11

Ich habe das alles nicht verstanden.

Diese Aussage mit ihrer unspezifischen Benennung von Schwierigkeiten verwirrt insbesondere dann, wenn die Studierenden beim Besprechen der Sachverhalte jeden einzelnen Schritt logisch nachvollziehen können. Lässt man sich auf ein Gedankenspiel ein und gibt der Formulierung *Verstanden zu haben* eher die Bedeutung *Von der Nützlichkeit überzeugt zu sein* oder *In einen größeren Zusammenhang eingeordnet zu haben*, so kann die Aussage als Frage nach der Nützlichkeit und Einordnung der Lehrinhalte interpretiert werden. Sie drückt in dieser Interpretation eher ein Gefühl der Verlorenheit aus. In einer Bezug- und damit Ausdruckslosigkeit wird es nachvollziehbar, dass Mathematik durch das sprach- und reflexionsfreie Abarbeiten von Lösungswegen ersetzt wird. Jedoch bleibt auch in dieser Interpretation die Frage berechtigt, wo „die Kompetenzen, mathematisch zu argumentieren, zu analysieren und zu modellieren" sind (Niedersächsisches Kultusministerium, 2006, 2009), die die Bildungsstandards vorsehen?

5.5   Erste Implikationen

Aus dem Bestehen differierender Begriffskonzepte zwischen Lehrenden und Studierenden und verschärft durch die Einseitigkeit der Kommunikation während der Vermittlung von Lehrinhalten ist es denkbar, dass die Studierenden den Lehrenden zwar subjektiv verstehen, sie aber objektiv eine andere Botschaft erreicht, als vom Lehrenden intendiert. Geht man von einer weiteren Verbreitung dieses Phänomens aus, so lässt sich die Erfahrung der mangelnden Studierfähigkeit der Studienanfängerinnen und Studienanfänger gleichzeitig mit der Annahme selbstbewusster, intelligenter und gebildeter Abiturientinnen und Abiturienten denken.

Lehre im Bewusstsein der Differenzlogik ist zwangsläufig auf der Suche nach einer kommunikativen Meta-Ebene zur Überwindung differierender Begriffskonzepte. Teil dieser Suche ist es, implizites Wissen und implizite Annahmen für die Hörerinnen und Hörer explizit zu machen. Der Lehrende ist also aufgefordert, seine verwendeten Begriffe und die damit verbundenen Begriffskonzepte zu explizieren. Diese Aufforderung, die Teil jeder Vermittlung ist, erstreckt sich von mathematischen bis zu alltagssprachlichen Begriffen. Dazu gehört auch, studentischen Begriffskonzepten wie *Brauchen* mit einem Gegengewicht zu begegnen. Die Ausweitung der Explizierung auch auf alltagssprachliche Begriffe und somit auf die Deutung alltäglicher studentischer Handlungen gibt der Lehre neben der inhaltlichen Vermittlung eine erzieherische Komponente.

Am Ende von Abschnitt 5.3 wurde konstatiert, dass viele Lehrende den Anspruch auf Gültigkeit ihrer Begriffssysteme auch für die Studierenden erheben. Dieser Anspruch ist subjektiv sinnvoll, da die vermittelten Inhalte fachlich intendiert, mit anderen Lehrveranstaltungen vernetzt und im wissenschaftlichen Diskurs erprobt sind. Individuelle Vorstellungen der Studierenden erscheinen Lehrenden als Fehlkonzepte oder zumindest als hinderlich für den weiteren Wissenserwerb. An dieser Stelle beinhaltet die Explizierung nicht nur die Diskussion des fachlichen Fehlkonzeptes selbst und die Vermittlung eines Zugangs zum intendierten Begriffskonzept, sondern auch die Motivation für die Einigung auf fachlich begründete und im Kern weitgehend übereinstimmende Begriffskonzepte ebenso wie eine Begründung der Sinnhaftigkeit des Vermittlungsanspruchs der Lehrenden. Beispiel 5.3 unterstreicht, dass eine solche Explizierung gerade bei mittleren und schwächeren Studierenden von großem Nutzen sein kann. Agiert der Lehrende hingegen aus einem unhinterfragten unversitären Selbstverständnis, ohne die kommunikativen Differenzen zu explizieren, so überlässt er die Ausgestaltung der Begriffskonzepte vollständig der Eigenverantwortung der Studierenden.

Um die Deutungshoheit über die Begriffskonzepte der Lernenden zu erlangen und so die inhaltliche Vermittlung und noch mehr die erzieherische Komponente erst möglich zu machen, sollte der Lehrende auch das Rollenverständnis und die Wichtung der unterschiedlichen Orientierungspunkte in der universitären Lehre explizieren. Denn ein Studierender kann sich auf die Begriffskonzepte der Lehrenden nur dann einlassen, wenn er sie kennt. Es empfiehlt sich daher, den vielfältigen Orientierungen über die Einordnung, die Schwierigkeit, die Nützlichkeit des Faches Mathematik innerhalb eines ingenieurwissenschaftlichen Studiums ein explizites Gegengewicht anzubieten. Selbstverständlich braucht eine solche Explizierung einen Kommunikationsweg, auf dem sie die Studierenden erreicht. Auch hier gilt, dass Mathematik-Lehrende keinesfalls darauf vertrauen können, dass ihre impliziten Überzeugungen über die Sinnhaftigkeit des Faches als Ganzes und der axiomatischen Darstellung der Inhalte von Studienanfängerinnen und Studienanfängern geteilt werden kann.

Die Abfederung der differenzlogischen Missverständnisse zwischen Lehrenden und Studierenden durch Explizierung der Begriffskonzepte auf den unterschiedlichen Kommunikationsebenen, ihrer Vermittlungsziele und ihres Selbstverständnisses ist eine Voraussetzung für jede inhaltliche Vermittlung und damit weit bedeutsamer für die Bildung der Studierenden als der ein oder andere ausgewählte Inhalt. Versetzt der Lehrende Studierende in die Lage, das Begriffskonzept der Lehrenden zum Begriff *Lernen*, s. Teilabschnitt 5.4.3, anzunehmen, so wird es möglich, die Klarheit des mathematischen Formalismus zu erkennen und mathematische Zusammenhänge als natürliche Konsequenz der vermittelten mathematischen Begriffsbildung zu verstehen.

Zusammengefasst kann jeder vermeintlich noch so basale oder einfache Begriff durch differierende Vorstellungen zu kommunikativen Missverständnissen führen, und nur der Lehrende hat kraft seiner Position in der einseitigen Kommunikation einer universitären Lehrsituation und wegen des Anspruchs, seine Begriffssysteme zu vermitteln, die Möglichkeit und die Verpflichtung, alle verwendeten impliziten Attribute seiner Begriffskonzepte zu explizieren.

5.6 Ausblick

In zukünftigen Untersuchungen (Sommer, 2013) werden die differierenden Begriffssysteme systematisch herausgearbeitet, und es werden Befragungen geeignet großer Stichproben von Lehrenden und Lernenden analysiert, um quantitative Aussagen über das Vorkommen differierender Begriffskonzepte und Gedankenwelten zu erhalten. Hierzu ist eine feinere sprachliche und kommunikationstheoretische Analyse sowie die Entwicklung einer Meta-Sprache notwendig, in der differierende Begriffskonzepte für einen dritten Rezipienten wertfrei verstehbar gemacht werden können.

Neben der Analyse der bestehenden Differenz ist die Frage nach den Ursachen der Differenz interessant. Ihre Beantwortung verspricht Ansätze für die Verbesserung schulischer Lernstrategien. Eine Verschiebung von der Vermittlung von Lerninhalten zur selbständigen Erarbeitung von Inhalten wie im genetischen und explorativen Lernen, die im Zuge der Kompetenzorientierung weiter verstärkt worden ist, befördert die Entstehung gefestigter Lernstrategien auf Seiten der Lernenden. Diese wünschenswerte Steigerung des Selbstbewusstseins wird möglicherweise mit einer verminderten Bereitschaft, sich auf andere

Vermittlungsformen an einer Hochschule einzulassen, und mit der Selektion von Inhalten hinsichtlich der Nützlichkeit bezahlt, s. Beispiel 5.9 und der Begriff *Brauchen* in Teilabschnitt 5.4.3.

Weiterhin untersuchenswert ist der Einfluss der Hochschulsozialisation durch studentische Angebote, die Auswirkungen der Verschiebung der Deutungshoheit in Richtung von Diskussionsforen und Kommunikationsplattformen im Internet und die Langzeitwirkungen von Rollenverständnissen in der Schule. Wir gehen davon aus, dass systematische Untersuchungen mit kommunikationstheoretischem Hintergrund zu den Übergangsschwierigkeiten zwischen Schule und Hochschule interessante und wertvolle Beiträge erbringen werden.

Literatur

Aust, K., Hartz, S., Langemann, D. & Schmidt-Hertha, B. (2011). Das Kompaktstudium als alternative Studieneingangsphase: Die Lernwirksamkeit eines neuen Modells der mathematischen Grundausbildung in technischen Studiengängen und dessen Auswirkung auf die Studienzufriedenheit. Technical report, Zukunftsfonds TU Braunschweig.

Brousseau, G. (1986). Fondements et méthodes de la didactique des mathématiques. *Recherches en Didactiques des Mathématiques*, 7, 33–115.

Chevallard, Y. & Joshua, M.A. (1982). Un exemple d'analyse de la transposition didatique: la notion de distance. *Recherches en Didactiques des Mathématiques*, 3, 159–239.

E. Cramer and S. Walcher (2010). Schulmathematik und Studierfähigkeit. *Mitteilungen der DMV*, 18, 110–114.

Guba, W., Jagnow, I., Mendeler, V., Pietsch, E., Sachs, A., Sikora, C. & Sill H.-D. (2009). Ziele und Aufgaben zum Mathematikunterricht in der gymnasialen Oberstufe. Technical report, Ministerium für Bildung, Wissenschaft und Kultur Mecklenburg-Vorpommern.

Gueudet, G. (2008). Investigation the secondary-tertiary transition. *Educ. Stud. Math.*, 67, 237–254.

Hefendehl-Hebeker, L. (2001). Verständigung über Mathematik im Unterricht. In K. Lengnink, S. Prediger, & F. Siebel (Hrsg.), *Mathematik und Mensch. Sichtweisen der Allgemeinen Mathematik*, Mühltal: Verl. Allg. Wiss., 99–110.

Heublein, U., Richter, J., Schmelzer, R. & Sommer D. (2012). Die Entwicklung und Schwund- und Studienabbruchqouten an den deutschen Hochschulen. Technical report, HIS GmbH Hannover.

Klein, H. P. (2013). Qualitätssicherung durch Notendumping – Inkompetenzkompensationskompetenz verschleiert das Scheitern der Schulreformen. Technical report, http://www.bildung-wissen.eu/fachbeitraege/qualitatssicherung-durch-notendumping.html, zitiert 20.8.2013.

Langemann, D. (2010). Kurzskripte zur Ingenieurmathematik I bis VI. Technical report, TU Braunschweig.

Langemann, D. (2013). Kompaktstudium Mathematik für Ingenieure an der Technischen Universität Braunschweig. In R. Biehler (Hrsg), *Konzepte und Studien zur Hochschuldidaktik und Lehrerbildung Mathematik*, Wiesbaden: Springer, 21–35.

Lengnink, K., Prediger, S. & Weber, C. (2011). Lernende abholen, wo sie stehen – Individuelle Vorstellungen aktivieren und nutzen. *Praxis der Mathematik in der Schule*, 53, 2–7.

Luhmann, N. (1987). *Soziale Systeme, Grundriß einer allgemeinen Theorie.* Suhrkamp.

Luhmann, N. (2002). *Einführung in die Systemtheorie.* Carl-Auer.

Meyer, K. (2011). Über Ursachen des Niedergangs der Mathematikvermittlung an Schulen und ihre Behebung. *Mathematikinformation*, 56, 48–55.

Niedersächsisches Kultusministerium, (2006). *Kerncurriculum für das Gymnasium – Schuljahrgänge 5–10.*

Niedersächsisches Kultusministerium (2009). *Kerncurriculum für das Gymnasium – gymnasiale Oberstufe.*

Platon. Der Staat, 8. Buch „Der Lehrer fürchtet und hätschelt seine Schüler, die Schüler fahren den Lehrern über die Nase und so auch ihren Erziehern. Und überhaupt spielen die jungen Leute die Rolle der alten.". zitiert nach www.zeno.org.

Prediger, S. (2002). Kommunikationsbarrieren beim Mathematiklernen – Analysen aus kulturalistischer Sicht. In Prediger, S., Lengnink, K. & Sieber, F. (Hrgs.), *Mathematik und Kommunikation*, Mühltal: Verl. Allg. Wiss., 91–106.

Prediger, S. (2009). Inhaltliches Denken vor Kalkül – ein didaktisches Prinzip zur Vorbeugung und Förderung bei Rechenschwierigkeiten. In Fritz, A. and Schmidt, S. (Hrsg.), *Fördernder Mathematikunterricht in der Sekundarstufe I*, Weinheim: Beltz, 213–234.

Ruf, U. & Gallin, P. (2003). *Dialogisches Lernen in Sprache und Mathematik*. Seelze-Velber: Kallmeyer.

Schulze-Pillot, R. (2013). Arbeitsmethodik, Eingangsvoraussetzungen, angestrebte und wirklich erlangte Qualifikationen: Probleme und deren gegenseitige Abhängigkeiten. In *HIM-Workshop: Mathematik Lernen an der Schule und im Studium, Bonn, 22.-26. 4. 2013*.

Sierpinska, A. (1992). On understanding the notion of function. In Dubinsky, E. & Harel, G. (ed.), *The concept of function: Element of pedagogy and epistemology*, Notes and Report Series of the Mathematical Association of America. 25–58.

Sommer, V. (2013). Projekt zu Begriffssystemen und Differenzlogik bei Studienanfängern. Technical report, TU Braunschweig.

Strauß, R. (2002). Braucht man Determinanten für die Ingenieurausbildung? *Global J. Engng. Educ.*, 6, 251–257.

Strike, K. A. & Posner, G. J. (1982). Conceptual change and science teaching. *Eur. J. Sci. Educ*, 4, 231–240.

Tietze, U.-P. (2000). Lern- und Lehrschwierigkeiten. In Tietze, U-P., Klika, M. & Wolpers, H. (Hrsg.), *Mathematikunterricht in der Sekundarstuge II, Fachdidaktische Grundfragen – Didaktik der Analysis*, Braunschweig: Vieweg, 64–74.

Weinhold, C. (2013a). Wiederholungs- und Unterstützungskurse in Mathematik für Ingenieurwissenschaften an der TU Braunschweig. In Biehler, R. (Hrsg.), *Konzepte und Studien zur Hochschuldidaktik und Lehrerbildung Mathematik*, Wiesbaden: Springer, 241–255.

Weinhold, C. (2013b). Übergangsschwierigkeiten von der Schule zur Universität. In Schott, D., Primbs, M. & Vorloeper, J. (Hrsg.), *Tagungsband zum 10. Workshop Mathematik in ingenieurwissenschaftlichen Studiengängen*, 45–56.

Wittmann, E. Chr. (1981). *Grundfragen des Mathematikunterrichts*. Braunschweig: Vieweg.

Mathematisches Problemlösen und Beweisen: Entdeckendes Lernen in der Studieneingangsphase 6

Daniel Grieser

Zusammenfassung

Wer Mathematik studiert, sollte die Erfahrung machen: „Ich kann Mathematik selbst entdecken." Dies ist der Leitgedanke des Moduls *Mathematisches Problemlösen und Beweisen*, das seit Wintersemester 2011/12 in den Lehrplan der Mathematikstudiengänge der Universität Oldenburg integriert ist. Im Folgenden möchte ich zeigen, dass mit diesem Modul das Mathematikstudium um einen wertvollen Aspekt bereichert und gleichzeitig der Einstieg ins Studium erleichtert wird. Damit möchte ich zur Diskussion neuer Ideen in der Studieneingangsphase Mathematik beitragen und Kollegen ermutigen, ähnliche Konzepte in ihren Studiengängen zu verwirklichen. Nach grundsätzlichen Überlegungen zur Entwicklung des Moduls berichte ich über Inhalte, Aufbau und Erfahrungen aus der Durchführung anhand konkreter Beispiele.

6.1 Ausgangspunkte

In diesem Abschnitt stelle ich grundsätzliche Überlegungen vor, die zur Einführung des Moduls *Mathematisches Problemlösen und Beweisen* geführt haben. Im Abschnitt 6.2 wird ein Konzept für ein solches Modul vorgestellt, das auf diese Überlegungen eingeht, und dann dessen Umsetzung an der Universität Oldenburg beschrieben. Konkrete Beispiele aus der Durchführung finden sich in den Unterabschnitten 6.2.2, 6.2.3 und 6.2.4, jeweils eingerückt und in kleiner Schrift.

6.1.1 Kreativität und Problembewusstsein in der Mathematik

Die meisten Mathematiker[1] sehen Kreativität als wichtigen Teil mathematischer Aktivität an. Auch viele Kinder haben einen neugierigen, entdeckenden Zugang zu dem Fach. Irgendwann geht das den meisten verloren. Wie sieht es im Mathematik-Studium aus? Fach-Studenten merken, wenn überhaupt, oft zum ersten Mal bei ihren Abschlussarbeiten, dass Kreativität zur Mathematik gehört. Vorher sind sie damit beschäftigt, all die wunderbaren Definitionen, Konzepte und Sätze zu verdauen, die wir, die Lehrenden, ihnen in den Vorlesungen vorführen.[2] Viele Lehramtsstudenten[3] erreichen diese Stufe nie – die auf Vermittlung von Inhalten getrimmten Studienordnungen lassen da wenig Raum. Das ist um so tragischer, als die aktuellen Kerncurricula bei Mathematik-Lehrern die Fähigkeit voraussetzen, das Entdecken von Mathematik kompetent zu begleiten. Wie soll das gehen, wenn sie es selbst nie erlebt haben?

Wir sollten uns fragen, ob wir unseren Studenten ausreichend Gelegenheit geben, Problembewusstsein zu entwickeln. Die über Jahrhunderte ausgefeilten Theorien, die wir lehren, sind aus Problemen entstanden, und sie können verwendet werden, um unzählige Probleme zu lösen. In der Lehre erscheinen die Probleme oft erst im Nachhinein, als Illustration oder Anwendung der Theorie. Wäre es nicht klüger, erst ein Problem zu formulieren und dann die Lösung zu geben? Mehr noch: die Studenten ernsthaft über das Problem nachdenken zu lassen, damit sie ein Gefühl dafür bekommen, wo die Schwierigkeiten liegen? Das macht neugierig, regt die Kreativität an, und es wird das Verständnis für die Theorie erhöhen.

Es ist unsere Aufgabe, den zukünftigen Mathematikern und Mathematik-Lehrern in ihrer Fachausbildung schon früh die Gelegenheit zu geben, Problembewusstsein zu entwickeln und mathematisch kreativ zu sein. Dieses Ziel innerhalb existierender Lehrveranstaltungen zu verfolgen ist zwar möglich, doch hat man hier wegen des ,Stoffdrucks' meist wenig Zeit dazu.

Daher ist es angemessen, dafür einen eigenen Ort zu schaffen.

6.1.2 Beweisen lehren und lernen

Beweise sind das Herz der Mathematik. Dem würden die meisten von uns Mathematikern zustimmen. Daher liegt uns daran, dieses Herzstück mathematischer Kultur unseren Stu-

---

1 und natürlich auch die meisten Mathematikerinnen; dies ist auch im Folgenden – z. B. bei Studentinnen, Schülerinnen, Dozentinnen, Lehrerinnen, Tutorinnen, Teilnehmerinnen, Studienabbrecherinnen und Studienfachwechslerinnen – immer gemeint, auch wenn im Sinne der Textverständlichkeit nicht jedes mal darauf hingewiesen wird.
2 Natürlich gibt es immer einige wenige, die schon früh weiter sehen können, aber die meisten sind von Übungsaufgaben, bei denen neuer Stoff mit eigenen Einfällen verknüpft werden muss, überfordert und bearbeiten nur die theorie-illustrierenden Aufgaben.
3 Hier sind immer Studenten des gymnasialen Lehramts gemeint.

denten zu vermitteln. Gelingt uns das? Von den Fachstudenten, die ihr Studium nicht im ersten Jahr abbrechen, entwickeln viele mit der Zeit ein Verständnis, sogar eine Wertschätzung für Beweise und auf verschiedenen Niveaus auch die Fähigkeit, selbst Beweise zu finden. Ähnliches gilt für Lehramtsstudenten, doch in geringerem Ausmaß. Eine Erfolgsgeschichte? Sehen wir uns die Kehrseite an:

- Auf Übungszetteln sind Beweisaufgaben gefürchtet; sobald es etwas schwieriger wird, werden sie nur von wenigen bearbeitet.
- In Klausuren ‚gehen' Beweise noch weniger.
- Nicht selten werden Beweise, wenn sie für Prüfungen gefordert werden, verständnislos auswendig gelernt.
- Auch fortgeschrittene Studierende sind mitunter unsicher, wann ein Argument als Beweis gilt: Manchen ist nicht geläufig, dass ein logisch korrektes Argument auch dann als Beweis gelten kann, wenn es nicht in formaler Sprache formuliert ist.

Haben wir alles versucht, Beweise einer breiten Studentenschaft zu vermitteln? Beweisen ist eine spezielle Aktivität, sie sollte speziell thematisiert werden. Sie ist intellektuell anstrengend, daher wird einen Beweis nur schätzen, wer das Positive daran erlebt hat. Schon Pólya (1967, S. 195) schrieb:

> In erster Linie muss der Anfänger davon überzeugt werden, dass sich das Lernen von Beweisen lohnt, dass sie einen Zweck haben, dass sie interessant sind.

Pólya dachte an Schüler. In der Schule werden heute Beweise noch weniger thematisiert als damals. Daher sind die ‚Anfänger' heute die Studienanfänger.

Wer den Wert von Beweisen einsieht und selbst ernsthaft und mit gelegentlichem Erfolg versucht hat, einen Beweis zu finden, kann auch die Schönheit in Beweisen erkennen; dann trägt sich der Fortschritt oft von selber. Doch zunächst ist es notwendig, diese Anfangsstufe zu erklimmen.

Typische Beweise im traditionellen ersten Studienabschnitt, z. B. dass $x^2 \geq 0 \, \forall x \in \mathbb{R}$ aus den Axiomen der reellen Zahlen folgt oder dass der Basisergänzungssatz gilt, eignen sich wenig für die von Pólya geforderte Überzeugungsarbeit. Was nicht überrascht oder zu abstrakt daherkommt, motiviert nicht. Siehe auch (Grieser, 2014) für eine weitergehende Analyse.

Das erfordert unsere Aufmerksamkeit.

6.1.3 Der Übergang Schule – Hochschule

Dass der Übergang von der Schule zur Hochschule im Fach Mathematik besonders schwierig ist, ist seit Jahrzehnten unter Mathematikern eine allgemein akzeptierte Binsenweisheit. Dies wird auch als einer der Hauptfaktoren für den hohen Anteil an Studierenden gesehen, die das Mathematik-Studium abbrechen.[4] Im Folgenden gebe ich eine kurze Analyse einiger Ursachen dieser Problematik aus meiner Sicht.

Das Mathematik-Studium im deutschsprachigen Raum ist traditionell stark auf die systematische Vermittlung des Gebäudes der Mathematik in seiner modernen Form ausgerichtet. Daher stehen die Studierenden bei Studienbeginn vielen neuen Anforderungen gegenüber: Einer neuen Sprache, einem hohen Maß an Abstraktion und Allgemeinheit, einer starken Betonung von Beweisen, Axiomatik usw.

Aus der Schule sehen die meisten Studierenden die Mathematik als Sammlung von Rechentechniken, und dieser Gegensatz macht ihnen schwer zu schaffen: Sie können anfangs nur schwer nachvollziehen, wozu Abstraktion, Axiomatik und die neue Sprache gut sind. Beweisen ist für sie eine Pflichtübung, nicht gefühlte Notwendigkeit. Das ist kein Wunder: Wie kann man sich für einen Beweis begeistern, wenn man sich nie ernsthaft eine mathematische Frage gestellt hat? Wie eine Theorie schätzen, die Antworten auf nie gestellte Fragen gibt? Wie die Axiomatik gutheißen, wenn man den Wert von Beweisen nicht erkennt? Kurz: Die Anforderungen passen nicht zum Entwicklungsstand vieler Studienanfänger.

> Die Saat der wunderbaren Mathematik, die wir säen wollen, fällt auf ein ungepflügtes Feld.

Dies ist nicht nur ineffizient, es hat auch negative Konsequenzen: Viele Studierende erkennen die Mathematik, das Fach, das ihnen einmal Spaß gemacht hat, nicht wieder. Ihre Begeisterung – eine der wichtigste Ressourcen für gutes Lernen – verpufft, statt genutzt zu werden. Sie sind verunsichert durch die hohen Ansprüche und den fehlenden Anschluss an Bekanntes, sie verlieren den Glauben an sich selbst. Im ungünstigsten Fall führt dies zum Studienabbruch oder Studienfachwechsel.

Für Lehramtsstudenten stellen sich diese Probleme verschärft: Während viele Fach-Studenten nach einigen Semestern einsehen, wozu die neue Sichtweise gut ist, lernen die meisten Lehramtsstudenten nicht ausreichend viel und intensiv Mathematik, um diese kritische Schwelle zu erreichen. Die Hochschulmathematik bleibt für sie fremdartig, ohne Bezug zur Schulmathematik.

Die oben gegebene Beschreibung der Schülersicht auf die Mathematik bedarf einer Modifizierung: Viele Schüler haben sich durchaus zu gewissen Zeiten ernsthaft mathematische Fragen gestellt; das weiß jeder, der erlebt hat, wie begeisterungsfähig viele Grundschulkinder auch für mathematische Inhalte sind. Leider wird dies nur selten im Unterricht aufgegriffen,[5] und nur die wenigsten erhalten sich eine entdeckende Haltung bis in die Oberstufe. Trotzdem ist dies eine Ressource, an die wir anknüpfen können.

---

4   Dass einige Studenten das Studium abbrechen, ist nicht zu beanstanden, solange es recht früh passiert. Man sollte sich jedoch fragen, ob die Zahl so hoch sein muss.

5   Teils kann das durch Sachzwänge begründet werden; aber es gibt auch positive Ausnahmen. Zusätzlich werden häufig AGs für besonders interessierte Schülerinnen und Schüler angeboten. Immerhin wird seit einigen Jahren in vielen Bundesländern Problemlösen als anzustrebende Kompetenz im Kerncurriculum genannt.

6.2   Das Modul *Mathematisches Problemlösen und Beweisen*

Wie können wir auf die im ersten Abschnitt angesprochenen Probleme reagieren? Im folgenden Abschnitt 6.2.1 formuliere ich einige Grundideen und Ziele für eine Lehrveranstaltung am Studienbeginn, die diese Überlegungen unter dem Titel *Mathematisches Problemlösen und Beweisen* (kurz MPB) aufgreift. Eine MPB-Veranstaltung lässt sich auf verschiedene Weisen organisieren und mit Inhalt füllen. In den folgenden Abschnitten beschreibe ich Inhalte, Aufbau und Durchführungsform des Moduls MPB, wie ich es in den Wintersemestern 2011/12 und 2012/13 durchgeführt habe. Die Einbindung in die Studiengänge und Erfahrungen werden ebenfalls thematisiert.

Mehr zu den Inhalten des Moduls findet man in dem Buch (Grieser, 2013), weitere Ausführungen zum lerntheoretischen Hintergrund in (Grieser, 2014).

6.2.1   Grundidee, Ziele

Eine Veranstaltung vom Typ *Mathematisches Problemlösen und Beweisen* soll

- … ein Ort für einen *kreativen, problemorientierten Zugang zur Mathematik* sein. Schon der Titel verschafft einem in der Lehre bisher vernachlässigten Aspekt der Mathematik die gebotene Aufmerksamkeit.
- … ein Ort für eine *ausführliche Thematisierung von Beweisen* sein. Die Studierenden sollen dabei Beweise als Mittel zum Erkenntnisgewinn in elementaren, leicht zugänglichen Kontexten kennenlernen, nicht als Kitt in einem systematischen Aufbau der Theorie. Zudem ist es sinnvoll, nicht nur allgemeine Beweisformen, sondern auch typische Beweismuster zu identifizieren und systematisch zu üben (siehe die Beispiele in Abschnitt 6.2.2).
- … explizit *Problemlösestrategien* thematisieren. Einige dieser Strategien sollten gleichzeitig als wichtige *mathematische Leitideen* identifiziert werden.
- … sich auf *elementare, intuitiv leicht zugängliche Themen* beschränken. Dies bedeutet anfangs ein direktes Anknüpfen an Schulstoff der Mittelstufe sowie bei neu eingeführten Themen Verzicht auf Abstraktion.[6] Bei der Themenauswahl soll auch auf den Bezug zu anderen Teilen des Mathematikstudiums und zu mathematischer Allgemeinbildung geachtet werden.
- … sprachlich an die *Alltagssprache* anknüpfen. Dabei soll auf logisch präzise Ausdrucksweise geachtet und nach und nach mathematisch formale Sprache (z. B. Mengen, Bijektionen) in bedeutungstragenden Kontexten eingeführt werden.

---

6   Das heißt nicht Verzicht auf Niveau. Es gibt viele elementare, schwierige Probleme, an denen man viel lernen kann.

Dabei soll das Niveau (z. B. die Schwierigkeit der Aufgaben) so gewählt und variiert werden, dass ein ‚breites Mittelfeld' im Leistungsspektrum angesprochen wird, aber auch leistungsstarke Studierende vor Herausforderungen gestellt werden. *Ausdrückliches Ziel von MPB ist es, Aspekte der Mathematik, die bisher hauptsächlich für besonders leistungsstarke Studierende erreichbar waren, für viele zugänglich zu machen.*[7]

Ich halte es für wichtig, im Studium Lehrveranstaltungen anzubieten, die zumindest teilweise explizit methodisch, nicht fachgebietsbezogen (z. B. Problemlösen und Beweisen, nicht Analysis, Algebra) ausgerichtet sind; siehe z. B. Fußnote 10. Natürlich müssen die Methoden mit Inhalten verknüpft sein, sonst sind sie leer. Allgemeine Kompetenzkurse (z. B. ‚Einführung in wissenschaftliches Arbeiten') werden bereits an vielen Universitäten angeboten, oft aber wegen der fehlenden Anbindung an konkrete Inhalte kritisiert. Daher muss diese Art von Kurs ein Teil der mathematischen Fachausbildung sein.

Mit einer nach den oben genannten Prinzipien durchgeführte Lehrveranstaltung lassen sich weitere positive Effekte erzielen:

- Indem die Studierenden erleben, dass sie selbst kreativ tätig sein können, werden sie motiviert und gewinnen *Selbstvertrauen*.
- Die Akzeptanz von Beweisen wird erhöht, da sie natürlich und in leicht zugänglichem Kontext auftreten, nicht als formale Pflicht. *Studenten wollen beweisen.*
- Die Studierenden erleben Mathematik als *lebendige Wissenschaft*, nicht als statisches Gebäude.
- Es wird ein *fruchtbarer Boden* für das weitere Studium bereitet:
  - Die forschende Haltung, die die Studierenden im Laufe des Moduls entwickeln, ermöglicht ihnen ein tieferes Verständnis von Mathematik.
  - Die Probleme machen neugierig auf mehr Mathematik. Wer an elementaren Inhalten gelernt hat, was ein mathematisches Problem oder ein Beweis ist, wer sich selbst mathematische Fragen gestellt hat, dem wird die ‚höhere Mathematik' leichter fallen als dem, der Mathematik wie Vokabeln lernt.
  - Durch die Einführung übergreifender mathematischer Leitideen wird die Grundlage für ein Erkennen der Kohärenz der Mathematik, quer zu den Grenzen der Teilgebiete, gelegt.
- Für Lehramtsstudenten haben diese Ziele besondere Bedeutung: Sie können ihren Schülern eine lebendige Mathematik nur vermitteln, wenn sie sie selbst als solche erleben. Die Berufsrelevanz ist für sie klar erkennbar.[8]

---

7 Dies und die Anbindung an die Hochschulmathematik unterscheiden MPB wesentlich von Vorbereitungskursen für mathematische Schülerwettbewerbe. MPB soll das Positive solcher Kurse mit den Ansprüchen eines Studiums verknüpfen.

8 Um dies noch greifbarer zu machen, wurde in einer Vorlesung eine Lehrerin eingeladen, die über ihre Erfahrungen mit problemlöseorientiertem Unterricht und mit Beweisen in der Schule berichtete.

6.2.2 Inhalt und Aufbau; das 3-Phasen-Modell

In den folgenden Abschnitten wird die konkrete Durchführung von MPB an der Universität Oldenburg beschrieben.

Probleme und Lösungsstrategien Den Kern des Moduls bildet das Bearbeiten zahlreicher *Probleme* in Vorlesung, Übungen und Hausaufgaben. Diese sind so ausgewählt, dass die Studierenden zum eigenen Entdecken eingeladen werden und an ihnen mathematische Arbeitsweisen und wichtige mathematische Ideen in elementarem Kontext entdecken, üben oder lernen können. Ein weiteres Kriterium ist Attraktivität: ‚hübsche' Probleme motivieren mehr als langweilige.

Durch das gemeinsame Bearbeiten der Probleme in Vorlesung und Tutorien (s. unten) erleben und erlernen die Studenten den *mathematischen Prozess*: was tue ich, wenn ich anfange, mir über ein mathematisches Problem Gedanken zu machen? Dies fängt an mit einfachen Techniken der Selbstorganisation (sich klar werden über die verwendeten Begriffe; Ausschau halten nach dem, was gegeben und was gesucht ist; nicht aufgeben, wenn ein Ansatz nicht weiterführt, sondern einen anderen versuchen, usw.) und reicht über einfache Problemlösetechniken (Vorwärts- und Rückwärtsarbeiten, Zwischenziele setzen etc.) bis hin zu komplexen Techniken des Beweisens und Problemlösens (indirekte Beweise, Extremalprinzip usw.). Solche *Problemlösestrategien* werden explizit thematisiert, im Laufe des Semesters immer wieder angesprochen und in einer Liste (‚Werkzeugkasten') gesammelt.

Logik und Beweise Logik und Beweise werden systematisch und mit vielen Beispielen behandelt, jedoch erst nach ca. 1/3 des Semesters, da die Studierenden zu diesem Zeitpunkt schon einige Erfahrungen im Argumentieren gesammelt haben. Eine Behandlung am Anfang erscheint mir wenig sinnvoll, da die Studierenden eine Alltagslogik mitbringen und erst durch die intensivere Beschäftigung mit Mathematik Offenheit für eine genaue Betrachtung entsteht.

Die Notwendigkeit von Beweisen wird für die Studierenden evident durch Einsatz offener Problemstellungen (‚Entscheiden Sie, ob...' statt ‚Beweisen Sie, dass...') und von Problemen mit Überraschungen (z. B. ‚Ist $n^2 + n + 41$ für alle $n \in \mathbb{N}$ eine Primzahl?' – bei Probieren von $n = 1, 2, 3, \ldots$ könnte man zunächst vermuten, dass die Antwort ja ist).

Neben den allgemeinen Beweisformen (direkter, indirekter, Widerspruchsbeweis) werden typische Beweismuster anhand geeigneter Probleme eingeführt, benannt und geübt.

Beispiele für Beweismuster

- Formeln werden z. B. durch direkte Herleitung aus bekannten Formeln, durch vollständige Induktion oder durch doppeltes Abzählen (oder die verwandte Idee der Vertauschung von Summenoperationen) hergeleitet. Hier ist auch ein Verweis auf viel ‚höhere' Mathematik möglich, wo ein Verständnis von Strukturen zu Beweisen von Formeln führen kann (zum Beispiel Linearitätsüberlegungen beim Herleiten der Binet-Formel für die Fibonacci-Zahlen).

- Typische Beweismuster für Existenzbeweise sind direktes Angeben bzw. Konstruktion, Schubfachprinzip (nicht konstruktiv!), Extremalprinzip, auch vollständige Induktion.
- Typische Beweismuster für Nichtexistenzbeweise sind der Widerspruchsbeweis und das Invarianzprinzip (Konstruktion von Invarianten; siehe Beispiel 6.6 in Abschnitt 6.2.4).

Diese Beweismuster treten in allen Bereichen der Mathematik auf.

Themenauswahl Die Themenauswahl ordnet sich den Grundideen unter. Konkrete Themen waren u. A. Rekursionen, Graphen (z. B. Eulerformel, Planarität), Abzählprinzipien, elementare Zahlentheorie (Teilbarkeit, Kongruenzen) sowie Permutationen und deren Signatur (als wichtiges nicht-triviales Beispiel einer Invariante). Ein anderes Thema, das sich gut eignen würde, ist die Geometrie.

Die drei Phasen Dem Aufbau des Moduls MPB liegen einige grundsätzliche Überlegungen zugrunde, wie Studierende zu einem selbständigen Umgang mit Mathematik hingeführt werden können. Ich unterscheide drei Phasen:

1. **Entdecken:** In der ersten Phase machen die Studierenden die Erfahrung, dass sie Mathematik selbst entdecken können – und damit, dass es in der Mathematik viel zu entdecken gibt. Diese Phase öffnet den Geist für die Mathematik und schafft Selbstvertrauen.
2. **Konsolidieren:** In der zweiten Phase lernen die Studierenden, ihre Lösungsideen zu präzisieren und genau zu formulieren, und *erkennen den Wert von Beweisen und allgemeinen Formulierungen*. Nachdem sie eine Gesetzmäßigkeit oder ein Muster entdeckt haben, brauchen sie einen Beweis, um sicher zu sein, dass diese allgemein gilt.
3. **Strategien lernen:** In der dritten Phase lernen die Studierenden Strategien zum Problemlösen und Beweisen kennen und setzen sie gezielt ein.

In den ersten Wochen liegt der Fokus auf der ersten Phase (siehe Beispiele 6.1, 6.2, 6.3 in 6.2.4), sie wird jedoch schon bald durch die zweite und dritte Phase ergänzt, wobei im Laufe des Semesters die Komplexität der eingesetzten Strategien und Beweismuster zunimmt. Mit der Zeit wird die Kombination von Entdecken, allgemeinem Formulieren und Beweisen unter (meist unbewusstem) Einsatz von Problemlöse- und Beweisstrategien selbstverständlich. Für das Entdecken wird immer wieder viel Zeit eingeräumt. Der Übergang zu allgemeinen Formulierungen und Argumenten fällt vielen Studierenden schwer. Hier hilft viel Übung, viel Hilfestellung und konstruktives Korrigieren der Hausaufgaben. Sorgfältig aufgeschriebene Lösungen, die die in der Veranstaltung gefundenen Lösungswege zusamenfassen, bilden hilfreiche Vorbilder.

Einen guten Einstieg in die anspruchsvollste dritte Phase bieten relativ transparente Lösungs- bzw. Argumentationsstrategien, z. B. Rekursion und Induktion. Neben das schematische Anwenden dieser Strategien[9] tritt von Anfang an das *gezielte Planen* ihres Einsatzes (eine Rekursion suchen, einen Induktionsbeweis planen, siehe Beispiel 6.4 in 6.2.4).

Gegen Ende des Semesters wird ein Niveau erreicht, das im Hinblick auf logische Komplexität und Anspruch an Kreativität über andere Anfängervorlesungen hinausgeht. Dies ist nur möglich, da nicht gleichzeitig abstrakte Inhalte zu verarbeiten sind.

Ein Beispiel für ein komplexes Beweismuster ist das Extremalprinzip: Um die Existenz eines Objekts mit einer bestimmten Eigenschaft A zu zeigen, versucht man, es dadurch zu charakterisieren, dass eine gewisse Größe B extremal (d. h. größt- oder kleinstmöglich) wird. Dass ein Objekt mit extremalem B die Eigenschaft A hat, zeigt man typischerweise mittels Widerspruchsbeweis (oder in analytischem Kontext durch Ableiten). Das echte Problem ist das Finden einer geeigneten Größe B. Hier ist Kreativität gefragt. Und selbst, wenn man ein B versucht hat, dieses aber nicht ‚funktioniert‘, kann es trotzdem sein, dass ein anderes B' funktioniert.

Dies genau zu verstehen schult das logische Verständnis. Und wer einmal diese Komplexität erkannt hat, wird ein größeres Verständnis für (und größere Hochachtung vor) Beweisen haben, in denen das Prinzip Anwendung findet. Einige Beispiele: Beweis des Mittelwertsatzes, Beweis der Existenz von Eigenwerten hermitescher Matrizen durch Maximieren der zugehörigen quadratischen Form, auf höherer Ebene Variationsrechnung, Morse-Theorie usw.

6.2.3 Form: Durchführung von Vorlesung und Tutorien; Prüfungen

Wenn wir die Studierenden zu einem aktiven Umgang mit Mathematik hinführen wollen, sollten wir sie in unseren Lehrveranstaltungen ständig zur Mitarbeit aufrufen. Wie lässt sich dies verwirklichen, insbesondere bei hohen Teilnehmerzahlen?

Das Modul MPB an der Uni Oldenburg gliedert sich in wöchentlich je eine 90-minütige Vorlesung (ca. 200 Studierende) und ein 90-minütiges Tutorium (je ca. 15–20 Studierende unter Anleitung eines Tutors/einer Tutorin – dies sind fortgeschrittene Studierende).

Die Vorlesung: In weiten Teilen hat die Vorlesung die Form eines Dialogs zwischen Dozent (D) und Studierenden. Das läuft z. B. so ab:

D: Wir wollen folgendes Problem untersuchen. (schreibt ein Problem an, illustriert es ggf. kurz anhand von Beispielen)
D: Gibt es Fragen zur Problemstellung? (beantwortet ggf. Fragen)
Sie haben nun 5 Minuten Zeit, sich zu dem Problem Gedanken zu machen. Nehmen Sie auch Papier und Stift zu Hilfe. Sie können sich auch gerne mit Ihren Nachbarn austauschen. Wahrscheinlich wird die Zeit nicht reichen, eine vollständige Lösung zu finden. Aber jede Überlegung, die Sie jetzt anstellen, wird Ihnen helfen, die Lösung, die wir anschließend gemeinsam erarbeiten, zu verstehen.
D (nach 5 Minuten): Welche Vorschläge und Ideen haben Sie?
(es melden sich einige Studenten, der D. greift die Vorschläge auf, wiederholt sie für alle, kommentiert sie, notiert sie an der Tafel, setzt sie in Beziehung zueinander; unter Beteiligung der Studenten – ggf. mit weiteren Eigenarbeitszeiten – und mit minimaler, doch gezielter Führung wird nach und nach eine Lösung erarbeitet)

---

9 Z. B. Beweis von Formeln durch vollständige Induktion. Da in der Analysis-Vorlesung viele solche ‚Schema F‘ Beispiele behandelt werden, wird dies in MPB nur kurz illustriert.

Kommentare:

- Durch das gemeinsame Vorgehen erleben die Studierenden, wie Mathematik entsteht, und sind intensiv am Geschehen beteiligt.
- Es ist wichtig, für diese explorativen Phasen viel Zeit einzuräumen.[10]
- Obwohl im Plenum nur wenige Studierende zu Wort kommen, können sich die anderen mit diesen identifizieren. Dies ist besser, als wenn alle Beiträge zur Lösung vom Dozenten kämen.
- Man kann nicht einfach genug beginnen, um möglichst alle ‚mitzunehmen‘. Aber man sollte auch alle herausfordern. Siehe Beispiele 6.1 und 6.2 in 6.2.4.
- Natürlich muss der Dozent auswählen, welche Ansätze er wie weit verfolgt und wie viel er selbst hinzufügt. Dabei sollte er auch immer wieder solche Ansätze aufgreifen, von denen er weiß, dass sie nicht zum Ziel führen (oder auch solche, bei denen er nicht weiß, ob sie zum Ziel führen!). In eine Sackgasse zu geraten ist Teil mathematischen Arbeitens, sich daraus zu befreien eine zu erlernende Fähigkeit – und dass dies manchmal auch erfahrenen Mathematikern nicht gelingt, eine wichtige Einsicht.
- Die bei den Lösungsprozessen gewonnenen methodischen und inhaltlichen Erkenntnisse (z. B.: es war hilfreich, eine gewisse Notation einzuführen oder ein Zwischenziel/eine Hilfsaussage zu formulieren) werden vom Dozenten explizit benannt, geordnet und dadurch für weitere Probleme nutzbar gemacht (siehe Grieser, 2013).

Diese dialogartigen Vorlesungsabschnitte werden gelegentlich durch Abschnitte in eher klassischem Vorlesungsstil ergänzt, siehe die Themenauswahl in 6.2.2.

Die Tutorien: Hier werden Probleme zunächst allein und dann in kleinen Gruppen (2–4 Studierende) erarbeitet und die Lösungsversuche dann in der gesamten Gruppe besprochen. In der Kleingruppenarbeit haben die Studierenden Gelegenheit, ihre Ideen sprachlich zu formulieren, und lernen voneinander. Wichtig ist eine enge Abstimmung von Tutorien und Vorlesung sowie der Tutorien untereinander. Dies wurde durch ausführliche Besprechungen sowie durch die Vorgabe von Präsenzaufgaben für die Tutorien durch den Dozenten erreicht, sowie bei erstmaliger Durchführung durch Anwesenheit der Tutoren in der Vorlesung.[11] Neben inhaltlichen Hinweisen (z. B. auf mehrere Lösungsansätze hinweisen) sind methodische Überlegungen wie die Grundprinzipien und das 3-Phasen Modell Thema der Besprechungen. Die Tutoren haben eine sehr wichtige Funktion und sollten darin angeleitet werden, Hilfe zur Selbsthilfe zu geben.

---

10 Der Luxus, diese Zeit zu haben, ist der Vorteil einer methodisch orientierten Lehrveranstaltung.
11 Bei der erstmaligen Durchführung der Veranstaltung ergab sich das Problem, geeignete Tutoren zu finden. Jedoch hat sich dieses von alleine gelöst, da durch frühzeitige Information klar gemacht wurde, dass die Veranstaltung auch für die Tutoren einen großen Gewinn bedeutet. Sie sind dann auch gerne in die Vorlesung gekommen.

Übungszettel und Klausur: Wie sonst auch üblich, werden wöchentlich Übungszettel ausgegeben. Neben Problemlöseaufgaben, die teilweise an Vorlesungsaufgaben anschließen und fortschreitend Beweisanteile enthalten, haben sich gelegentliche Aufgaben der Art

Wo ist der Fehler im folgenden „Beweis", welche Schritte sind korrekt?

bewährt. Die Korrektur ist anspruchsvoll, da häufig sehr verschiedene Lösungswege beurteilt werden müssen. Daher korrigieren die Tutoren gemeinsam. Als Prüfungsform am Semesterende ist wegen der großen Zahl der Studierenden nur eine Klausur praktikabel. Die naheliegende Frage, wie man Problemlösefähigkeiten unter Klausurbedingungen testen kann, wird dadurch beantwortet bzw. teilweise umgangen, dass die Klausuraufgaben Variationen von Aufgaben sind, die in Vorlesung, Übungsgruppe oder Hausaufgabe behandelt wurden.

6.2.4 Beispiele aus der Vorlesung

Die erste Vorlesung Zum Einstieg habe ich folgendes Problem gestellt:

Beispiel 6.1

Wie lange benötigt man zum Zersägen eines 7 Meter langen Baumstamms in 1-Meter-Stücke, wenn jeder Schnitt eine halbe Minute dauert?

Man kann nicht einfach genug beginnen: Aktivierung! Ganz viele Hände gehen hoch. Die meisten sagen drei Minuten, vereinzelt hört man dreieinhalb. An diesem Problem lassen sich einige Schritte des Problemlösens beobachten, die man später in schwierigeren Situationen einsetzen kann: Als *Zwischenziel* bestimmt man zunächst die Anzahl der Teile. Eine *Skizze* hilft und zeigt: Die Anzahl der Schnitte ist um eins geringer als die Anzahl der Teile – solche Verschiebungen um eins treten immer wieder, auch in 'höherer Mathematik', auf. Ein guter Folgeauftrag: Begründe, warum diese Verschiebung auftritt – auch wenn man 7 durch 1000 (oder n) ersetzt, also keine Zeichnung mehr machen kann. Die schwierigere Variation, was herauskommt, wenn man mehrere schon erhaltene Stücke nebeneinanderlegen und gleichzeitig durchschneiden darf, eignet sich für's Tutorium.

Das nächste Problem:

Beispiel 6.2

Mit wie vielen Nullen endet $100! = 1 \cdot 2 \cdot 3 \cdots\cdot 99 \cdot 100$?

Das ist deutlich schwieriger. Schnell hört man als Antworten 2, 10, 11 (von den Faktoren 10, 20,...,100). Sind das alle? Der Taschenrechner hilft nicht. Wie kann man sich dem Problem nähern? Eine wichtige Strategie: *Vereinfache!* Betrachte zunächst $n!$ für $n =$

$1, 2, 3, 4, 5, \ldots$, beobachte, wo die erste Null auftritt, überlege warum, wann kommt die zweite. Schrittweise arbeitet man sich vor, *bekommt ein Gefühl für das Problem*, merkt, dass die Faktoren 5 zentral sind (man *erkennt eine Regel*), schließlich erhält man die Antwort 24. Zuletzt wird die gefundene Lösung sauber formuliert.

Nützliche Rekursionen Die Idee der Rekursion ist ein sehr geeignetes Mittel, wie Studierende selbst entdeckend tätig werden können.

Beispiel 6.3

Auf wie viele Arten kann man ein Rechteck der Größe $2 \times n$ mit Dominosteinen der Größe 1×2 pflastern?

Durch systematisches Probieren findet man die Antwort für $n = 1, 2, 3, 4, 5$, dann wird es schnell zu kompliziert. Die gewonnenen Anzahlen legen die Vermutung nahe, dass die Fibonacci-Zahlen herauskommen. Die entsprechende Rekursion zu begründen ist eine gute Übung für allgemeines Formulieren. Ihre Gültigkeit ist ein wunderbarer Erkenntnisgewinn. Z. B. lässt sich damit leicht die Antwort für größere n angeben. Als Fortsetzung bietet sich die Herleitung einer geschlossenen Formel für die Fibonacci-Zahlen an.

Vollständige Induktion kann auch spannend sein Die meisten Studierenden lernen die vollständige Induktion zuerst (und oft ausschließlich) als Mittel kennen, um Formeln wie $\sum_{k=1}^{n} k = \frac{n(n+1)}{2}$ nachzuweisen. Das ist wichtig, verschafft Sicherheit, dient als erste Illustration – ist aber etwas unbefriedigend: Das sind mechanische Fingerübungen, und die eigentlich interessante Frage bei solchen Formeln ist doch, wie man sie findet.

Die Induktion lässt sich auch für viele hübsche Beweise einsetzen, bei denen zusätzlich das logisch korrekte Formulieren geübt wird. Ein Beispiel ist die Eulersche Formel für ebene Graphen. Ein weiteres Beispiel:

Beispiel 6.4

Zeige, dass sich die Länder, in die die Ebene durch n beliebige Geraden geteilt wird, mit zwei Farben so färben lassen, dass benachbarte Länder verschiedene Farben haben.

Nur wenn man bewusst einen Induktionsbeweis plant, wird man erkennen, dass für den Induktionsschritt folgende Frage beantwortet werden muss: Sei eine beliebige zulässige Färbung der von beliebigen $n - 1$ Geraden gebildeten Landkarte gegeben. Es werde eine beliebige Gerade hinzugelegt. Wie kann man die gegebene Färbung zu einer zulässigen Färbung der neu entstandenen Landkarte modifizieren?

Möglich und unmöglich Unmöglichkeitssätze gehören zu den faszinierendsten der Mathematik, teilweise auch zu den schwierigsten. Solche in elementarem Kontext kennenzulernen, auch selbst Beweise für diese zu finden, ist von hohem Wert: es motiviert, schult präzises logisches Denken und bereitet auf ähnliche Argumentationsmuster (z. B. indirekter Beweis) vor, die in der ‚höheren' Mathematik häufig vorkommen.

Beispiel 6.5

Kann man 5 Punkte mit allen ihren paarweisen Verbindungen so in die Ebene zeichnen, dass sich die Verbindungslinien nicht kreuzen?

Auch die Grundidee der Invariante lässt sich sehr hübsch einführen.

Beispiel 6.6

Schreiben Sie die Zahlen $1, 2, \ldots, n$ in beliebiger Reihenfolge nebeneinander. Ein Zug bestehe im Vertauschen zweier benachbarter Zahlen. Kann nach einer ungeraden Anzahl von Zügen wieder die Ausgangsanordnung erreicht werden?

(Oder: Geben Sie verschiedene Wege an, zur Ausgangsanordnung zurückzukehren. Was beobachten Sie?) Das Ergebnis – dass dies nicht möglich ist – ist zunächst überraschend und bereitet den Boden für die Einführung der Signatur einer Permutation, die später in der linearen Algebra wieder auftaucht. Nach deren Diskussion lassen sich hübsche, höchst nicht-triviale Anwendungen geben, z. B. die Unmöglichkeit der Lösung des 15er Schiebepuzzles (siehe Grieser, 2014, S. 243 und S. 252).

6.2.5 Rahmenbedingungen: Einbindung in die Studiengänge

An der Universität Oldenburg wurde das Modul *Mathematisches Problemlösen und Beweisen* zum Wintersemester 2011/12 eingeführt. Es wird immer im Wintersemester angeboten. Im Studiengang 2-Fächer-Bachelor Mathematik (für das Lehramt in Gymnasien und berufsbildenden Schulen) ist es Pflicht und wird zum Besuch im ersten Semester, neben der Analysis 1, empfohlen. Im Vergleich zur früher empfohlenen Kombination Analysis 1 / Lineare Algebra bedeutet das eine Entlastung am Studienbeginn, sowohl zeitlich (10 statt 12 Stunden wöchentliche Präsenzzeit) als auch inhaltlich (MPB wird als leichter empfunden als Lineare Algebra). Im Fach-Bachelor Studiengang ist MPB Teil eines Wahlpflicht-Bereichs (sog. Professionalisierungsbereich) und wird empfohlen. Die Standardempfehlung für das erste Semester ist hier wie früher Analysis 1 und Lineare Algebra. Auch Studierende höherer Semester profitieren von dem methodischen Ansatz, den herausfordernden Problemen und der Diskussion übergreifender wissenschaftlicher Prinzipien.

Eine solche Umstellung bringt Herausforderungen mit sich, organisatorisch (z. B. wird die Lineare Algebra im Winter und im Sommer angeboten; Lehramtsstudenten besuchen sie parallel zur Analysis 2) und inhaltlich: Wird eine neue Lehrveranstaltung Pflicht, muss eine andere weichen. Das ist eines der Hauptprobleme bei der Weiterentwicklung von Studiengängen. Alles erscheint wichtig, für jedes existierende Modul gibt es gute Gründe, es beizubehalten. Für das Pflichtmodul MPB wurden in Oldenburg Kürzungen in fortgeschrittenen Themen der Analysis und Algebra im Lehramtsstudium vorgenommen. Wir haben uns entschieden, dass wir für die angehenden Lehrer einen soliden Einstieg, an dem sie wachsen und die Mathematik entdeckend erleben, als wichtiger ansehen als zum Beispiel den Satz über implizite Funktionen.

6.2.6 Erfahrungen

Wurden die angestrebten Ziele erreicht? Wie wurde das Format angenommen? Gibt es nun weniger Studienabbrecher?

Die folgenden Einschätzungen/Aussagen basieren auf vielen Gesprächen mit den Tutoren und mit Studierenden, auf Lehrevaluationen, auf der Klausurkorrektor sowie auf Berichten der Studierenden in sogenannten Lerntagebüchern. In diesen sollten sie die Inhalte des Moduls aus Sicht ihres eigenen Lernfortschritts reflektieren und beurteilen. Mehrmals im Semester wurden die Lerntagebücher eingesammelt.[12]

Allgemein kann gesagt werden, dass die in 6.2.1 formulierten Ziele für einen großen Teil der Studierenden erreicht wurden: Entwickeln von Problemlösefähigkeiten, souveränerer Umgang mit Beweisen, erhöhtes Selbstvertrauen und Erleben der Lebendigkeit der Mathematik. Beweisaufgaben in der Klausur wurden von einer deutlichen Mehrheit der Teilnehmer gut gelöst – im Kontrast zu Erfahrungen, die man meist mit (selbst einfachen) Beweisaufgaben z. B. in Analysis 1 Klausuren macht.

Das 3-Phasen-Modell hat sich sehr gut bewährt: Nach 1–2 Wochen war bei vielen Teilnehmern eine Begeisterung über die ersten eigenen mathematischen Entdeckungen zu verspüren. Das wiederholte explizite Thematisieren der Notwendigkeit von Beweisen und allgemeinen Formulierungen in der zweiten Phase erlaubte es, damit auch Studenten zu erreichen, die anfangs damit Schwierigkeiten hatten. Die dritte Phase des gezielten Einsetzens und Planens von Beweisen wurde erwartungsgemäß sehr unterschiedlich gemeistert und bot auch den leistungsstärksten Studenten angemessene Herausforderungen.

Die meisten Studierenden waren durchgehend sehr motiviert. Dies war besonders auffällig für die Lehramtsstudenten, da für sie die Berufsrelevanz gut erkennbar war.

Das interaktive Format, gemischt mit gelegentlichen Vorlesungssequenzen, hat sich trotz der Größe der Vorlesung bewährt, um die Aufmerksamkeit über weite Strecken zu erhalten. Ebenfalls bewährt hat sich das Format der Kleingruppenarbeit in den Tutorien, dort wurde meist begeistert mitgearbeitet.

Die insgesamt sehr positive Stimmung lässt sich durch eine Äußerung beschreiben, die ich von mehreren der beteiligten Tutoren gehört habe: So ein Modul hätte ich mir am Studienbeginn auch gewünscht.

---

12 Die Akzeptanz der Lerntagebücher war anfangs gering. Einige Studierende fanden sie bis zum Semesterende überflüssig, aber es gab auch viele, die es sehr schätzten, am Ende noch einmal ihre Eintragungen vom Anfang zu lesen und ihre Fortschritte so klar vor Augen zu haben. Das Führen der Lerntagebücher war gefordert, ihre Inhalte flossen aber nicht in die Note ein.

Studienabbrecherzahlen lassen sich zwar erheben, sie sind aber schwierig zu interpretieren, da sie vielen Einflüssen und natürlichen Schwankungen unterliegen. Im Lehramtsstudiengang (2-Fächer-Bachelor Mathematik) war die Anzahl der Abbrecher (einschließlich Studienfachwechsler) im 1. Semester im Jahr 2011 mit 12,5 % geringer als in den Vorjahren, im Jahr 2012 mit 6,8 % sogar deutlich (Zahlen für 2008, 2009, 2010: 22,8 %, 15,2 %, 15,9 %). Die Anzahl der Studierenden, die im WS 2011 begonnen und ihr Studium bis zum Ende ihres 3. Semesters abgebrochen oder das Fach gewechselt hatten, lag immerhin noch bei 34 %, war damit aber auch deutlich geringer als in den Vorjahren (mit 41,8 %, 41,4 %, 51,0 %).

Ich möchte auch einige Schwierigkeiten erwähnen. Da MPB von den Studierenden als deutlich zugänglicher empfunden wurde als die parallel besuchte Analysis 1, ergab sich hier zeitweilig eine Konkurrenzsituation, z. B. Konkurrenz um die Aufmerksamkeit und die Zeit der Studierenden: Die Studierenden konzentrierten sich zeitweise auf die schwierigere und vermeintlich wichtigere Vorlesung Analysis 1. Die Ansprüche an die Tutoren sind hoch, insbesondere wenn die Veranstaltung erstmalig durchgeführt wird. Sie lernen aber auch methodisch viel dabei. Auch die Ansprüche an den Dozenten der Vorlesung sind zumindest ungewöhnlich: Das interaktive Format erfordert ein schnelles Eingehen auf unvorhergesehene Vorschläge, manchmal auch den Mut, vor Publikum zu überlegen, zu schwanken oder auch zu sagen, dass man sich etwas in Ruhe überlegen müsse. Genau das ist aber auch im Sinne von MPB: Den mathematischen Prozess für die Studenten sichtbar machen.

6.3 Schlussworte

Mit MPB habe ich eine Möglichkeit beschrieben, dem Mathematikstudium wertvolle neue Impulse zu geben und damit unter Anderem den Übergang von der Schule zur Hochschule zu erleichtern, ohne dabei die wissenschaftliche Qualität des Studiums zu beeinträchtigen. Manche Kollegen mögen sich durch die positiven Erfahrungen ermutigt fühlen, ähnliches zu versuchen. Aufgrund der Hindernisse, die großen Änderungen von Studiengängen im Weg stehen, mag dies auch durch teilweise Integration der in 6.2.1 dargelegten Grundideen geschehen.

Im schulischen Bereich wurden seit einigen Jahren von zahlreichen Autoren Forderungen und Konzepte formuliert, die eine ähnliche Zielrichtung wie MPB haben, z. B. Bruder (2001), Pehkonen (2001), Winter (1989). Im universitären Bereich scheint ein derartiger Ansatz bisher neu zu sein – abgesehen vom Klassiker Pólya (1967). Es ist bemerkens- und bedauernswert, dass die dort formulierten Ideen bisher nicht systematisch in das Mathematikstudium integriert wurden. MPB greift diese Ideen auf und zeigt, wie sie im Kontext der aktuellen Mathematikausbildung in Schule und Universität umgesetzt werden können.

In der Studie *Mathematik Neu Denken*, die der Gymnasiallehrerbildung neue Impulse gegeben hat, fordern die Autoren neben Veranstaltungen zu historischen und philosophischen Themen unter anderem: „Die Fachmathematik muss nach unserer Auffassung eine

starke elementarmathematische Komponente enthalten, die nach Möglichkeit an schulma-
thematische Erfahrungen anknüpft und auch wissenschaftliches Arbeiten ‚im Kleinen' ermöglicht" (Beutelsbacher et al., 2011, S. 2). Genau dies (und mehr) leistet MPB.

Literatur

Beutelspacher, A.; Danckwerts, R.; Nickel, G.; Spiel, S.; Wickel, G. (2011). *Mathematik Neu Denken*, Vieweg und Teubner.

Bruder, R. (2001). *Kreativ sein wollen, dürfen und können*, Mathematik lehren, Heft 106, 46–51.

Grieser, D. (2013). *Mathematisches Problemlösen und Beweisen – eine Entdeckungsreise in die Mathematik*, Springer Spektrum. Zusatzmaterialien für Lehrende: http://www.springer-spektrum.de/Privatkunden/Zusatzmaterial/978-3-8348-2459-2/Mathematisches-Problemloesen-und-Beweisen.html

Grieser, D. (2014). Mathematisches Problemlösen und Beweisen: Ein neues Konzept in der Studienein-gangsphase. In R. Biehler, R. Hochmuth, H.-G. Rück & A. Hoppenbrock (Hrsg.), *Mathematik im Übergang von Schule zur Hochschule und im ersten Studienjahr*. Wiesbaden: Springer Spektrum.

Pólya, G. (1967). *Vom Lösen Mathematischer Aufgaben – Einsicht und Entdeckung, Lernen und Lehren, Band 2*, Birkhäuser.

Pehkonen, E. *Offene Probleme: Eine Methode zur Entwicklung des Mathematikunterrichts*, Der Mathematikunterricht, Jg. 47(6), 60–72.

Winter, H. (1989). *Entdeckendes Lernen im Mathematikunterricht: Einblicke in die Ideengeschichte und ihre Bedeutung für die Pädagogik*, Vieweg und Teubner.

Das Klein-Projekt – Hochschulmathematik vor dem Hintergrund der Schulmathematik

7

Hans-Georg Weigand und Markus Ruppert

Zusammenfassung

Im Jahr 1908 erschien der erste Band der „Elementarmathematik vom höheren Standpunkte aus" von Felix Klein.[1] Damit – und mit den beiden folgenden Bänden – verfolgte er das Ziel die in der Schule behandelte oder seiner Meinung nach zu behandelnde Elementarmathematik (wozu er etwa auch die Analysis zählte) unter dem Gesichtspunkt der Universitätsmathematik zu analysieren. Das von der IMU und der ICMI 2008 angeregte „Klein-Projekt" (www.kleinproject.org) greift die Ideen von Felix Klein in moderner und aktueller Form auf und versucht diese weiterzuentwickeln. Derzeit werden sog. „Klein(e) Artikel" im Internet zusammengestellt, die anhand spezieller Themenbereiche einen Überblick über die derzeit aktuelle Mathematik geben, die aber auch zeigen, wie traditionelle Mathematik auch heute noch bedeutsam ist bzw. – aufgrund der Fortentwicklung der Ideen oder durch den Einsatz neuer Medien und Werkzeuge – aus einem neuen Blickwinkel betrachtet und analysiert werden können (http: //blog.kleinproject.org). Diese Artikel sind in besonderer Weise dazu geeignet, in der Ausbildung von Mathematiklehrerinnen und -lehrern und in Lehrerfortbildungen eine aktuelle Seite der heutigen Mathematik aufzuzeigen.

7.1 Das Klein-Projekt

Im Jahr 2008 jährte sich der Gründungstag der IMUK (Internationale Mathematische Unterrichtskommission) oder ICMI (International Kommission on Mathematical Instruction)

---

1 Alle drei Bände sind auch elektronisch verfügbar: http://gdz.sub.uni-goettingen.de/dms/load/toc/ ?IDDOC=249873

zum 100. Mal. Der erste Präsident dieser Kommission war Felix Klein. Anlässlich dieses Ereignisses haben IMU (International Mathematics Union) und ICMI ein Projekt angeregt, das die Intention Felix Kleins wiederbeleben soll, mit der er 1908 die „Elementarmathematik vom höheren Standpunkte aus" (Band 1) geschrieben hat. Das Ziel dieses dreibändigen Werkes war es, Mathematiklehrerinnen und -lehrern die Breite der damaligen mathematischen Forschung aufzuzeigen, ihnen Hintergrundwissen über den üblichen Lehrplan hinaus zu vermitteln und die Beziehung der Fachwissenschaft zum Mathematikunterricht der Sekundarstufen zu stärken. Dieses Werk ist national und international zur klassischen Referenz geworden, allein schon sein Titel wurde zum Programm.

Das „Klein-Projekt" strebte zunächst die Herausgabe eines Werkes an, das in moderner und aktueller Form die Ideen von Felix Klein aufgreift und verständlich darstellt. Hierfür hat sich ein internationales Projekt-Team gebildet, mit dem Ziel, mathematische Forschung und deren Anwendungen so darzustellen, dass angehende und praktizierende Lehrerinnen und Lehrern dazu angeregt werden, Schülerinnen und Schülern in ihrem Unterricht (auch) ein aktuelles und zeitgemäßes Bild der Mathematik zu vermitteln. Dabei sollen vor allem Beziehungen zwischen verschiedenen Zweigen und Gebieten der Mathematik aufgezeigt werden.

7.2   „Elementarmathematik vom höheren Standpunkte aus"

Felix Klein (1849–1925) studierte in Bonn u. a. bei Rudolf Lipschitz und Julius Plücker, promovierte und habilitierte sich in Göttingen. 1872 erhielt er einen Ruf an die Universität Erlangen und schlug in seinem „Erlanger Programm" (1872) eine Systematisierung der damals bekannten Geometrien vor. 1880 erhielt er einen Ruf auf eine Professur für Geometrie an die Universität Leipzig und 1886 nach Göttingen.

1908 erschien der erste Band der „Elementarmathematik vom höheren Standpunkte aus". Im Vorwort wendet sich Felix Klein an das „mathematische Publikum und ganz besonders an die Lehrer der Mathematik an unseren höheren Schulen". Nachdem er sich – u. a. auch in den Meraner Beschlüssen von 1905, in denen eine Reform des mathematisch-naturwissenschaftlichen Unterrichts vorgeschlagen wurde (vgl. Krüger, 2000) – auf die Ziele des Unterrichts und dessen Organisation konzentrierte, standen nun die Inhalte oder der „Unterrichtsstoff" im Vordergrund. Sein Ziel war es, „Inhalt und Grundlegung der im Unterricht zu behandelnden Gebiete, unter Bezugnahme auf den tatsächlichen Unterrichtsbetrieb, vom Standpunkte der heutigen Wissenschaft in möglichst einfacher und anregender Weise überzeugend darzulegen." (Vorwort 1. Auflage, Klein, 1933[4], S. V).

Im 1. Band werden u. a. behandelt:
• Das Rechnen mit den natürlichen Zahlen
• Von den besonderen Eigenschaften der ganzen Zahlen
• Die komplexen Zahlen
• Reelle Gleichungen mit reellen Unbekannten

- Gleichungen im Gebiete komplexer Größen
- Logarithmus und Exponentialfunktion
- Die goniometrischen Funktionen
- Der Taylorsche Lehrsatz
- Transzendenz von e und π

Dabei hat Klein stets den Blick auf die Schulmathematik gerichtet:

> Zuerst legen wir uns hier, wie stets im Verlaufe der Vorlesung, die Frage vor, auf welche Weise man diese Dinge in der Schule behandelt. Dann wird die weitere Untersuchung fragen, was vom höheren Standpunkte aus betrachtet in ihnen alles enthalten ist. (Klein, 1908, S. 6)

Die einzelnen Kapitel werden dann auf verschiedenen Reflexionsebenen behandelt (vgl. Allmendinger, 2011, 2012), der historisch-genetischen Ebene, der fachmathematischen Ebene und der Ebene des Schulbezugs.

Das gesamte Buch orientiert sich an den folgenden Leitprinzipien:

- Hohe Bedeutung der Anschauung. Die Wertschätzung der Anschauung wird auch dadurch deutlich, dass Felix Klein an allen seinen Universitätsstandorten Sammlungen geometrischer Modelle angeregt hat (vgl. Rowe, 2013).
- Innermathematische Vernetzung. Hier geht es um die Wechselbeziehung verschiedener mathematischer Gebiete.
- Anwendungsorientierung: Klein war sehr aufgeschlossen gegenüber technischen Neuerungen. So trat er 1895 als einziger Universitätsprofessor dem Verband Deutscher Ingenieure (VDI) bei. Er setzte „neue Technologien" auch in der Universitätslehre ein, indem er etwa zu der mechanischen Rechenmaschine schrieb: „Vor allem sollte natürlich jeder Lehrer der Mathematik mit ihr vertraut sein" (Klein, 1933[4], S. 24).
- Orientierung an mathematischen Denk- und Arbeitsweisen: Für Klein ist Geometrie nicht nur Lehre von räumlichen Objekten, sondern es ist eine Denkweise (vgl. Tobies, 1981). Diese gilt es in der Universitätsausbildung zu vermitteln.

7.3   Klein(e) Artikel (engl. „Vignette")

Das derzeitige Ziel des „Klein-Projekts" ist es, internetgestützte „Klein-Artikel" oder „Klein(e) Artikel" – im Englischen „Vignette" – zu veröffentlichen, die Lehrerinnen und Lehrern ein Gefühl für Verbindungen zwischen der ihnen bekannten Mathematik und zeitgenössischen Aspekten der Mathematik aufzeigen (vgl. http://blog.kleinproject.org). Dadurch trat das zunächst angestrebte Ziel, eine Neuauflage von Kleins „Elementarmathematik", etwas in den Hintergrund. Ein „Klein-Artikel" ist ein kurzer mathematischer Artikel – ein „Klein(er) Artikel" – für Lehrkräfte, Referendarinnen und Referendare sowie Studierende der Sekundarstufe II, der aktuelles Hintergrundwissen zu einem interessanten mathematischen Thema gibt. Es geht nicht um Inhalte von Lehrplänen, sondern um aktuelle und interessante mathematische Themen oder Anwendungen. Klein-Artikel sind eine Quelle der Inspiration, auf die Lehrkräfte zurückgreifen können, wenn sie aktuelle Bezüge im Mathematikunterricht herstellen möchten.

Klein-Artikel
- sind kurze Internetartikel (6–10 Seiten);
- stellen eine Beziehung zur Forschung oder zu Anwendungen der Mathematik innerhalb der letzten 100 Jahre her. Dabei können insbesondere auch neue Aspekte „älterer Themengebiete" der Mathematik durch den Einsatz neuer Technologien in zeitgemäßer Weise präsentiert werden;
- enthalten Abbildungen und interaktive Elemente (Applets), vermitteln also auch ein anschauliches Bild des jeweiligen Themas;
- sind so geschrieben, dass sie auch für interessierte Schülerinnen und Schüler der Oberstufe informativ sind und von diesen zumindest in Grundzügen verstanden werden können;
- enthalten mathematische Themen oder -bereiche, die – häufig – im Rahmen der Universitätsausbildung nur angedeutet werden können;
- geben Hinweise, wie Leser weitere Informationen, Literatur oder Web-Links erhalten können.

In der Lehramtsausbildung wird mit dem Einbeziehen von Klein-Artikeln angestrebt, dass grundlegende im Mathematikstudium behandelte mathematische Ideen, Begriffe, Verfahren und Anwendungen unter aktuellen Gesichtspunkten gesehen werden können. Damit wird eine – breitere – Sinnkonstruktion mathematischer Begriffe durch Einordnung in ein Begriffsnetz, Bezug zu Begriffen im Mathematikstudium und im Mathematikunterricht sowie zu aktuellen Anwendungen angestrebt.

Klein-Artikel können in der Lehramtsausbildung
- parallel zu Veranstaltungen im Mathematikstudium eingesetzt werden: So etwa die Klein-Artikel „Public-key-Kryptographie" in der Zahlentheorie, „Matrizen und Digitale Bilder" in der Linearen Algebra oder „Symmetrie – Schritt für Schritt" bzw. „Höhere Dimensionen" in der Geometrie oder Analytischen Geometrie;
- als eigene Veranstaltung etwa im Rahmen eines „Klein-Seminars" behandelt werden;
- oder auch dem Selbststudium der Studierenden überlassen werden.

7.4   Ein Beispiel: Der Schritt in höhere Dimensionen[2]

Im Folgenden wird beispielhaft ein Klein-Artikel vorgestellt, und es wird ein Vorschlag unterbreitet, wie dieser im Rahmen einer Stundeneinheit – etwa in einem Seminar – behandelt werden kann. Impulsfragen und Arbeitsaufträge fordern dabei das eigenständige Agieren und Handeln der Teilnehmer.

Es dreht sich hier um den Artikel „Der Schritt in höhere Dimensionen", in dem drei Wege sowie Vorstellungen und Konzepte dazu aufgezeigt werden, wie unter mathematischen Gesichtspunkten der Schritt über die dritte Dimension hinaus vollzogen werden kann. Digitale Technologien helfen dabei, die zugrundeliegenden Konzepte zu visualisieren.

1. Ausgangspunkt

Studierende der Mathematik werden bereits zu Beginn ihres Studiums – vor allem in der Linearen Algebra – mit dem Rechnen in höheren Dimensionen konfrontiert. Dies erfolgt im Allgemeinen auf der formalen oder symbolischen Ebene, indem in zwei- und drei Dimensionen durchgeführte und dort auch veranschaulichte Rechenverfahren (etwa die vektorielle Matrizenmultiplikation) im Sinne des Permanenzprinzips auf höhere Dimensionen ausgedehnt werden. Dabei wird meist nicht auf Veranschaulichungen in diesen höheren Dimensionen eingegangen.

Im Folgenden werden drei Zugänge zu höherdimensionalen Körpern vorgestellt, die sich auf die Verallgemeinerung des Würfelbegriffs stützen:

1. Würfel im Koordinatensystem – Eine systematische Erweiterung des Koordinatenkonzepts
2. Projektionen – Schrägbilder, Orthogonalprojektionen und Analogieüberlegungen
3. Würfelschnitte – Schnittlinien, Schnittflächen und Schnittkörper

Diesen drei Zugängen ist gemeinsam, dass sie ausgehend von Erfahrungen in unserer ein-, zwei- und dreidimensionalen Welt durch Analogieschlüsse auf eine Welt in höheren Dimensionen schließen (vgl. Ruppert, 2010).

2. Ausgangsfragen

Haben in der Mathematik häufig auftretende mehrdimensionale Gebilde einen Bezug zu unserer Realität, also etwa zu unserer dreidimensionalen Welt? Kann man solche Objekte darstellen, greifbar machen, oder muss man sich damit zufrieden geben, dass diese sich grundsätzlich jeglicher Vorstellung entziehen? Die Mehrzahl der Studierenden hat z. B. schon einmal von der Relativitätstheorie und der vierdimensionalen Raum-Zeit gehört. Bei der Beschreibung von Bewegungen etwa beschränkt man sich jedoch häufig auf eindimensionale Vorgänge und deren Darstellung im zweidimensionalen t-x-Diagramm. Der

---

2 Siehe: http://blog.kleinproject.org/?p=1057&lang=de (zuletzt aufgerufen: 27.02.2014)

Übergang zu höheren Dimensionen scheint zu schwierig, weil er sich der Vorstellung entzieht.

3. Koordinatengeometrie – Würfel im Koordinatensystem

Die grundlegende Idee bei diesem Zugang ist es, die Koordinatenschreibweise in ein, zwei oder drei Dimensionen zu erweitern auf höhere Dimensionen. So können zunächst die Einheitsstrecke und das Einheitsquadrat als Analogien des Einheitswürfels im Zwei- bzw. Dreidimensionalen erkannt werden, um anschließend zu höherdimensionalen Darstellungen zu gelangen.

Die Endpunkte der Einheitsstrecke (auf der Zahlengeraden als eindimensionales Koordinatensystem) lassen sich folgendermaßen schreiben:

$$A_1 = (0) \qquad\qquad A_2 = (1)$$

Die Eckpunkte des Einheitsquadrats:

$$A_1 = (0|0) \qquad A_2 = (1|0) \qquad A_3 = (0|1) \qquad A_4 = (1|1)$$

Die Eckpunkte des Einheitswürfels:

$$A_1 = (0|0|0) \qquad A_2 = (1|0|0) \qquad A_3 = (0|1|0) \qquad A_4 = (1|1|0)$$
$$A_5 = (0|0|1) \qquad A_6 = (1|0|1) \qquad A_7 = (0|1|1) \qquad A_8 = (1|1|1)$$

Aufgabe 7.1

In Analogie zu den Übergängen von der Einheitsstrecke zum Einheitsquadrat und dann zum Einheitswürfel, wird der Übergang zu einem vierdimensionalen sog. „Einheitshyperwürfel" (4-D-Würfel) vollzogen. Wie viele Ecken hat ein solcher 4-D-Würfel? Wie viele Ecken hat ein 5-D-Würfel?

Der Übergang zu Hyperwürfeln in höheren Dimensionen wird hier also ausschließlich auf der symbolischen Ebene vollzogen und stellt eine Fortsetzung des Koordinatenkonzepts dar.

Aufgabe 7.2

Der 4-D-Würfel wird durch 3-D-Würfel begrenzt. Wie viele derartige 3-D-Begrenzungswürfel besitzt der 4-D-Würfel? Die 3-D-Begrenzungswürfel werden wiederum durch 2-D-Flächen begrenzt. Wie viele 2-D-Begrenzungsflächen findet man im 4-D-Würfel?

▶ Information   Kombinatorische Überlegungen führen zu folgender Beziehung für die Anzahl $N(n;k)$ der k-dimensionalen „Begrenzungswürfel" eines n-dimensionalen Hyperwürfels (vgl. Graumann, 2009):

$$N(n;k) = \binom{n}{k} \cdot 2^{n-k}$$

Diese Formel erhält man durch folgende Überlegungen:

• Jeder k-dimensionale „Grenzwürfel" ist parallel zu einer k-dimensionalen Hyperebene, die von k erzeugenden Vektoren des n-dimensionalen Würfels aufgespannt wird.
• Es gibt $\binom{n}{k}$ Möglichkeiten k aus n Koeffizienten (bzw. erzeugenden Vektoren) auszuwählen.
• Es gibt 2^n Möglichkeiten einen „Startpunkt" auszuwählen.
• Es gibt 2^k „Startpunkte" die zum gleichen Grenzwürfel führen.

Ergänzungsaufgabe: Übertragen Sie die Überlegungen zum n-dimensionalen Hyper-Würfel auf andere geometrische Objekte und Zusammenhänge.

• Z. B. das n-dimensionale Tetraeder und Oktaeder. Vorschläge hierzu findet man bei Fraedrich (1981), Veranschaulichungen mit POVRAY findet man in Leuders (2002)[3].
• Verallgemeinerung des Eulerschen Polyedersatzes auf höhere Dimensionen: Die Euler-Charakteristik.[4]
• Beschreibung von n-dimensionalen Einheitskugeln und Suche nach ganzzahligen Lösungen der Gleichung $x_1^2 + x_2^2 + \cdots + x_n^2 = r^2$ als Verallgemeinerung pythagoräischer Zahlentripel.

4. Schrägbilder des 4-D-Würfels

Im Folgenden wird die grundlegende Idee der Projektion als Hilfsmittel zur Darstellung von Objekten in niedrigeren Dimensionen aufgegriffen und auf höhere Dimensionen verallgemeinert.

In Analogie zum Schrägbild des dreidimensionalen Würfels sind Schrägbilder eines vierdimensionalen Würfels dreidimensional. Das Schrägbild eines Würfels legt weitere Analogieüberlegungen bezüglich des vierdimensionalen Hyperwürfels nahe:

• Ein vierdimensionaler Hyperwürfel wird von (dreidimensionalen) Würfeln begrenzt.

---

3 Homepage zum Projekt von T. Leuders: http://www.smims.nrw.de/homepage2002/projekte/projekt6/index6.html (zuletzt aufgerufen: 27.02.2014)
4 Ist n_i $(0 \leq i \leq N)$ die Anzahl der i-dimensionalen Begrenzungselemente eines N-dimensionalen Polytops, so gilt: $\sum_{i=0}^{N-1}(-1)^i x_i = 1 - (-1)^N$. Für $N = 3$ ergibt sich also der wohlbekannte Polyedersatz: $E + F - K = 2$.

- Das (dreidimensionale) Schrägbild eines (vierdimensionalen) Hyperwürfels entsteht durch Verschiebung eines Würfels im Raum.
- Im Schrägbild eines Hyperwürfels überschneiden sich die Bilder der Begrenzungswürfel.

Mit diesen Erkenntnissen und geeigneten Materialien (z. B. Holzspieße und Styroporkugeln, vgl. Abb. 7.1) lässt sich das (dreidimensionale) Schrägbild eines Hyperwürfels herstellen.

Aufgabe 7.3

Erläutern Sie das Modell des 3-D-Schrägbilds eines 4-D-Würfels in Abbildung 7.1 (Hier ist es vorteilhaft, wenn dieses Modell als reales Objekt vorhanden ist). Gehen Sie dabei insbesondere auf die in den Aufgaben 7.1 und 7.2 ermittelten Anzahlen von Kanten, Flächen und Begrenzungswürfeln ein.

▶   Information   Ausgehend von Überlegungen zur Entstehung des Schrägbilds lässt sich die folgende Formel herleiten (vgl. etwa Neubrand, 1985):

$$N(n; k) = 2 \cdot N(n - 1; k) + N(n - 1; k - 1)$$

Dieser Zusammenhang lässt sich mit der Formel für $N(n; k)$ aus dem letzten Abschnitt beweisen. Dadurch wird auch eine Beziehung zwischen den beiden vorgestellten Zugängen hergestellt.

5. Orthogonalprojektionen: Würfelprojektion entlang der Raumdiagonalen

Durch Parallelstrahlen lässt sich ein (3-D)-Würfel auf eine Ebene projizieren. Bei Orthogonalprojektionen verlaufen die Projektionsstrahlen senkrecht zur Projektionsebene. Mit dem Applet in Abb. 7.2 auf der Internetseite zum Klein-Projekt[5] lassen sich diese Projektionen simulieren.

Aufgabe 7.4

Drehen Sie bei diesem Applet den Würfel so, dass die Projektionsstrahlen parallel zur Raumdiagonale des Würfels verlaufen. Welche Projektionsfigur erhält man dann? (Vgl. mit Abb. 7.2)

Die Projektion eines Würfels entlang einer Raumdiagonalen erlaubt eine Verallgemeinerung des Konzepts „Orthogonalprojektion". Analogieschlüsse führen auf folgende Überlegungen zur Orthogonalprojektion des vierdimensionalen Würfel in den dreidimensionalen Raum:

---

5   http://blog.kleinproject.org/?p=1057&lang=de (zuletzt aufgerufen: 27.02.2014)

Abb. 7.1   Das 3D-Schrägbild eines 4D-
Hyperwürfels

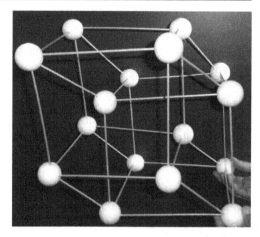

Abb. 7.2   Parallelprojektion eines Würfels
längs einer Raumdiagonalen

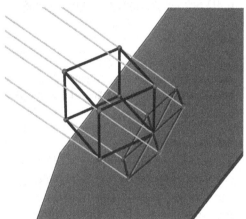

Abb. 7.3   3D-Schrägbild eines 4D-Hy-
perwürfels und dessen 2D-
Zentralprojektion

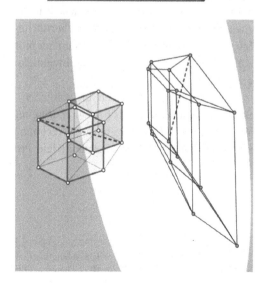

- Zwei Eckpunkte fallen aufeinander (nämlich die beiden auf der Raumdiagonalen). Dieser „Doppelpunkt" liegt im Zentrum der Projektion und weitere acht Eckpunkte liegen „gleichmäßig" und in gleicher Entfernung um den „Doppelpunkt" herum verteilt.
- Von den äußeren Punkten gehen je vier Kanten aus (wie vorher auch). Vom „Doppelpunkt" gehen jetzt acht Kanten aus.
- Die Kanten des Hyperwürfels sind in der Projektion alle gleich lang, die zweidimensionalen Begrenzungsflächen sind in der Projektion kongruente Rauten und es gibt dreidimensionale Begrenzungskörper, die in der Projektion ebenfalls alle kongruent sind und sich teilweise überlappen.

Weitere Überlegungen zeigen: Die acht Kanten, die vom „Doppelpunkt" ausgehen, weisen in die Ecken eines Würfels und die restlichen sechs Ecken liegen so über den Würfelseiten, dass sich Rauten als Begrenzungsflächen ergeben (vgl. Abb. 7.4). Abb. 7.3 zeigt das 3D-Schrägbild eines 4D-Hyperwürfels und eine 2D-Zentral-Projektion davon.[6]

Aufgabe 7.5

Stellen Sie bei der Animation zu Abb. 7.6 auf der Internetseite des Kleinprojekts[7] verschiedene Dimensionen (oberster Schieberegler) ein. Experimentieren Sie mit verschiedenen Ansichten und erläutern Sie jeweils die entstehenden Projektionen.

6. Würfelschnitte

Eine dynamische Möglichkeit zur Darstellung eines vierdimensionalen Hyperwürfels besteht in der Betrachtung von Schnittkörpern, die beim Durchdringen eines dreidimensionalen Raums entstehen. Auch hier ist es zunächst hilfreich, Betrachtungen analoger Situationen im Zwei- und Dreidimensionalen durchzuführen. Insbesondere lassen sich die Schnittflächen einer Ebene mit einem Würfel gut auf der enaktiven Ebene durch Eintauchen eines Würfels in eine Wasseroberfläche realisieren (vgl. Glaser u. Weigand, 2006). Interessant ist dabei auch das Studium der möglichen Schnittfiguren, wenn ein Würfel der Kantenlänge a mit konstanter Geschwindigkeit v senkrecht zur Ebene durch diese „hindurchwandert".

Die Abbildung 7.5 zeigen im zeitlichen Verlauf einige Momentaufnahmen für die Schnittflächen des Würfels bei Durchdringung einer Ebene entlang der Raumdiagonalen. Wir verzichten auf die Angabe der Berechnungen. Eine interaktive dynamische Animation findet sich auf der Internetseite zum Klein-Projekt.[8]

---

6 http://blog.kleinproject.org/?p=1057&lang=de (zuletzt aufgerufen: 27.02.2014)
7 http://blog.kleinproject.org/?p=1057&lang=de (zuletzt aufgerufen: 27.02.2014)
8 http://blog.kleinproject.org/?p=1057&lang=de (zuletzt aufgerufen: 27.02.2014)

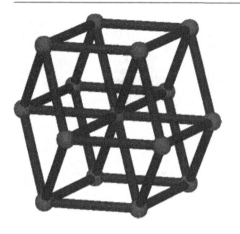 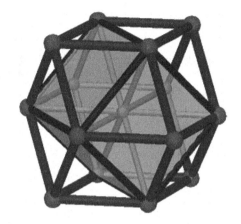

Abb. 7.4 Projektion des 4D-Hyperwürfels

Aufgabe 7.6

Stellen Sie bei dem Applet die „Dimension 3" ein (oberster Schieberegler) und erläutern Sie die Schnittfiguren beim dynamischen Durchdringen der Ebene durch den Würfel.

Schnittkörper eines 4D-Hyperwürfels mit einem dreidimensionalen Raum

Analogiebetrachtungen helfen nun, eine Vorstellung davon zu gewinnen, welches Bild sich ergibt, wenn ein vierdimensionaler Würfel mit der Geschwindigkeit v durch einen dreidimensionalen Raum „hindurch wandert". Dabei entstehen dreidimensionale Schnittfiguren.

Die zeitliche Entwicklung des Schnittkörpers, der sich bei Durchdringung eines Raumes parallel zu einer 4D-Raumdiagonalen des Hyperwürfels ergibt, ist in der Abbildung 7.6 zu sehen.

Aufgabe 7.7

Stellen Sie bei dem Applet auf der Internetseite zum Klein-Projekt[9] zunächst die „Dimension 3" und dann die „Dimension 4" ein (oberster Schieberegler). Erläutern Sie jeweils die Schnittkörper beim dynamischen Durchdringen der 3-D-Hyperebene durch den 4-D-Würfel (Einstellen von t mit den untersten Schiebereglern).

---

9 http://blog.kleinproject.org/?p=1057&lang=de (zuletzt aufgerufen: 27.02.2014)

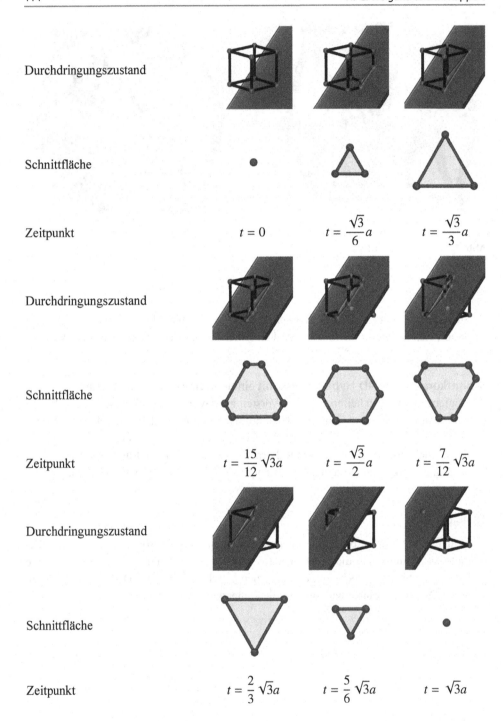

Abb. 7.5 Schnittflächen eines Würfels bei Durchdringung einer Ebene (parallel zur Raumdiagonalen) mit
$v = 1$

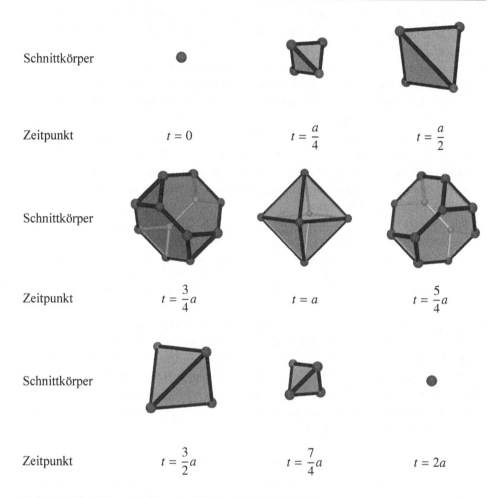

Schnittkörper		
Zeitpunkt	$t = 0$	$t = \dfrac{a}{4}$	$t = \dfrac{a}{2}$

Schnittkörper

| Zeitpunkt | $t = \dfrac{3}{4}a$ | $t = a$ | $t = \dfrac{5}{4}a$ |

Schnittkörper

| Zeitpunkt | $t = \dfrac{3}{2}a$ | $t = \dfrac{7}{4}a$ | $t = 2a$ |

Abb. 7.6 Schnittkörper des Hyperwürfels im zeitlichen Verlauf mit $v = 1$

7.5   Klein-Artikel und die Schulmathematik

In diesem Klein-Artikel lassen sich Leitlinien aufzeigen, die Klein seinem Buch „Elementarmathematik vom höheren Standpunkte aus" zugrunde gelegt hat (siehe 7.2)

- *Die Bedeutung der Anschauung:* Dieser Aspekt ist zentral und grundlegend bei einem letztlich nicht in unserer (dreidimensionalen) Welt wohl aber in der mathematischen Welt existierenden 4D-Hyperwürfel. Neben dem handlungsorientierten Umgang mit physikalischen 3D-Modellen, ikonischen und symbolischen Darstellungen lassen sich insbesondere dynamische interaktive digitale Schrägbilddarstellungen in Wechselbeziehung zum Realmodell sehen. Dabei sind Analogiebetrachtungen zwischen 3D und 4D-Darstellungen – etwa bei den Würfelschnitten – ein wichtiges Konzept der Veranschaulichung.

- *Innermathematische Vernetzung:* Die rein symbolische Behandlung der Problemstellung auf Koordinatenebene in Abschnitt 7.2 führt auf die Verallgemeinerung des Koordinatenkonzepts und mündet schließlich in eine visuell graphische Darstellung von Würfeln beliebiger Dimension. Dabei treten fortwährend Wechselbeziehungen zwischen geometrischen und analytischen Überlegungen auf. Viele der visuell oder durch Analogieschlüsse gewonnenen Ergebnisse lassen sich durch kombinatorische Überlegungen beweisen. An vielen Stellen können elementargeometrische Überlegungen oder Kenntnisse aus der analytischen Geometrie genutzt werden, um experimentell gewonnene Hypothesen zu überprüfen.

- *Anwendungsorientierung:* Sie tritt bei diesem Klein-Artikel nicht direkt auf. Eine prototypische neuere Anwendung der hier aufgeführten Überlegungen ergibt sich aber bei der Analyse von sog. Quasikristallen im Rahmen der klassischen Kristallographie. So lassen sich die erst 1984 entdeckten aperiodischen Kristallstrukturen durch Projektionen eines regelmäßigen Gitters auf einen niedriger-dimensionalen affinen Unterraum beschreiben.

- *Typisch mathematische Denk- und Arbeitsweisen:* Beim Arbeiten mit 4D-Hyperwürfeln wird fortwährend die grundlegende Idee der Analytischen Geometrie angewandt, die Wechselbeziehung von geometrischen und analytischen Überlegungen und Darstellungen. Dabei stellt die Betrachtung von Würfelschnitten erhöhte Ansprüche an das räumliche Vorstellungsvermögen und die Fähigkeit zur Analogiebildung. Schließlich werden in vielfacher Weise funktionale Zusammenhänge aufgrund elementargeometrischer Überlegungen analytisch erfasst.

Diese Leitlinien sind im heutigen Mathematikunterricht uneingeschränkt gültig und spiegeln sich auch in den KMK-Standards wider. Das Ziel des Ansatzes von Klein ist es nun *nicht*, Lehramtsstudierenden diese Leitlinien an Inhalten der Schulmathematik aufzuzeigen oder über Schulinhalte auf einer Meta- oder didaktischen Ebene – also vom höheren Standpunkt aus – zu reflektieren oder zu diskutieren. Vielmehr sollen Lernende diese Leitlinien dadurch erkennen, dass sie in authentischer Weise die – für die damalige Zeit – aktuelle Mathematik kennenlernen. Die Schulmathematik ist zwar – hinsichtlich des Themenbereichs – der Ausgangspunkt für Kleins Überlegungen, sie wird dann aber in die Hochschulmathematik eingebettet.

Für den Lehramtsstudierenden bedeutet dies aber, dass der Transfer der Überlegungen Felix Kleins auf die Schulmathematik oder gar das Unterrichten von Mathematik von den Studierenden selbst geleistet werden muss. Insbesondere bedarf es der didaktischen Reduktion – oder auch Transposition – um die Ideen Felix Kleins im Mathematikunterricht aufleuchten zu lassen. Die Elementarmathematik im Sinne von Felix Klein und damit auch die Klein-Artikel müssen somit einerseits als eine Möglichkeit und Chance der persönlichen Wissenserweiterung der Studierenden angesehen werden, andererseits können sie aber auch durch die Wechselbeziehung mit didaktischen Überlegungen zu Unterrichtselementen im Mathematikunterricht werden. Darin liegt die Chance Universitätsmathematik und Inhalte der Schulmathematik wieder stärker miteinander in Beziehung zu setzen.

Literatur

Allmendinger, H. (2011). Elementarmathematik vom höheren Standpunkt – Eine Begriffsanalyse in Abgrenzung zu Felix Klein. In Haug, R., Holzäpfel, L (Hrsg.). *Beiträge zum Mathematikunterricht 2011.* 51–54.

Allmendinger, H. (2012). „Hochschulmathematik versus Schulmathematik in Felix Kleins Elementarmathematik vom höheren Standpunkte aus". In Ludwig, M., Kleine, M. (Hrsg.) *Beiträge zum Mathematikunterricht 2012.* 69–72.

Fraedrich, A. M. (1981). *Möglichkeiten zur Konstruktion der einfachsten vierdimensionalen Körper aufgrund von geeigneten Analogien (Teile I und II).* math. did. 4, S. 1–20 und S. 65–88.

Glaser, H., Weigand, H.-G. (2006). Schnitte durch schöne Körper, *Der Mathematikunterricht 52*(3), 3–14.

Graumann, G. (2009). Spate in drei und mehr Dimensionen. *Der Mathematikunterricht 55*(1), S. 16–25.

Klein, F. (1908, 1933[4]). *Elementarmathematik vom höheren Standpunkte aus*, Teil I. Arithmetik, Algebra, Analysis. Berlin: Springer.

Klein, F. (1909, 1925[3]). *Elementarmathematik vom höheren Standpunkte aus*, Teil 2. Geometrie. Berlin: Springer.

Klein, F. (1902, 1928[3]). *Elementarmathematik vom höheren Standpunkte aus*, Teil 3. Präzisions- und Approximationsmathematik. Berlin: Springer.

Krüger, K. (2000). Erziehung zum funktionalen Denken, Berlin: Logos.

Leuders, T. (2003). *Raumgeometrie mit dem Computer – Schülerprojekte in 2 bis 5 Raumdimensionen.* In Bender, P. (Hrsg.) Lehr- und Lernprogramme für den Mathematikunterricht, Hildesheim: Franzbecker, 105–111.

Leuders, T. (2003). *Vom räumlichen Sehen zu Projektionen.* Mathematiklehren 119, S. 52–56.

Neubrand, M. (1985). *Mehrdimensionale Würfel: Verallgemeinern und Veranschaulichen.* math. did. 8, 123–139.

Rowe, D. E. (2013). Mathematical models as artefacts for research: Felix Klein and the case of Kummer surfaces. Math. Semesterberichte 60, 1–24.

Ruppert, M. (2010). Würfelbetrachtungen. Drei Wege zu höheren Dimensionen. Der Mathematikunterricht 56(1), 34–53.

Tobies, R (1981). Felix Klein. Leibzig: Teubner.

Entdecken und Beweisen als Teil der Einführung in die Kultur der Mathematik für Lehramtsstudierende

8

Rolf Biehler und Leander Kempen

Zusammenfassung

In diesem Artikel wird ein neues Veranstaltungskonzept vorgestellt, welches für Lehramtsstudierende des Bachelorstudiengangs für Haupt- und Realschulen entwickelt wurde und das den Einstieg in die universitäre Mathematik durch aktives Forschen und Entdecken erleichtern soll. Exemplarisch wird das Thema Beweisen als Problem in der Übergangsphase zwischen Schule und Hochschule aufgegriffen, zusätzlich werden Konzepte und Ergebnisse von Studien vorgestellt, die begleitend zur Lehrveranstaltung durchgeführt wurden.

8.1 Einleitung

Die Erforschung der Problematik des Übergangs Schule-Hochschule, im Zusammenhang mit Unterstützungsangeboten für Studierende, ist zu einem der zentralen Bemühungen hochschuldidaktischer Forschung geworden. Zahlreiche Initiativen (etwa die Mathematik-Kommission Übergang Schule-Hochschule der Verbände MNU, GDM und DMV, Tagungen (etwa die zweite Arbeitstagung des Kompetenzzentrums Hochschuldidaktik Mathematik) und diverse Publikationen (Biehler et al. 2012b, Bausch et al. 2013) belegen diese aktuelle Fokussierung. Neben den mathematischen Vor- und Brückenkursen, die immer flächendeckender an Universitäten angeboten werden (Bausch et al. 2013, S. 1 ff.), entstehen neue Konzeptionen für fachmathematische Erstsemesterveranstaltungen, die den Studierenden den Einstieg in die universitäre Mathematik erleichtern sollen (etwa Schichl und Steinbauer 2009). Als besondere Herausforderung wird hier das Beweisen betrachtet: Während in der Mathematik, welche in der Schule praktiziert wird, das formale Argumentieren und Beweisen nur eine untergeordnete Rolle spielt (Meyer und Prediger 2009, S. 1), wird dem Beweis, als zentrales Werkzeug der Wissenschaft Mathematik, in der universitären Lehre ein hoher Stellenwert beigemessen. Nicht verwunderlich ist es daher, dass sich Bemühungen im Übergang Schule-Hochschule in besonderer Weise auf das Beweisen richten und Lehrveranstaltungen mit diesem speziellen Fokus neu konzipiert werden (etwa Grieser 2013).

8.2   Die Veranstaltung „Einführung in die Kultur der Mathematik"

8.2.1   Ausgangspunkt und Ziele der Lehrveranstaltung

Die seit dem Wintersemester 2011/2012 gültige neue Studienordnung für das Bachelorstudium für Lehrkräfte an Haupt- und Realschulen sieht eine neue Lehrveranstaltung (2 + 2 SWS) mit dem Titel „Einführung in die Kultur der Mathematik" vor. Diese Lehrveranstaltung wird im WS 2013/14 zum dritten Mal durchgeführt. Sie wurde vom erstgenannten Autor neu konzipiert und mit dem zweitgenannten Autor weiterentwickelt, dessen Dissertationsprojekt im Rahmen dieser Veranstaltung angesiedelt ist. Als Forschungs- und Entwicklungsprojekt ist es im Kontext der Arbeitsgruppe 5 (E-Learning in Mathematik und mathematische Vor- und Brückenkurse) des Kompetenzzentrums Hochschuldidaktik Mathematik (www.khdm.de) angesiedelt.

Die besondere Herausforderung bei der Konzipierung dieser Lehrveranstaltung bestand darin, den Begriff der „Kultur der Mathematik" für die spezifische Adressatengruppe geeignet zu interpretieren. Lehramtsstudierende im Haupt- und Realschulbereich, deren Fachausbildung üblicherweise in den Händen der Mathematikdidaktiker liegt, werden während ihres Studiums normalerweise nicht in dieselbe Kultur der Mathematik sozialisiert, wie Gymnasiallehramtsstudierende, die zunächst in dieselbe Kultur eingeführt werden wie die Studierende des Studiengangs Bachelor Mathematik.

Im Zentrum der Veranstaltung steht die Einführung in die Kultur der Wissenschaft ‚Mathematik' und die Hinführung zu der Art des Mathematiktreibens, wie sie an einer Universität betrieben wird. Es sollen prozesshafte Aspekte der Mathematik betont werden, „Mathematik als Tätigkeit" soll ebenso berücksichtigt werden, wie „fertige Mathematik". Es stellt sich allerdings die Frage, wie diese Thematiken für die angesprochene Zielgruppe entwickelt werden können?

Als Kultur der Mathematik interpretieren wir in diesem Fall eine aktive Form von mathematischen Denk- und Arbeitsweisen. In prozesshaften, mathematischen ‚Forschungsprojekten' sollen (am Beispiel der elementaren Zahlentheorie) Hypothesen gebildet, Vermutungen überprüft und Argumentationsketten aufgebaut werden. Formen des Begründens und Beweisens sollen thematisiert und ihre Bedeutung innerhalb der Mathematik reflektiert werden. Am Ende solcher Prozesse steht dann mathematisches Wissen in Form von Sätzen. Damit gehört zu einer „Kultur der Mathematik" auch das mathematisch korrekte Aufschreiben von Sätzen und Beweisen mit Hilfe der formalen Sprache und in einer logischen Genauigkeit, die sich von schulischen Darstellungsweisen unterscheidet und hier thematisiert werden muss.

Bei der Neukonzipierung der Lehrveranstaltung konnte auf Erkenntnisse der Projekte VEMINT (www.vemint.de) und dem BMBF geförderten hochschuldidaktischen Projekt „Lehrinnovationen in der Studieneingangsphase Mathematik im Lehramtsstudium – Hochschuldidaktische Grundlagen, Implementierung und Evaluation" (LIMA) (www.lima-pb-ks.de) aufgebaut werden. Im universitätsübergreifenden Projekt „Virtuelles Eingangstutorium für MINT-Fächer" (VEMINT) werden interaktive Lernmaterialien für mathematische Vor- und Brückenkurse konzipiert, entsprechende Kurse durchgeführt und evaluiert. Aus verschiedenen Evaluationsstudien (etwa Fischer 2014) konnten spezielle fachliche Problembereiche des Übergangs Schule-Hochschule abstrahiert werden, die konstituierend für die inhaltliche Gestaltung der Lehrveranstaltung sind (vgl. Abschnitt 8.2.2). Darüber hinaus werden die thematisch passenden Lernmodule aus dem VEMINT Material innerhalb dieser neuen Veranstaltung den Studierenden ergänzend zum Selbststudium zur Verfügung gestellt.

Im LIMA-Projekt wurde die Studieneingangsphase bei Lehramtsstudierenden evaluiert (Motivation, Lernstrategien, Wissenstand, etc.) und verschiedene Lehrinnovationen erprobt (vgl. Biehler et al. 2012a und 2012c). Für die Veranstaltung „Einführung in die Kultur der Mathematik" wurde das hier entwickelte Konzept der Tutorenschulung übernommen, sowie die Leitung von Übungsgruppen durch Tutorentandems beibehalten. Darüber hinaus erfuhren die Tutoren weitere Unterstützung bezüglich ihrer Korrekturtätigkeit (Korrekturhinweise, Nachkorrektur und Rückmeldungen durch Mitarbeiter) und methodische und inhaltliche Hinweise für die Gestaltung der Übungsgruppen. Für die Studierenden wurden Sprechzeiten im ‚Mathe-Treff' eingerichtet, bei denen ihnen Tutoren der Veranstaltung für Fragen zur Verfügung standen. Das hochschuldidaktische Konzept der eTutoren[1] soll im nächsten Durchgang der Veranstaltung mit einbezogen, die Nutzung von Facebook als Forum für die Studierenden (vgl. Kempen 2013) beibehalten werden.

8.2.2 Die Inhalte der Lehrveranstaltung im Überblick

Inhaltlich ist die Veranstaltung in sechs Kapitel gegliedert: (1) Entdecken und Beweisen in der Arithmetik, (2) Figurierte Zahlen, (3) Beweisen mit vollständiger Induktion, (4) Aussagen, logisches Schließen und Beweistypen, (5) Gleichungen lösen und logisches Schließen und (6) Funktionen und Abbildungen. Die Inhalte der Kapitel werden im Folgenden kurz dargestellt:

Im ersten Kapitel wird das Entdecken und Beweisen an einfachen zahlentheoretischen Aufgaben thematisiert. Aussagen werden überprüft, dabei die Bedeutung von Beispielen thematisiert und logische und psychologische Aspekte unterschieden. Psychologisch können mehr als ein passendes Beispiel die (subjektive) Überzeugung verstärken, dass eine

---

1 Vergleiche: http://www.uni-paderborn.de/universitaet/bildungsinnovationen/elearning-etutoren/

Aussage richtig ist, wobei es logisch betrachtet egal ist, wie viele korrekte Beispiele man gefunden hat. Diese Unterscheidung bereitet die Überleitung zu verschiedenen Methoden der Verifikation: Generische Beweise an konkreten Zahlenbeispielen und an konkreten Punktmustern und „formale Beweise" mit Algebra oder an „allgemeinen Punktmustern" (vgl. Abschnitt 8.3). Unter dem Begriff „generischer Beweis" wird den Studierenden eine Begründungsform vermittelt, in der eine Argumentationskette zur Verifikation einer Aussage zunächst an einem konkreten Beispiel entwickelt wird, diese aber anschließend begründet verallgemeinert werden kann (vgl. Abschnitt 8.3). Im Kontext dieser Verifikationen wird auch die Kompetenz gefördert, Variable angemessen im Rahmen formaler Beweise zu nutzen. Im zweiten Kapitel bieten figurierte Zahlen (Dreieckszahlen, Quadratzahlen, Sechseckzahlen, etc.) weitreichende Möglichkeiten zum weiteren Forschen, Entdecken und Begründen: Regeln für einzelne Punktmuster können erkannt und verallgemeinert werden. Auch gilt es, Bezüge zwischen den verschiedenen figurierten Zahlen zu entdecken und algebraisch und geometrisch zu begründen (vgl. Abschnitt 8.3.2). Die Beziehung zwischen rekursiven und expliziten Formeln für die figurierten Zahlen herzustellen und zu begründen liefert einen natürlichen Einstieg in Beweise mittels vollständiger Induktion, welche im dritten Kapitel behandelt werden. Im vierten Kapitel wird die mathematische Logik thematisiert: Aussagen, Verknüpfungen von Aussagen, ihre Negationen und Wahrheitswerte führen zu den verschiedenen Beweistypen direkter Beweis, Beweis durch Widerspruch und Beweis durch Kontraposition. Dieses ist ein Standardstoff einführender Kurse. Hier wird er aber im Kontext konkreter Beweisaufgaben aus der elementaren Zahlentheorie thematisiert und nicht als abstrakter „Vorkurs formale Logik". Die beiden letzten Kapitel führen Themenbereiche fort, die bereits in der Schule behandelt worden sind: Gleichungen, Abbildungen und Funktionen werden exemplarisch auf einem höheren logischen und formalen Niveau behandelt als in der Schule üblich. Über den Begriff der Lösungsmenge wird ein Exkurs zur mathematischen Mengenlehre motiviert, über den sich die Thematik der Äquivalenzumformungen vertiefend behandeln lässt. Lineares und exponentielles Wachstum werden mit Hilfe von Folgen und Funktionen simultan behandelt und Voraussetzungen für zentrale Kovariations-Grundvorstellungen allgemein begründet: Zu gleichen Zuwächsen gehören gleiche Zuwächse bzw. gleiche Wachstumsfaktoren.

8.2.3 Entdecken, Begründen und Mathematik darstellen – Die Einstiegsaufgabe und ihre impliziten Anforderungen an die Studierenden

An der folgenden Beispielaufgabe, entnommen dem ersten Kapitel, verdeutlichen wir die Aspekte des Beweisens, die in der Vorlesung explizit thematisiert und nicht nur praktiziert werden. Das Ziel ist – bewusster als in Mathematikvorlesungen üblich – soziomathematische Normen zu konstituieren (Yackel und Cobb 1996) und nicht nur Mathematik, sondern auch Metawissen (über Mathematik) zu thematisieren (Arbeitsgruppe Mathematiklehrerbildung, 1981). Zu Beginn der Veranstaltung wird mit der Aussage: *„Jemand* behauptet: *Die Summe von drei aufeinanderfolgenden natürlichen Zahlen ist durch 3 teilbar. Stimmt das?"* ein ,Forschungsprozess' initiiert. Zunächst wird diese Frage bearbeitet und beantwortet, anschließend wird „nach Mathematikerart" verallgemeinernd die Frage aufgeworfen, ob auch die Summe von 2 aufeinanderfolgenden Zahlen durch 2, die Summe von 4 aufeinanderfolgenden Zahlen durch 4 teilbar ist usw. Abschließend steht die Frage, für welche k die Summe von k aufeinanderfolgenden Zahlen durch k teilbar ist. (Die Antwort ist, dass die Teilbarkeit genau für ungerade k gilt). In einer logischen Analyse werden die einzelnen Bestandteile der Behauptung (Wortvariablen, implizite ,Für-alle-Aussage', etc.) herausgearbeitet. Für die Überprüfung von Aussagen werden den Studierenden explizit drei verschiedene Strategien vorgestellt: Das Testen der Aussage an Zahlenbeispielen, „generische Beweise" und Beweisen durch algebraische Umformungen. Die Umsetzung und Aussagekraft dieser drei Strategien werden an der Ausgangsfrage exemplarisch vorgeführt und explizit reflektiert. Das Testen an Beispielen wird positiv gewertet, um überhaupt eine Vorstellung darüber zu erhalten, was eine Behauptung besagt und ob diese vielleicht wahr sein könnte. Logisch gesehen muss betont werden, dass noch so viele Beispiele nicht ausreichen, um eine mathematische Allaussage über unendlich viele Fälle zu begründen, auch wenn die psychologische Überzeugung, ob ein Theorem gilt, dadurch erhöht werden kann. Ebenso ist es logisch überflüssig, eine bewiesene Behauptung an Beispielen zu verifizieren. Die Überprüfung an Beispielen kann aber eine Kontrolle für die algebraischen Umformungen sein, die psychologische Sicherheit erhöhen und zum subjektiven Verständnis beitragen. Mit dieser Unterscheidung von „logisch" und „psychologisch" versuchen wir einen anderen Weg zu gehen, als in vielen Brückenkursen, die einseitig die logische Seite betonen. Bei der sich anschließenden Frage, ob die Summe von 4 aufeinanderfolgenden Zahlen immer durch 4 teilbar ist, wird die logische Rolle eines Gegenbeispiels thematisierbar. Schon ein Gegenbeispiel zeigt auf, dass die Allaussage nicht gelten kann. Das ist zunächst intuitiv plausibel. Im Sinne einer prozesshaften Darstellung von Mathematik schließen wir die Frage an: Gibt es Fälle, in denen die Summe doch durch 4 teilbar ist? Unter welchen Bedingungen? Oder gilt, dass die Summe nie durch 4 teilbar ist (das erweist sich dann als richtig). Auch hierbei müssen Logik und Psychologie ausbalanciert werden. Die weitere Verallgemeinerung führt schließlich, nach einem entsprechenden Beweis, zu dem Satz, dass die Summe von k aufeinanderfolgenden natürlichen Zahlen genau dann durch k teilbar ist, wenn k eine ungerade Zahl ist.[2]

Die Einstiegsaufgabe (s. o.), deren Beweis man als Mathematiker in 2 Zeilen formulieren kann, hat zahlreiche Hürden für unsere Studierenden. Solch eine Aufgabe könnte prinzipiell auch im Schulunterricht vorkommen. Beispielsweise verwenden Blum und Leiß (2006) ähnliche Beispiele, um das Begründen und Argumentieren in der Sekundarstufe I (!) zu thematisieren. Die Autoren sprechen statt von generischen Beweisen von „paradigmati-

---

2   Beweisidee durch eine generische Überlegung, die die Idee der „mittleren Zahl" verallgemeinert: Für ungerade k ist die Summe $\left(n - \frac{k-1}{2}\right) + \cdots + (n-1) + n + (n+1) + \cdots + \left(n + \frac{k-1}{2}\right) = k \cdot n$ immer durch k teilbar. Für gerade k ist die Summe $\left(n - \left(\frac{k}{2} - 1\right)\right) + \cdots + (n-1) + n + (n+1) + \cdots + \left(n + \left(\frac{k}{2} - 1\right)\right) + \left(n + \frac{k}{2}\right) = k \cdot n + \frac{k}{2}$ nie durch k teilbar.

schen Beweisen". Unser Eindruck ist aber, dass solche Aufgaben kaum einem Studierenden aus der Schule vertraut sind. Studierende könnten bei dieser Aufgabe mit Wortvariablen argumentieren, indem sie von der „mittleren Zahl" ausgehen und argumentieren Mittlere Zahl − 1 + Mittlere Zahl + Mittlere Zahl + 1 = 3 · Mittlere Zahl. Dieses Produkt ist „offensichtlich" ein Vielfaches von 3. Malle (1993) hat schon vor vielen Jahren vorgeschlagen, den Schülerinnen und Schülern in der Sekundarstufe I den Sinn von Variablen − gleichsam „metatheoretisch" − dadurch zu verdeutlichen, dass man mit diesen mathematische Sachverhalte allgemein begründen kann. Bei einem in diesem Sinne gestalteten Algebraunterricht könnte man auf Argumentationen wie „$n + (n + 1) + (n + 2) = 3n + 3 = 3(n + 1)$ das ist ‚offensichtlich' eine durch 3 teilbare Zahl" hoffen. Es gibt aber wenige Indizien, dass diese Erkenntnisse auf einer praktischen und einer metatheoretischen Ebene bei unseren Studierenden bereits verfügbar sind.

Daher sind obige Aspekte geeignet, um in der Lehrveranstaltung thematisiert zu werden, und zwar in doppelter Hinsicht. Für Bachelorstudierende der Fachmathematik ist es wichtig, eine Brücke von der Schulmathematik in die Hochschulmathematik zu finden. Für Lehramtsstudierende kommt hinzu, dass sie nicht einfach schulische Begründungsformen „vergessen" sollen; vielmehr müssen verschiedene Begründungsformen unterschieden und in ihrer fachlichen und didaktischen Tragweite beurteilt werden können. Das ist ein weiterer gewichtiger Grund, in unserer Lehrveranstaltung auch nicht-formale Begründungsmuster zu thematisieren.

In der Mathematikdidaktik werden seit vielen Jahren, vor allem für den schulischen Bereich, „alternative" Beweiskonzepte unter dem Namen „inhaltlich-anschaulicher Beweis" (Wittmann und Müller 1988), „präformaler Beweis" (Kirsch 1979), „operativer Beweis" (Wittmann 1985) und „generischer Beweis" (vgl. Abschnitt 8.3) diskutiert. In der Didaktik werden diese Beweisformen einerseits scharf gegen eine rein induktive Argumentationsform abgegrenzt, andererseits wird trotz unterschiedlicher Darstellungsformen dafür argumentiert, dass ein solcher Beweis als „vollgültiger mathematischer Beweis", was immer das ist, akzeptiert werden sollte. Hierin liegt insbesondere ein Potential für den nichtgymnasialen schulischen Bereich, wenn man im Sinne der Bildungsstandards dort die Kompetenz des mathematischen Argumentierens und Begründens fördern möchte.

Nachdem wir im ersten Durchgang der Veranstaltung zunächst als terminus technicus von „operativen Beweisen" gesprochen hatten, haben wir in den folgenden Durchgängen die Bezeichnungen „generischer Beweis" und „generische Beispiele" verwendet. Der Grund dafür war nicht nur, dass dieses in besserer Übereinstimmung mit internationalen Forschungen zu diesem Thema steht (etwa: Rowland 2002), sondern auch, dass unser Fokus auf der Betonung des Allgemeinen im Speziellen liegen sollte.

Im Falle der Beispielaufgabe wären Umformungen der Art

$$5 + 6 + 7 = (6 − 1) + 6 + (6 + 1) = 6 + 6 + 6 = 3 \cdot 6$$

$$10 + 11 + 12 = (11 − 1) + 11 + (11 + 1) = 11 + 11 + 11 = 3 \cdot 11$$

die Basis eines generischen Arguments, das durch die Aussage abgeschlossen wird, dass man diese Umformung „offensichtlich" mit jeder mittleren Zahl durchführen kann. Wichtig ist, dass die vorgenommenen Umformungen nicht von der speziellen Beispielzahl 6 bzw. 11 abhängen.

Das generische Beispiel kann man in diesem Fall „direkt" formalisieren:

$$(m - 1) + m + (m + 1) = 3 \cdot m$$

Als Vorteil der Formalisierung kann hier verdeutlicht werden, dass bei Umformungen mit Variablen nur solche Regeln angewendet werden, die auch für alle Zahlen gelten. Diese Aussage setzt natürlich eine fehlerfreie Anwendung des algebraischen Kalküls voraus. Dieses Vorgehen wird als eine mögliche Strategie zum Finden formaler Beweise herausgestellt. Als weitere Strategie wird das direkte „experimentelle" Umformen einer formalen Darstellung (ohne sich vorher mit Beispielen befasst zu haben) vorgestellt. So kann es zum Ziel führen, wenn man $n + (n + 1) + (n + 2)$ mit der Absicht umformt, am umgeformten Term die Teilbarkeit durch 3 zu erkennen, z. B. dann an $3n + 3$. Auch das ist eine basale mathematische Strategie. Wir haben aber nicht den Eindruck, dass dies im Schulunterricht hinreichend deutlich geworden ist.

In der Vorlesung unterscheiden wir weiterhin explizit die Verifikationsfunktion von der „Erklärungsfunktion" von Beweisen in Übereinstimmung mit der Literatur (Hanna 1990; de Villiers 1990). Ein Beweis antwortet auch auf die Frage, „warum" etwas gilt. Die Erklärungsfunktion hat sowohl eine logische, als auch eine psychologische Komponente. Ein generischer Beweis kann dabei durchaus eine höhere Erklärungsfunktion haben, als ein formaler Beweis. Die Erklärungsfunktion eines formalen Beweises kann damit verbessert werden, dass man die Argumentation an einem generischen Beispiel verdeutlicht.

Die Formalisierung wirft weitere Fragen auf. Wir thematisieren zwei mögliche Formalisierungen der Ausgangsfragestellung:

$$\text{Für alle } n \in \mathbb{N} \text{ gilt } n + (n + 1) + (n + 2) = 3n + 3 \tag{8.1}$$

$$\text{Für alle } m \in \mathbb{N} \setminus \{1\} \text{ gilt } (m - 1) + m + (m + 1) = 3m \tag{8.2}$$

Einhergehend mit der Formalisierung führen wir die Norm ein, bei der Nutzung von Variablen immer deren Grundmenge anzugeben. Diese recht simpel erscheinende Forderung wird keineswegs systematisch eingehalten (Schilberg 2012) und auch bei Bachelor- und Gymnasialstudierenden ist der Umgang mit Variablen im ersten Semester defizitär (Ostsieker und Biehler 2012). Hier muss ebenfalls eine logische von einer psychologischen Ebene unterschieden werden. Der Begriff der gebundenen Variablen muss in (8.1) und (8.2) thematisiert werden. Rein logisch gesehen hätte man die Aussage in (8.2) auch mit $n \in \mathbb{N}$ formulieren können, aus psychologischer Sicht ist die obige Darstellung günstiger, um die Beziehung der beiden Aussagen thematisieren zu können. Ebenso hätte man die Aussagen auch mit anderen Buchstaben als mit m und n formulieren können, „in der Mathematik" nutzt man für natürliche Zahlen aber oft diese Buchstaben. Es muss dennoch klar

werden, dass „letztlich" die angegebene Menge festlegt, für welchen Bereich die Variable
steht und nicht ihr Name. (So ist auch die Wahl von in der Analysis gebräuchlichen Symbolen willkürlich, es würde aber auch für Mathematiker ein Umdenken bedeuten, wenn man
ein Analysislehrbuch mit ganz anderen Variablenbezeichnungen als ε und δ umformulieren
würde.)

Die Beweise in Zusammenhang mit Teilbarkeitseigenschaften werfen noch auf einer
anderen Ebene Probleme für die Studierenden auf. In der elementaren Zahlentheorie wird
die *Teilbarkeit von a durch b (a, b $\in \mathbb{N}$)* bekanntlich definiert als

$$b|a \Leftrightarrow \text{Es gibt ein } q \in \mathbb{N}, \text{ so dass } b \cdot q = a \tag{8.3}$$

Ungerade wird definiert (entsprechend „gerade"):

$$n \in \mathbb{N} \text{ ist ungerade} \Leftrightarrow \text{Es gibt ein } m \in \mathbb{N}, \text{ so dass } n = 2m - 1 \tag{8.4}$$

Eine didaktische Entscheidung ist es, an intuitives Vorwissen der Studierenden über
gerade/ungerade und Teilbarkeit anzuknüpfen und nicht darauf zu bestehen, dass alle Aussagen über Teilbarkeit oder ungerade Zahlen aus den Definitionen (8.3) und (8.4) abgeleitet
werden müssen. (8.3) und (8.4) bekommen in der Vorlesung eher den Status eines Satzes,
dienen also als „hilfreiche Charakterisierungen", die helfen, mathematische Fragen klarer zu entscheiden. Die Teilbarkeitscharakterisierung (8.3) ist dabei eine in dieser Art für
die Studierenden völlig neue relationale Charakterisierung. Studierende würden von sich
aus die Teilbarkeit stärker prozedural definieren, also entweder als das „Aufgehen" ohne
Rest bei wiederholter Subtraktion von b ausgehend von a, oder auf der Basis der ihnen
bekannten Division in den rationalen Zahlen formulieren, dass b die Zahl a teilt, wenn die
Operation $a : b$ eine natürliche Zahl liefert.

Vorwissen zu akzeptieren bedeutet anzuerkennen, dass Studierende an $3n + 3$ und $3 \cdot$
$(n + 1)$ direkt die Teilbarkeit durch 3 ablesen, anstatt zu sagen, es existiert ein $q \in \mathbb{N}$,
so dass $3n + 3 = 3q$, nämlich $q = n + 1$. Die Tatsache, dass bei komplexeren Aufgaben
und Termen beim „direkten Ablesen" Fehler gemacht werden, kann genutzt werden, um für
Überprüfungen im Sinne von (8.3) oder (8.4) zu werben. Vorwissen zu akzeptieren bedeutet
auch, bei dem Term der Summe von 4 aufeinanderfolgenden Zahlen, $4n+6$, zu akzeptieren,
dass man die Nicht-Dividierbarkeit durch 4 „sieht", ohne dass man den Eindeutigkeits- und
Existenzsatz der Division mit Rest als Argument heranzieht ($4n + 6 = 4 \cdot (n + 1) + 2$, wobei
2 der eindeutig bestimmte Rest bei der Division durch 4 ist, also der Rest nicht (auch) 0
sein kann). Die – im Unterschied zu Bachelor-Mathematik-Vorlesungen – nicht ganz klar
festgelegte „Argumentationsbasis" macht in der Regel keine Probleme.

Im Sinne von Freudenthal (1973, S. 142) nehmen wir eine lokale Ordnung von Sätzen
vor. Eine globale systematisierende Ordnung, ausgehend von Definitionen und Axiomen,
haben wir für unsere Adressaten nicht angestrebt, auch wegen der engen zeitlichen Rahmenbedingungen.

Last but not least ist zu thematisieren, wie man mit dem Unterschied der Phasen des Entdeckens und Begründens umgeht. Im Sinne der modelhaften Vorstellung einer mathematischen Praxis, wurde in der Vorlesung zwischen „Entdeckungsnotizen" und der „Reinschrift" eines Theorems, einer Begriffsdefinition und eines Beweises unterschieden. In der „Reinschrift" werden höhere Anforderungen an die logische, formale und sprachliche Darstellung gestellt. Ferner wurde auf die psychologische Rolle der „Reinschrift" hingewiesen, da dabei Argumentationslücken entdeckt oder eine Präzisierung bzw. Elaboration von Argumenten vorgenommen werden muss. In den Übungsaufgaben wurden immer wieder „Entdeckungsnotizen" neben Reinschriften eingefordert, manche Studierendenreinschriften hatten – aus unserer Sicht – aber immer noch eher den Charakter von Entdeckungsnotizen.

8.3 Generische Beweise – Vertiefung

8.3.1 Zum Konzept eines generischen Beweises

In der internationalen Diskussion prägten Mason und Pimm (1984) im Kontext einer Verallgemeinerung von konkreten Beispielbetrachtungen den Begriff *generic example*. Sie bezeichnen einen Beweis, der zwar mit konkreten Zahlen anstatt mit Variablen geführt wird, aber Anspruch auf Allgemeingültigkeit hat, da keine individuellen Eigenschaften dieser Zahlen ausgenutzt werden, als *generic proof*. Blum und Leiß (2006, S. 37) sprechen hierbei später von einem *paradigmatischen Beweis*. Auch Balacheff (1988) benutzt den Begriff *generic example* für die Beschreibung einer Zwischenstufe, über die Schülerinnen und Schüler durch anschließende Dekontextualisierung, Depersonalisierung, Detemporalisierung und Formalisierung zum formalen Beweis gelangen können. Hierzu heißt es: „The generic example involves making explicit the reasons for the truth of an assertion by means of operations or transformations on an object that is not there in its own right, but as a characteristic representative of the class" (ebd., S. 219). Harel und Sowder (1998) identifizieren bei Schülerinnen und Schülern ein Beweisschema („proof scheme"), welches sie als *generic proof scheme* bezeichnen: „In a generic proof scheme, conjectures are interpreted in general terms but their proof is expressed in a particular context" (ebd., S. 271). Diese Idee der Reduktion der zu betrachtenden ‚Allgemeinheit' zu Beginn einer Beweiskonstruktion wurde auch auf die Hochschullehre übertragen (Bills und Rowland 1999, Leron und Zaslavsky 2009, Malek und Movshovitz-Hadar 2009 und 2011, Rowland 2002).

Mit unserem Konzept eines *generischen Beweises* ordnen wir uns in diese Denktradition ein: In einem konkreten Kontext können zugrunde liegende „Muster" erkannt werden, die dann begründet verallgemeinert und zum Beweisen einer Behauptung genutzt werden können. Eine Grundidee hierbei ist, das Beweisen und logische Schließen an „elementaren" Themenbereichen, in denen auch (anschauliche) generische Beweise möglich sind, zu thematisieren. Die Studierenden sollen die Erfahrung machen, dass Beweisen „Spaß" machen kann und ihre Selbstwirksamkeitserwartung, bezogen auf das Beweisen, verbessern.

8.3.2   Beispiele für generische Beweise in der Arithmetik mit Zahlen und Punktemustern

Die anschauliche Argumentation mit Punktmustern wird in der Arithmetik sowohl in der didaktischen Diskussion zum Beweisen (Blum und Leiß 2006), wie in Lehrbüchern zur Arithmetik für Lehramtsstudierende hervorgehoben (Padberg 1997). Das folgende Beispiel soll zeigen, dass die die Zahlenoperationen begleitenden generischen Argumente mitunter herausfordernd für Studierende sein können. Betrachten wir dazu die folgende Behauptung: Nimmt man eine beliebige natürliche Zahl und addiert dazu ihr Quadrat, dann ist diese Summe immer durch 2 teilbar. Es ist hier sowohl an konkreten Zahlenbeispielen, als auch an konkreten Punktmustern möglich, eine allgemeingültige Verifikation zu vollziehen.

Generischer Beweis
(an konkreten Zahlenbeispielen):

$$3 + 3^2 = 3 \cdot (1 + 3) = 3 \cdot 4 = 12 - \text{ist duch 2 teilbar}$$
$$4 + 4^2 = 4 \cdot (1 + 4) = 4 \cdot 5 = 20 - \text{ist duch 2 teilbar}$$
$$6 + 6^2 = 6 \cdot (1 + 6) = 6 \cdot 7 = 42 - \text{ist duch 2 teilbar}$$

Hier reicht das Durchführen der Operationen noch nicht aus. Um den generischen Beweis abzuschließen, muss eine Argumentation etwa der folgenden Art hinzukommen:

In den Beispielen erkennt man, dass man die Summe aus einer natürlichen Zahl und ihrem Quadrat immer als das Produkt von der Ausgangszahl und ihrem Nachfolger schreiben kann. Da bei zwei aufeinanderfolgenden natürlichen Zahlen immer genau eine Zahl gerade – also durch 2 teilbar – ist, muss auch deren Produkt immer durch 2 teilbar sein.

Dieser generische Beweis ist ein umgangssprachlich geführter Beweis mit generischen Wurzeln; die Argumentation hat ihren Ursprung in einem speziellen Kontext. Auch hier wäre es möglich, die Beweisidee direkt auf einen formalen Beweis zu übertragen. Studierende reichen hierzu unterschiedlichste Formulierungen ein und wir mussten Konzepte für eine differenzierte Bewertung entwickeln. Alternativ könnte auch an Punktemustern argumentiert werden (s. Abbildung 8.1).

8.3.3   Beispiele für generische Beweise im Kontext figurierter Zahlen

Bei der Betrachtung von Folgen geometrischer Punktmuster, sogenannter figurierter Zahlen, geht es zunächst um das Entdecken von geometrischen Mustern, die das Konstruktionsprinzip erkennen lassen. Punktmuster sind nun nicht Hilfsmittel zum Beweisen (wie in Abschnitt 8.3.1), sondern die Gegenstände, deren mathematische Eigenschaften untersucht werden sollen.

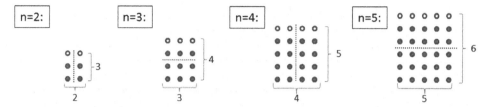

In den Beispielen erkennt man, dass man aus der Summe aus dem Quadrat einer Zahl und der Zahl selbst ein Rechteck bilden kann. Dabei ist eine Seitenlänge des Rechtecks immer gleich der Ausgangszahl, die andere Seitenlänge immer gleich der Ausgangszahl plus 1. Eine von beiden Seitenlängen muss also eine gerade Zahl sein. Daher lässt sich jedes dieser Rechtecke immer in zwei gleich große Abschnitte aufteilen.

Abb. 8.1 Generischer Punktmusterbeweis

Zwischen verschiedenen figurierten Zahlen werden Bezüge ausgemacht, die geometrisch und algebraisch begründet werden können. Hierbei gilt es wiederum, vom Speziellen aus zu verallgemeinern. Winter (2001) bezeichnet entsprechende Darstellungen als *geometrisch-anschauliche Beweise* (s. Abbildung 8.2 und 8.3): „Wer dagegen im sinnlich Wahrgenommenen etwas Gesetzhaftes, ein Muster, eine Struktur sieht […] für den ist das Bild nicht nur Träger einer unmittelbar erfassbaren Information, sondern ein Zeichen (eine Ikone), das über sich selbst hinausweist. Es wird mit dem geistigen Auge gesehen, dass das sichtbare Muster für jede beliebige Zahl n in genau derselben Weise hergestellt werden kann, auf jeden Fall in Gedanken, so dass es unerheblich ist, wie oft die Elemente des Musters in der Zeichnung faktisch auftreten." (Ebd., S. 63 f.). Die folgende Abbildung zeigt einen Zusammenhang zwischen Dreieckszahlen (D_n) und Quadratzahlen (Q_n) an einem konkreten Beispiel.

Diese Abbildung kann zu einem generischen Beweis ergänzt werden, indem man verdeutlicht, dass man D_{n-1} und D_n immer so zu einem Quadrat zusammensetzen kann, da die Kantenlänge von D_{n-1} um eins kürzer als bei D_n ist. Im Unterschied zu Winter erwarten wir von unseren Studierenden auch hier eine verallgemeinernde Argumentation, um einen generischen Beweis abzuschließen. In Analogie der Verwendung von Variablen in der Algebra wurde in der Vorlesung darüber hinaus eine neue „Zeichensprache" eingeführt, in der dann explizit mit „geometrischen Variablen" argumentiert werden kann (Abbildung 8.3). Für diesen Beweistyp wurde die Bezeichnung „Punktmusterbeweis mit geometrischen Variablen" eingeführt.

$$Q_4 = D_3 + D_4 :$$

Abb. 8.2 Der Zusammenhang zwischen Dreieckszahlen und Quadratzahlen.

Abb. 8.3 Der Zusammenhang zwischen Dreieckszahlen und
Quadratzahlen, Beweis mit
geometrischen Variablen.

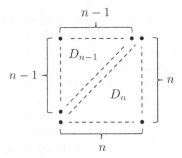

8.4   Generische Beweise in der Lehrveranstaltung: Studierendenkompetenzen

In der hier beschriebenen Lehrveranstaltung wurden den Studierenden generische Beweise
(im WS 2011/12 als „operative Beweise" bezeichnet) als eine valide Argumentationsme-
thode vorgestellt und diskutiert. Es wurde hierzu festgehalten, dass sich generische Beweise aufgrund der nicht notwendig formalen Darstellung als Argumentationsform besonders
auch für die Schule eignen. Im Kontext der universitären Mathematik wurden die Allgemeingültigkeit der innewohnenden Argumentationskette und die Möglichkeit, die Beweisidee zu abstrahieren und zu formalisieren, betont. Nach zwei abgehaltenen Vorlesungen
und einer Übungsgruppe sollten die Studierenden in ihrer ersten Hausaufgabe u. a. die folgende Aufgabe bearbeiten:

> Beweisen Sie die nachfolgende Behauptung mit einem generischen und einem for-
> malen Beweis. Formulieren Sie vor dem formalen Beweis zunächst die Behauptung
> mit Variablen: „Die Summe aus einer ungeraden natürlichen Zahl und ihrem Dop-
> pelten ist immer ungerade."

Eine mögliche Bearbeitung, die mit den sozio-mathematischen Normen der Veranstaltung im Einklang wäre, könnte wie folgt aussehen:

Generischer Beweis

$$1 + 2 \cdot 1 = 3 \cdot 1 = 3 \qquad 3 + 2 \cdot 3 = 3 \cdot 3 = 9 \qquad 5 + 2 \cdot 5 = 3 \cdot 5 = 15$$

Man erkennt, dass das Ergebnis immer das Dreifache der Ausgangszahl sein muss. Da das Produkt zweier ungerader natürlicher Zahlen immer ungerade ist, muss das Ergebnis ungerade sein.

Formaler Beweis

Behauptung: Für alle ungeraden natürliche Zahlen n gilt, dass die Summe $n + 2n$ immer ungerade ist.

Beweis: Sei n eine beliebige, ungerade natürliche Zahl. Dann gilt: $n + 2n = 3n$. Da das Produkt zweier ungerader natürlicher Zahlen ungerade ist, muss das Ergebnis immer ungerade sein.

Im Rahmen der Veranstaltung wurden verschiedene Teilstudien durchgeführt, um die Kompetenzentwicklung der Studierenden zu erfassen. Insbesondere wollten wir die Qualität selbstgefertigter generischer Beweise untersuchen. Die enttäuschenden Resultate des ersten Durchgangs, auf die wir im Folgenden näher eingehen werden, haben im zweiten Durchgang zu wesentlich ausführlicheren Besprechungen generischer Beweise geführt, insbesondere wurden klarere Normen dazu aufgestellt, „wann ein generischer Beweis ein generischer Beweis ist" – um eine Formulierung von Müller und Wittmann (1988) abzuwandeln.

Die Bearbeitungen der Studierenden wurden in den Wintersemestern 2011/12 und 2012/13 eingescannt und analysiert. Für die Analyse der generischen Beweise wurde das folgende Kategoriensystem entwickelt:

- E0: Der „generisch Beweis" beinhaltet Beispiele, die nicht zu der Behauptung passen.
- E1: Der „generische Beweis" besteht nur aus einer Verifikation durch verschiedene Beispiele, ohne dass allgemeingültige Prinzipien benannt werden.
- G1: In den Beispielen innerhalb des „generischen Beweises" werden allgemeingültige Operationen und Umformungen deutlich, welche allerdings nicht expliziert werden.
- G2: In den generischen Beweisen werden allgemeingültige Prinzipien deutlich, die benannt und in der folgenden Argumentation zum Beweisen der Behauptung genutzt werden.

Die Ergebnisse bezüglich dieser Kategorisierung waren in diesen zwei Jahrgängen wie folgt (s. Tab. 8.1).

Gaben im Wintersemester 11/12 noch 74 % der Studierenden ausschließlich Beispiele als generischen Beweis an (E0 + E1), waren es im Wintersemester 12/13 nur noch 32 %. Der Anteil von vollständigen Argumentationen zur Verifikation der gegebenen Behauptung ist dagegen von 11 % auf 42 % gestiegen. Diese Ergebnisse verdeutlichen die Probleme der Studierenden mit der Unterscheidung von generischen Beweisen und der Verifikation

Tab. 8.1 Ergebnisse der Kategorisierung der Bearbeitungen zum generischen Beweis

Kategorie	Häufigkeiten	
	WS 11/12 ($n = 53$)	WS 12/13 ($n = 114$)
E0	3 (6 %)	4 (4 %)
E1	36 (68 %)	32 (28 %)
G1	8 (15 %)	30 (26 %)
G2	6 (11 %)	48 (42 %)

durch einzelne Beispiele. Doch auch das Konzept des generischen Beweises als solches erscheint problematisch. Inwieweit sprachliche Hürden oder epistemologische Gründe dafür ausschlaggebend sind, gilt es noch zu erforschen.

8.5 Schlussbemerkung

Die Übergangsproblematik Schule-Hochschule stellt die Mathematikdidaktik vor besondere Probleme: Hier gilt es nicht nur, sich flexibel auf die Veränderungen im Kontext Schule einstellen zu können, sondern auch die normativen Ansprüche der Universitäten zu berücksichtigen. In diesem Kontext erscheint das Themenfeld Begründen und Beweisen im Übergang von der Schule zur Hochschule exemplarisch für die Problemlage zu stehen: Mathematik beinhaltet anschauliche und abstrakte Momente; Argumente befinden sich immer innerhalb einer lokal geordneten Theorie und weitergefasst innerhalb eines axiomatischen Systems; die Wissenschaft Mathematik ist in einem Prozess entstanden und wird stetig weiterentwickelt. Diese Aspekte gilt es in der Lehre zu berücksichtigen und zu lehren. Die Mathematik lässt sich nicht auf einige Aspekte reduzieren, sie ist eine ,Kultur' für sich.

Literatur

Arbeitsgruppe Mathematiklehrerbildung (Hrsg.). (1981). *Perspektiven für die Ausbildung der Mathematiklehrer*. Köln: Aulis.

Balacheff, N. (1988). Aspects of proof in pupils' practice of school mathematics. In D. Pimm (Hrsg.), *Mathematics, Teachers and Children* (S. 216–235). London: Hodder and Stoughton.

Bausch, I., Biehler, R., Bruder, R., Fischer, P., Hochmuth, R., Koepf, W., Schreiber S. & Wassong, T. (Hrsg.). (2013). *Mathematische Vor- und Brückenkurse: Konzepte, Probleme und Perspektiven*. Wiesbaden: Springer Spektrum.

Biehler, R., Hochmuth, R., Klemm, J., Schreiber, S. & Hänze, M. (2012a). Fachbezogene Qualifizierung von MathematiktutorInnen – Konzeption und erste Erfahrungen im LIMA-Projekt. In M. Zimmermann, C. Bescherer & C. Spannagel (Hrsg.), *Mathematik lehren in der Hochschule – Didaktische Innovationen für Vorkurse, Übungen und Vorlesungen* (S. 21–33). Hildesheim, Berlin: Franzbecker.

Biehler, R., Fischer, P., Hochmuth, R. & Wassong, T. (2012b). Mathematische Vorkurse neu gedacht: Das Projekt VEMA. In M. Zimmermann, C. Bescherer & C. Spannagel (Hrsg.), *Mathematik lehren in der Hochschule. Didaktische Innovationen für Vorkurse, Übungen und Vorlesungen* (S. 21–32). Hildesheim: Franzbecker.

Biehler, R., Hochmuth, R., Klemm, J., Schreiber, S. & Hänze, M. (2012c). Tutorenschulung als Teil der Lehrinnovation in der Studieneingangsphase „Mathematik im Lehramtsstudium" (LIMA-Projekt). In M. Zimmermann, C. Bescherer & C. Spannagel (Hrsg.), *Mathematik lehren in der Hochschule - Didaktische Innovationen für Vorkurse, Übungen und Vorlesungen* (S. 33–44). Hildesheim, Berlin: Franzbecker.

Bills, L. & Rowland, T. (1999). Examples, generalisation and proof. *Advances in Mathematics Education*, 1(1), 103–116.

Blum, W. & Leiß, D. (2006). Beschreibung zentraler mathematischer Kompetenzen. In W. Blum, C. Drüke-Noe, R. Hartung & O. Köller (Hrsg.), *Bildungsstandards Mathematik: konkret. Sekundarstufe 1: Aufgabenbeispiele, Unterrichtsanregungen, Fortbildungsideen* (S. 33–50). Berlin: Cornelsen Scriptor.

Fischer, P. (2014). *Mathematische Vorkurse im Blended Learning Format - Konstruktion, Implementation und wissenschaftliche Evaluation.* Heidelberg: Springer Spektrum.

Freudenthal, H. (1973). *Mathematik als pädagogische Aufgabe. Band 1.* Stuttgart: Klett.

Grieser, D. (2013). *Mathematisches Problemlösen und Beweisen. Eine Entdeckungsreise in die Mathematik.* Wiesbaden: Springer Spektrum.

Hanna, G. (1990). Some pedagogical aspects of proof. *Interchange, 21*(1), 6–13.

Harel, G. & Sowder, L. (1998). Students' proof schemes: Results from exploratory studies. *Research in Collegiate Mathematics Education* III, 7, 234–282.

Kempen, L. (2013). Das social network Facebook als unterstützende Maßnahme für Studierende im Übergang Schule Hochschule. Extended abstract zur zweiten Arbeitstagung des Kompetenzzentrum Hochschuldidaktik Mathematik. Online: https://kobra.bibliothek.uni-kassel.de/handle/urn:nbn:de:hebis:34-2013081343293

Kirsch, A. (1979). Beispiele für prämathematische Beweise. In W. Dörfler & R. Fischer (Hrsg.), *Beweisen im Mathematikunterricht* (S. 261–274). Wien: Hölder-Pichler-Tempsky.

Leron, U. & Zaslavsky, O. (2009). Generic proving: Reflections on scope and method. *ICMI study*, 19, 53–58.

Malek, A. & Movshovitz-Hadar, N. (2009). The art of constructing a transparent p-proof. In *Proceedings of the ICMI Study 19 Conference: Proof and proving in mathematics education* (Vol. 2, S. 70–75).

Malek, A. & Movshovitz-Hadar, N. (2011). *The effect of using transparent pseudo-proofs in linear algebra. Research in Mathematics Education*, 13(1), 33–57.

Malle, G. (1993). *Didaktische Probleme der elementaren Algebra.* Braunschweig: Vieweg.

Mason, J. & Pimm, D. (1984). Generic examples: Seeing the general in the particular. *Educational Studies in Mathematics*, 15, 277–289.

Meyer, M. & Prediger, S. (2009). Warum? – Argumentieren, Begründen, Beweisen. Praxis der Mathematik in der Schule, 51(30), 1–7.

Ostsieker, L. & Biehler, R. (2012). Analyse von Beweisprozessen von Studienanfänger/innen bei der Bearbeitung von Aufgaben zur Konvergenz von Folgen. *Beiträge zum Mathematikunterricht 2012*, 641–644). Münster: WTM-Verlag.

Padberg, F. (1997). *Einführung in die Mathematik. Bd. 1: Arithmetik.* Heidelberg: Spektrum Akademischer Verlag.

Rowland, T. (2002). Generic proofs in number theory. In S. R. Campbell & R. Zazkis (Hrsg.), *Learning and Teaching Number Theory* (S. 157–183). Westport, Connecticut: Ablex.

Schichl, H. & Steinbauer, R. (2009). *Einführung in das mathematische Arbeiten.* Heidelberg: Springer.

Schilberg, P. (2012). *Wie bearbeiten Erstsemester (HR) Beweisaufgaben? – didaktische Analyse von ausgewählten angegebenen Hausaufgaben.* (Erstes Staatsexamen [Hausarbeit]), Universität Paderborn.

de Villiers, M. (1990). The role and function of proof in mathematics. *Pythagoras*, 24, 17–24.

Winter, H. (2001). Die Summenformel für Quadratzahlen. *Mathematik lehren* (105), 60–64.

Wittmann, E. C. (1985). Objekte-Operationen-Wirkungen: Das operative Prinzip in der Mathematikdidaktik. *Mathematik lehren*, 3(11), 7–11.

Wittmann, E. C. & Müller, G. (1988). Wann ist ein Beweis ein Beweis? In P. Bender (Hrsg.), *Mathematikdidaktik: Theorie und Praxis* (S. 237–257). Berlin: Cornelsen.

Yackel, E. & Cobb, P. (1996). Sociomathematical norms, argumentation, and autonomy in mathematics. *Journal for Research in Mathematics Education*, 458–477.

Schulmathematik und Universitätsmathematik: Gegensatz oder Fortsetzung? Woran kann man sich orientieren?

9

Michael Neubrand

Zusammenfassung

Um über Gemeinsamkeiten und/oder Unterschiede zwischen der Mathematik am Gymnasium bzw. an der Universität nachdenken zu können, braucht es einige Orientierungsmarken: Worum geht es in den beiden Institutionen und im Fach an diesen Institutionen? Was bedeutet es, dass es um Lernsituationen geht? – Es geht also um die Frage, inwieweit man zwischen Schul-„Mathe" und Universitätsmathematik Gegensätze anerkennen muss oder Gleichheiten erkennen kann, und inwiefern man demnach den Übergang gestalten kann.

Es ist keineswegs selbstverständlich, dass an der Schule (dem Gymnasium) und an der Universität „die gleiche" Mathematik stattzufinden hat. „Mathematik" soll es natürlich an beiden Orten sein, aber sind nicht die Funktionen so spezifisch, die Rahmenbedingungen so unterschiedlich, die Ziele vielleicht sogar unvereinbar, so dass sich ein unüberlegtes Urteil, es müsse doch einfach nur alles angepasst werden, schnell als Illusion herausstellen könnte? Andererseits ist dieser Problemkreis nicht auf wenigen Seiten vollständig zu bearbeiten. Daher folgen in diesem Beitrag Skizzen dazu, welche Fragen man stellen kann und sollte, mit welchen Bedingungen man zu rechnen hat und welche Schlussfolgerungen ggf. zu ziehen sind in Hinblick auf die „Gestaltung" – bewusst nicht „Vereinfachung" oder „Glättung" – des Übergangs Schule-Universität.

9.1 Worum geht es in Gymnasium und Universität?

Vorab kann festgehalten werden: Das Gymnasium ist bis zum Abitur immer noch eine allgemeinbildende Schule, die Universität dient gleichermaßen der spezialisierten Berufsausbildung, aber eben auch einer emanzipatorisch orientierten und in den gesellschaftlichen

Dienst genommenen wissenschaftlichen Orientierung. Beides hat aber vielfältige Facetten, und beides hat gesellschaftliche und mathematikdidaktische Wurzeln und Implikationen.

9.1.1 Auf der gesellschaftlichen Ebene

Was man vernünftigerweise von einer allgemeinbildenden Schule erwarten kann, worin ihre Funktionen, ihre Stärken und ihre Möglichkeiten liegen, wurde in der Expertise, die 1997 für das auch heute noch aktive Projekt SINUS („Steigerung der Effizienz des mathematisch-naturwissenschaftlichen Unterrichts") angefertigt wurde, so umrissen:

> Die strukturelle Stärke der Schule liegt zweifellos in der Organisation systematischer, langfristiger Wissenserwerbsprozesse [...]. [...] Regulative Idee des Schulunterrichts ist der langfristige kumulative Wissenserwerb unter Nutzung variierender, wenn möglich auch authentischer Anwendungssituationen, bei einer bei einer immer wieder neu zu findenden Balance zwischen Kasuistik und Systematik. [...] Akzeptiert man diese bildungstheoretische Orientierung, wird die allgemeinbildende Schule von überzogenen Transfererwartungen und Ansprüchen an unmittelbare Verwendbarkeit erworbenen Wissens, die immer wieder enttäuscht werden, entlastet. (BLK 1997, S. 19–20)

Projiziert man diese Sichtweise auf die Aufgaben der Universität, spezifischer auf das Studium der Mathematik an der Universität, etwa im Lehramtsstudiengang für das Gymnasium oder in der Fach-MA-Ausbildung, dann kann man grob umreißen, was die Universität von den Abiturienten erwarten kann, und was man anderseits nicht erwarten sollte.

Der Gedanke, dass Schule „systematisch – langfristig – kumulativ" zu wirken hat, erlaubt es, seitens der Universität wirklich mit Nachdruck zu verlangen, dass aus der Schule stabiles Grundwissen kommt. Aber aus welchen Bestand-teilen dies im Einzelnen besteht, ist nach wie vor offen. Es darf sich jedenfalls nicht nur um Faktenwissen handeln und nicht nur um sonst nicht weiter verständnisvoll vernetztes Verfahrenswissen, nimmt man die BLK-Expertise und auch die neuen Bildungsstandards für die Abiturstufe beim Wort (siehe unten).

Der komplementäre Gedanke, dass Schule nicht auf eine „unmittelbare Verwendbarkeit" zielt, ist aber ebenso zu bedenken: Die Universität kann demnach nicht erwarten, dass aus der Schule spezielles technisches Wissen kommt, das schnell und direkt einsetzbar wäre. Allerdings gehört die Offenheit und Fähigkeit, sich solches Wissen produktiv anzueignen, sehr wohl zum Bestand der schulischen Ausbildung. Die letzte größere Expertise zu den Funktionen des Abiturs (KMK, 1995) subsummiert dies unter Studienvorbereitung und wissenschaftlicher Orientierung, und in der BLK-Expertise (BLK, 1997) wird diesbezüglich auf die Notwendigkeit selbstregulierten Lernens hingewiesen.

Die sog. G-8-Reformen am Gymnasium, also die Verkürzung der Zeit, die sich Schülerinnen und Schüler mit Mathematik auseinandersetzen können, aber auch Tatsache, dass zunehmend Mathematik zwar als Kernfach, aber eben nur als eines von vielen, ggf. substituierbar, betrachtet wird, fordern die Universitäten didaktisch besonderes heraus. Ein

Teil der allgemeinen Wissenschaftsorientierung wird in das Aufgabenfeld der Universitäten übergehen müssen. Noch scheint es aber an Konzepten dafür zu fehlen.

9.1.2   Auf der mathematikdidaktischen Ebene

Dazu was am Gymnasium ein allgemeinbildender Mathematikunterricht leisten soll, kann man sich gut an Heymann (1996; vgl. aber auch Borneleit et al., 2001) orientieren. Demnach geht es um ein ganzes Spektrum zwar bestimmter, aber durchaus unterschiedlicher, komplementärer Ziele, die nicht nur zu postulieren sondern immer auch kritisch in ihrer Spannweite zu hinterfragen sind:

- „Lebensvorbereitung“: Es geht hier nicht nur um die unmittelbare Brauchbarkeit. Die Funktion der Mathematik ist, Modelle zu kreieren und bereitzustellen. Aber worauf können sich diese beziehen? Was heißt in diesem Zusammenhang „Leben“? Was bedeutet „Vorbereitet sein“? Welche Funktionen kommen der Aktivität des Modellierens beim Lernen zu und was charakterisiert diesen spezifischen mathematischen Zugang zur Realität?
- „Enkulturation“: Hier geht es um den Komplex der kulturellen Einbettung der Mathematik. Es geht um die historischen Fakten, vor allem aber um die weiteren Implikationen: Woher und von wem kommt etwas? Warum so früh, so spät? Unter welchen gesellschaftlichen und wissenschaftlichen Umständen?
- „Rational und kritisch sein“: Das ist eine unbestrittene Option des Mathematikunterrichts, aber diese Forderung enthält viel mehr hintergründige Fragen, als man gemeinhin stellt: Kann man überhaupt (in der Mathematik) rationales Denken lernen und auch noch auf andere Domänen übertragen? Welcher Erfahrungen, Anstöße und Reflexionen braucht es dazu?
- „Selbstentfaltung und reflektierte Distanz“: Auch hier stimmt man gern zu, und dennoch ist dialektisch zu fragen: Wie kann man individuelle Entfaltung im Mathematikunterricht herstellen? Welcher „Freiheit“ bedarf es dazu? Und welcher Einordnungen in Wissensbestände, Normierungen und Reflexionen? (vgl. Neubrand, 2000)

Das genannte Spektrum an Zielen kann auch man gut benutzen, um Ausrichtungen des Mathematikstudiums an der Universität zu beschreiben. Es gibt starke Analogien, freilich sind die Ziele und Funktionen an diesem anderen Ort inhaltlich anders auszudeuten:

- „Lebensvorbereitung“: Dieser allgemeine Gedanke gilt auch im Studium. Es wird damit die Notwendigkeit beschrieben, den Studierenden einen Grundbestand an geteiltem mathematischem Wissen bereitzustellen. Im sog. Service-Bereich liegt dies auf der Oberfläche, aber auch darüber hinaus ist dieses Ziel nicht zu vernachlässigen.
- „Enkulturation“: Hinsichtlich dieses Ziels werden an der Universität die gleichen Fragen gestellt wie an der allgemeinbildenden Schule, nur auf anderem wissenschaftli-

chen Niveau. Neben die historisch-faktische Dimension tritt dann vor allem die wissenschaftstheoretisch vertiefte Reflexion: Wo liegen Ursprünge, Zwecke, Entwicklungsperspektiven, Fortschritte und epistemologische Hindernisse (Sierpinska, 1985) bestimmter Thematiken? Wo und unter welchen Bedingungen, Umständen, Kontexten haben sie sich entwickelt? [Der Beitrag von Gregor Nickel in diesem Buch führt diesen und den im nächsten Punkt genannten Problemkreis weiter.]

- „rational und kritisch sein": Auch dieses Ziel gilt an der Universität. Aber es genügt nicht, „rational" zu sein, es muss für die Studierenden „explizit" gemacht werden, worauf Rationalität in Mathematik beruht, wie spezifisch sie dort zu verstehen ist, und inwieweit daraus überhaupt Transfer entstehen kann: Welcher Erfahrungen, Anregungen und Reflexionen im Studium braucht es dazu? Es ist wohl so, dass mit Blick auf dieses Ziel derzeit die größten hochschuldidaktischen Defizite bestehen.

- „Selbstentfaltung und reflektierte Distanz": Selbstverständlich ist auch dies ein Ziel im Universitätsstudium, aber in dem Sinne, dass es auch im Fachstudium Platz für Fragen der gesellschaftlichen Relevanz und Verantwortung geben muss. Hier ist die Grenze zwischen fachspezifischer Hochschuldidaktik, die lokales Verstehen in Gang zu setzen und zu begleiten beabsichtigt, und einem generellen Nachdenken darüber, welche persönlichkeitsbildenden, emanzipatorischen, gesellschaftliche Verantwortung und Partizipation stärkenden Funktionen ein Studium auch hat. Es ist dies offenbar ein ungelöstes Problem in der heutigen Universitäts- und Studienstruktur, erst Recht mit Blick auf die Ausgestaltung des Fachstudiums.

9.2   Was heißt „mathematisch arbeiten" (und wie man darüber reflektieren kann)?

Es mag überraschend erscheinen, dass ich zunächst einen Pädagogen und nicht einen Mathematiker zu dieser Frage zu Wort kommen lasse. Aber Lee Shulman, auf den sich fast alle neueren Studien zum professionellen Wissen von Lehrerinnen und Lehrern beziehen (ICMI-Study: Even und Ball, 2009; TEDS-M: Blömeke et al., 2010; COACTIV: Kunter et al., 2011), beschreibt, zwar fachunspezifisch aber präzise und vor allem multiperspektivisch, aus welchen Komponenten ein (nicht nur für Fach-Lehrerinnen und -Lehrer) vernünftiges Fachwissen bestehen soll. Und dies ist durch eine Sicht auf das Fach geprägt, die den Prozesscharakter des Entstehens fachlichen Wissens und Könnens (Neubrand, 1986, 2000) hervorhebt und zum Kern macht:

> To think properly about content knowledge requires going beyond knowledge of the facts or concepts of a domain. It requires understanding [...] both, the substantive and the syntactic structures. The substantive structures are the variety of ways in which the basic concepts and principles of the discipline are organized to incorporate its facts. The syntactic structure of a discipline is the set of ways in which truth or falsehood, validity or invalidity, are established. (Shulman, 1986)

Und selbst das, was Shulman über das fachdidaktische Wissen sagt, ist unabhängig von der Verwendung in pädagogischen Kontexten deutbar:

> Within the category of pedagogical content knowledge I include, the most useful forms of representation of a subject area's ideas, the most powerful analogies, illustrations, examples, explanations, and demonstrations – in a word, the ways of representing and formulating the subject that makes it comprehensible to others. (Shulman, 1986)

Shulmans Ideen müssen eigentlich „nur" – natürlich ist das keine triviale Aufgabe! – fachlich konkretisiert werden, um die Frage nach dem „mathematischen Arbeiten" auf der epistemologisch-philosophisch-historischen Ebene einzukreisen. Es entstehen dann diese Problemfelder, die in der Schule und an der Universität in der je eigenen Art und Weise anzugehen sind:

- Wie funktioniert Begriffsbildung? Abstraktion, Ideation, „Quotienten"-Bildung, ... sind derartige Mechanismen, die bewusst gemacht werden können, wann immer sie konkret vorkommen, und das tun sie vom ersten Semester an.
- Wie wird Mathematik „gesichert"? Durch Beweisen, aber auch durch Analogie, Plausibilität, Anschauung, ... Es geht also auch um die Fragilität, Kontextualität, Bedingtheit des mathematischen Arbeitens, denn „substantive" meint mehr als nur „Grundlagen".
- Was ist „Verstehen", „Verallgemeinern"? Welche Medien/Mittel hat man dazu? Wo kommt es konkret vor, wie bedingt das eine das andere?

An exemplarischen Stoffen sollte das alles sehr konkret dargestellt werden. Das kann in Schule und Hochschule gleichermaßen (ggf. an anderen Stoffen) geschehen. Wird dies wirklich eingelöst, dann könnte man von einer „Fortsetzung" von der Schul- zur Universitätsmathematik sprechen, andernfalls wird der „Gegensatz" weder deutlich. Etliche bearbeitete Beispiele solcher reflektierender Aktivitäten liegen vor:

- Begriffsbildung am Haus der Vierecke,
- Definieren an den besonderen Linien im Tetraeder (beides erwähnt in Neubrand 1986, im ersten Fall schulbezogen, im zweiten Fall auch in die höhere analytische Geometrie reichend),
- Vernetzen am Kugelvolumen von Archimedes bis zur Integration (ein klassisches Thema; vgl. z. B. Winter, 1989),
- Denkverbote aufheben in der Bruchrechnung (schulbezogen, von Heymann 1996 als Beispiel angeführt)
- und beim Funktionsbegriff (Etwa dies: Warum die Stetigkeit auf einmal problematisch wird und ein Begriff Exotisches produziert; vgl. z. B. Peiffer, 1994).
- Auch die „Schnittstellen-Aktivitäten" [Thomas Bauer, in diesem Buch] sind eine der vielen Möglichkeiten, mathematisches Arbeiten exemplarisch zu reflektieren.

In der konkreten mathematikdidaktischen Ausbildung wird man diese exemplarisch reflektierten Erfahrungen über mathematisches Arbeiten auch benennen und in zusammenhängende Fragestellungen (z. B. „Kompetenzen") einordnen, um sie auch so zu erschließen (und zu Gegenständen von Lehrgängen zu machen):

- Variieren (Schupp, 2002),
- „Lokales Ordnen" (Freudenthal, 1973; siehe unten),
- Verallgemeinern,
- Problemlösen (aber mit Reflexion! vgl. die klassischen Arbeiten von George Polya u. v. a. m.),
- Modellieren (aber „abstrakt" – d. h. immer für mehr als eine Situation, daher immer mit freien Parametern, und „analytisch" – d. h. auf das Entdecken der kritischen Stellen aus.).

Um es an einem Beispiel konkret zu machen: Einsicht in mathematisches Arbeiten zu geben, bedeutet, die tatsächlichen Prozesse sichtbar werden zu lassen, die bei der Entstehung eines Stücks Mathematik auftreten. Das sind keineswegs die logischen Überlegungen, die abschließend der Kanonisierung dieses Wissens dienen. Niemand konnte das lebendiger schildern als Hans Freudenthal:

> Ein mathematischer Text kann mit Axiomen anfangen, weil er fertige Mathematik ist. Mathematik als Tätigkeit kann es nicht. Im Allgemeinen ist, was wir betreiben, wenn wir Mathematik schaffen und anwenden, eine Tätigkeit lokalen Ordnens. Anfängern ist überhaupt nicht mehr gegeben. Lokales Ordnen ist nicht etwa eine unerlaubte oder unehrliche Tätigkeit. Es ist die allgemein akzeptierte Einstellung des erwachsenen Mathematikers […], wenn er auch solche Übungen nicht veröffentlichen würde. Innerhalb eines der Axiomensysteme der Geometrie zu operieren, ist viel zu mühselig; […] Da wird der Beweis ersetzt durch die Überzeugung, dass es schon gehe, aber kaum der Mühe wert sei. Man ist mit dem lokalen Ordnen bis zu einem wechselnden Horizont von Evidenz zufrieden. (H. Freudenthal, 1973, Band 2, S. 426)

Aber diese wechselnden Horizonte von Evidenz sind deutlich zu machen (oder überhaupt erst einmal zuzulassen als Bestandteile der wissenschaftlichen Kommunikation über ein Thema, sagen wir in einer Vorlesung). Es ist daher unreflektiert und kein Ausweis der Schulung mathematischen Arbeitens, den Studierenden zu sagen, „Alles geht jetzt ohne Voraussetzungen von vorn an!" Es ist hingegen wohlbegründet, zu sagen „Aus guten Gründen genügt uns jetzt dieses nicht mehr, sondern wir steigen nun um auf jenes". Der klassische Fall kann schon im ersten Semester eintreten: Aus guten Gründen wird von einem „naiven", d. h. genauer, in bestimmten Kontexten möglicherweise dennoch angemessenen, Limes-Begriff zur Epsilontik von Cauchy weiter gegangen; es ist dann zu thematisieren, warum man das tut, welche Vorteile es hat, welche Konsequenzen man sich damit einhandelt und welche Optionen sich eröffnen.

9.3 Welches eigene Recht hat das Lernen (an Schule und Universität)?

Über verständnisvolles Lernen weiß die Mathematikdidaktik viel, ohne die offenen Fragen zu ignorieren. Kompakt zeigt eines der jüngeren Ergebnisse auf wesentliche Einflussfaktoren, die aus dem Unterrichtsgeschehen selbst kommen:

Nach COACTIV (Baumert et al., 2010, Kunter et al., 2011) wirkt das professionelle Wissen der Lehrerinnen und Lehrer, und zwar das Fachwissen nicht als solches, sondern deutlich moderiert durch das spezifische mathematikdidaktische Wissen, tatsächlich positiv auf den Lernfortschritt der Schülerinnen und Schüler (von Klasse 9 zu Klasse 10). Es kommt auf das Ausmaß an kognitiver Aktivierung an, und zwar sind es, um genauer zu sein, diese Einflüsse: Je mehr „begriffliche", d. h. gezielt mathematische Vernetzungen anregende Aufgaben im Unterricht gestellt werden, je mehr inner-mathematisches Problemlösen angesprochen, und je stärker auf Argumentieren geachtet wird, desto größer ist der Lernfortschritt. Die Lehrerinnen und Lehrer können also durch ihr professionelles Wissen und Können einen Mathematikunterricht gestalten, der sich positiv auf das Lernen der Schülerinnen und Schüler auswirken kann.

Hat das Konsequenzen für den Unterricht in Mathematik an der Universität? Dort bedeuten „begriffliche" Aufgaben, dass man sich nicht allein auf Prozeduren, Rechnungen, gelernte und anzuwendende Verfahren verlassen kann, sondern dass Vernetzungen herzustellen, Zusammenhänge klar zu machen, Begriffe auszunützen sind. Inner-mathematisches Modellieren und Problemlösen bedeutet im Kontext der universitären Lehre, verstärkt das Arbeiten an offenen Problemsituationen in den Lehrbetrieb einzubringen [vgl. z. B. das Oldenburger Projekt von Daniel Grieser in diesem Buch]. Argumentieren zu verstärken sollte geradezu ein Pleonasmus an der Universität sein, aber es ist nicht selbstverständlich, argumentieren bewusst zu machen mit den vielen Facetten und Niveaus, die dazu gehören.

Kurzum, wie für die Schule kann man auch für die Universität eine „erweiterte Aufgabenkultur" einfordern, wie es in den auf die Bildungsstandards des Mittleren Schulabschlusses bezogenen Publikationen immer wieder betont wird (Blum et al, 2006; ursprünglich schon in BLK, 1997). Das hieße, dass eine sich entwickelnde Hochschuldidaktik der Mathematik vordringlich an Erweiterungen (und nachkommenden Evaluationen) des Aufgaben-Spektrums z. B. in den Anfängerveranstaltungen arbeiten sollte (vgl. z. B. Ableitinger und Herrmann, 2011).

9.4 Was sagen die neuen Bildungsstandards für das Abitur in Mathematik?

In den neuen Bildungsstandards Mathematik für die Allgemeine Hochschulreife (KMK, 2012) gibt es Licht und Schatten gleichermaßen. Positiv zu vermerken ist, dass nun gleichberechtigt zu den Beschreibungen der Inhalte die Prozess-Komponenten der Mathematik gesehen werden: Problemlösen, modellieren, argumentieren, Mathematik betreiben. Andererseits scheint es aber so, dass fast ungebrochen das „literacy"-Konzept der Sekundarstufe-I übernommen wird. Dieses fokussiert zu sehr auf die ausschließlich an der Außenwelt festgemachte Realitätsorientierung des Mathematikunterrichts, so dass die beiden anderen Säulen „Wissenschaftspropädeutik" und „Studienvorbereitung" kaum zum Vorschein kommen. Diese sind, gemeint als Grund-Dispositionen, im Abitur-Gutachten der KMK (KMK, 1995) als Richtschnur ausgewiesen.

In der Folge findet man daher in den Abitur-Bildungsstandards zu wenig Fokus auf Begriffsbildung, eine Tendenz, die schon bei den Bildungsstandards für Sekundarstufe-I sichtbar gemacht werden konnte (J. Neubrand und Ulfig, 2007). Um auf dieses Defizit hinzuweisen finden sich bereits im erläuternden Text zu den Bildungsstandards für die Sekundarstufe-I (Blum et al., 2006; siehe dort Kap. 2, Vorbemerkung: Allgemeine Kompetenzen und mathematisches Arbeiten) Hinweise darauf, dass eine allzu einseitige Aufgaben-Orientierung ergänzt werden muss durch Verweise auf allgemeine Ziele und Haltungen, die im Mathematikunterricht jenseits des Bearbeitens von Aufgaben anzustreben sind. Dabei werden genannt (Blum et al., 2006, S. 33 ff.):

1. elementare Fertigkeiten im flüssigen und flexiblen Umgehen mit Zahlen, Größen, geometrischen Objekten („Wie geht das?").
2. langfristig angelegte inhaltliche Vorstellungen zu mathematischen Begriffen und Verfahren („Was bedeutet das?").

Dazu kommen exemplarisch ausgewählte typische und für Mathematik spezifische Arbeits- und Denkhaltungen, wie etwa:

3. „Substitutionsidee"/„hierarchisches Denken": anstelle des einen mathematischen Gegenstands einen anderen einsetzen können. Das tritt vielgestaltig auf: Statt einer Zahl auch das Ergebnis einer Rechnung oder einen Funktionswert verwenden; eine Figur als Teilfigur einer komplexeren sehen; statt eines Schritts in einem Algorithmus eine Subroutine einsetzen; innerhalb einer Argumentationskette auf etwas schon Bewiesenes zurückgreifen; usw.
4. Mathematik ist immer „allgemein", „strukturell", sowohl innerhalb der Mathematik als auch beim Erschließen der Wirklichkeit durch Mathematik: „Mathematik bringt gedankliche und begriffliche Ordnung in die Welt der Phänomene" (nach Freudenthal, 1983); mathematischen Tätigkeiten wie präzisieren, ordnen, klassifizieren, definieren, strukturieren, Zusammenhänge herstellen, verallgemeinern, usw. sind in allen Kompetenzbereichen auszubilden.

Die Stärken und Schwächen der neuen Abitur-Bildungsstandards machen erneut deutlich, worauf die Mathematik an der Universität besonders zu achten hat:

• Allgemeine Denkhaltungen wie hierarchisches Denken, analytische Intentionen, die selbstverständliche Suche nach Gründen und Zusammenhängen, ein Verständnis von

Stimmigkeit für den Aufbau eines Begriffssystems, usw. sind von Grund auf aufzubauen und zu kultivieren.

- Beweisen als unverzichtbares Instrument der Mathematik kann nicht einfach auf einem schulisch gut vorbereiteten Substrat wachsen, sondern muss neu thematisiert werden, auch was Fragen der sprachlichen Formulierung und die kritische Einstellung zur Schlüssigkeit mathematischer Argumentationen betrifft.

- Dass „Anschaulichkeit" etwas kognitiv Anspruchsvolles ist, wird man wohl ebenfalls zunehmend erst an der Universität erfahren, wenn Begriffsbildungsaktivitäten in der Schule weniger betont werden. Wie sehr Anschauung und vertieftes mathematisches Verstehen aufeinander angewiesen sind, hat Heinrich Winter (1997) betont: „Besteht das Vorwissen lediglich in Alltagswissen, so kann die Wahrnehmung realer Phänomene in aller Regel nur die Oberfläche der Dinge erfassen. Eine bestimmte Art von tieferem Verständnis unserer Welt wird möglich, wenn das Anschauungsvermögen durch mathematische Tätigkeiten sublimiert worden ist." (Winter, 1997, S. 29) Das Anschauungsvermögen mittels mathematischer Begrifflichkeit zu fördern sei daher eine Hauptaufgabe der Allgemeinbildung im Mathematikunterricht.

Man sollte den derzeitigen Zustand der Bildungsstandards aber nicht als den Endzustand der schulischen Ausbildung am Gymnasium betrachten. Vielmehr liegen genau hier, nämlich im Einfordern allgemeiner Haltungen zur Mathematik auch schon auf dem Gymnasium, die Felder, wo sich die Universitätsmathematik weit mehr engagieren sollte, als in Hinweisen, es könne doch der eine oder andere Gegenstand „auch noch" oder „unbedingt" behandelt werden.

9.5 Die gemeinsame Verantwortung der abgebenden und der aufnehmenden Institutionen

Den Übergang vom Gymnasium zur Universität zu gestalten, fordert beide Institutionen heraus. Beide haben Verpflichtungen, die den Blick auf die jeweils andere Institution voraussetzen. In beiden Institutionen sind es aber nicht die kurzfristigen Maßnahmen oder gar gegenseitige Forderungen, die wirken, sondern – beispielsweise entlang der hier diskutierten „Orientierungen" – die langfristig zu verstehenden Reflexionen über die je eigene Aufgabe.

Die Schule hat ein Bring-„Commitment": Sie ist im Mathematikunterricht mehr, als man sich derzeit wohl bewusst macht, auf das Systematische auszurichten. Das Lernen muss seinen essentiell kumulativen Charakter behalten gegenüber dem nur Episodischen, in das man bei einer allzu starken Aufgaben-Orientierung abdriften kann. Nur gut vernetztes Grundwissen gilt als „intelligent" (Stern, 2009). Und die Schule muss die fundamentalen Ideen und Denkweisen des Faches so zur Geltung bringen, wie es ihr möglich ist (und das erfordert andere Zugänge als es die Universität kann).

Die Universität hingegen hat gleichzeitig ein Abhol-„Commitment": Sie darf nicht so tun, als beginne nun „alles von vorn und ohne Voraussetzungen". Lernen und Lehren hat sein eigenes Recht, nämlich aus der Bedingtheit des Vorwissens heraus zu agieren. Das hat für den Universitätsunterricht zur Konsequenz:

- Anerkennung des Vorwissens;
- aber ggf. eben auch systematische Aufarbeitung der Elemente des Vorwissens, die noch nicht genügend ausgebildet sind – jenseits eines Fachliche-Wissenslücken-Schließens;
- gut gestaltete Eigentätigkeit für die Studierenden;
- tiefere fachliche Reflexion in den Lehrveranstaltungen, die auch allgemeine Fragen des mathematischen Arbeitens und seiner Bedingungen umfasst.

Beide Arten eines „Commitments" sind erforderlich, gestärkt durch den Dialog über Konzepte und ihre Reflexion, aber auch durch den Austausch von Beispielen gelungener Aktion, wie etwa bei Beutelspacher & al. (2011) dargestellt.

Literatur

Ableitinger, C. & Herrmann, A. (2011). *Lernen aus Musterlösungen zur Analysis und Linearen Algebra: Ein Arbeits- und Übungsbuch*. Wiesbaden: Vieweg+Teubner / Springer.

Baumert, J., Kunter, M., Blum, W., Brunner, M., Voss, T., Jordan, A., Klusmann, U., Krauss, S., Neubrand, M. & Tsai, Y. (2010). Teachers' Mathematical Knowledge, Cognitive Activation in the Classroom, and Student Progress. *American Educational Research Journal 47 (1)*, 133–180.

Beutelspacher, A., Danckwerts, R. & Nickel, G. (2011). *Mathematik Neu Denken. Empfehlungen zur Neuorientierung der universitären Lehrerbildung im Fach Mathematik für das gymnasiale Lehramt*. Bonn: Deutsche Telekom Stiftung.

BLK (Hrsg.). (1997). *Gutachten zur Vorbereitung des Programms „Steigerung der Effizienz des mathematisch-naturwissenschaftlichen Unterrichts"* (Materialien zur Bildungsplanung und Forschungsförderung, Heft 60). Bonn: Bund-Länder-Kommission für Bildungsplanung und Forschungsförderung.

Blömeke, S., Kaiser, G. & Lehmann, R. (Hrsg.). (2010). *TEDS-M 2008: Professionelle Kompetenz und Lerngelegenheiten angehender Mathematiklehrkräfte für die Sekundarstufe I im internationalen Vergleich*. Münster: Waxmann.

Blum, W., Drüke-Noe, Ch., Hartung, R. & Köller, O. (Hrsg.). (2006). *Bildungsstandards Mathematik: konkret. Sekundarstufe I: Aufgabenbeispiele, Unterrichtsanregungen, Fortbildungsideen*. Berlin: Cornelsen.

Borneleit, P., Danckwerts, R., Henn, H.-W. & Weigand, H.-G. (2001). Expertise zum Mathematikunterricht in der gymnasialen Oberstufe. *Journal für Mathematik-Didaktik 22 (1)*, 73–90.

Even, R. & Ball, D. L. (Eds.). (2009). *The professional education and development of teachers of mathematics. The 15th ICMI Study* (New ICMI Study Series, Vol. 11). Berlin, Heidelberg, New York: Springer.

Freudenthal, H. (1977). *Mathematik als pädagogische Aufgabe* (Bd. 1 und 2). Stuttgart: Klett.

Freudenthal, H. (1983). *Didactical phenomenology of mathematical structures*. Dordrecht: Kluwer.

Heymann, H. W. (1996). *Allgemeinbildung und Mathematik*. Weinheim: Beltz.

Kultusministerkonferenz – KMK (Hrsg.). (1995). *Weiterentwicklung der Prinzipien der gymnasialen Oberstufe und des Abiturs: Abschlussbericht der von der Kultusministerkonferenz eingesetzten Expertenkommission*. Bonn: KMK.

Kultusministerkonferenz – KMK (Hrsg.). (2003). Bildungsstandards im Fach Mathematik für den Mittleren Schulabschluss (Beschluss vom 4.12.2003). http://www.kmk.org/fileadmin/veroeffentlichungen_beschluesse/2003/2003_12_04-Bildungsstandards-Mathe-Mittleren-SA.pdf

Kultusministerkonferenz – KMK (Hrsg.). (2012). *Bildungsstandards im Fach Mathematik für die Allgemeine Hochschulreife* (Beschluss der Kultusministerkonferenz vom 18.10.2012). http://www.kmk.org/fileadmin/veroeffentlichungen_beschluesse/2012/2012_10_18-Bildungsstandards-Mathe-Abi.pdf

Kunter, M., Baumert, J., Blum, W., Klusmann, U., Krauss, S. & Neubrand, M. (Hrsg.).(2011). *Professionelle Kompetenz von Lehrkräften – Ergebnisse des Forschungsprogramms COACTIV*. Münster: Waxmann.

Neubrand, J. & Ulfig, F. (2007). Nachgelesen: Der vierdimensionale Würfel – Begriffsbildungsprozesse in den Bildungsstandards. In A. Peter-Koop & A. Bikner-Ahsbahs (Hrsg.), *Mathematische Bildung – mathematische Leistung*. Hildesheim: Franzbecker.

Neubrand, M. (1986). Aspekte und Beispiele zum Prozeßcharakter der Mathematik. *Beiträge zum Mathematikunterricht 1986*, S. 25–32.

Neubrand, M. (2000). Reflecting as a Didaktik construction: Speaking about mathematics in the mathematics classroom. In I. Westbury, S. Hopmann & K. Riquarts (Eds.), *Teaching as a reflective practice: The German Didaktik tradition* (pp. 251–265). Mahwah, NJ: Erlbaum.

Peiffer, J., Dahan-Dalmédico, A., Volkert, K. & Laugwitz, D. (1994). *Wege und Irrwege – eine Geschichte der Mathematik*. Basel: Birkhäuser.

Schupp, H. (2002). *Thema mit Variationen oder Aufgabenvariation im Mathematikunterricht*. Hildesheim: Franzbecker.

Shulman, L. S. (1986). Those who understand: Knowledge growth in teaching. *Educational Researcher, 15 (2)*, 3–14.

Sierpinska, A. (1985). La notion d'obstacle épistémologique dans l'enseignement des mathématiques. In J. de Lange (Ed.), *Mathématiques pour tous – à l'âge de l'ordinateur. Proceedings of the 37th Meeting of the CIEAEM, Leiden (The Netherlands), Aug. 1985* (pp 73–95). Utrecht: Vakgroep OW & OC, Rijksuniversiteit.

Stern, E. (2009). Intelligentes Wissen als der Schlüssel zum Können. *Beiträge zum Mathematikunterricht 2009*. 57–64.

Winter, H. (1989). *Entdeckendes Lernen im Mathematikunterricht: Einblicke in die Ideengeschichte und ihre Bedeutung für die Pädagogik*. Braunschweig, Wiesbaden: Vieweg.

Winter, H. (1997). Mathematik als Schule der Anschauung oder: Allgemeinbildung im Mathematikunterricht des Gymnasiums. In R. Biehler & H.-N. Jahnke (Hrsg.), Mathematische Allgemeinbildung in der Kontroverse: *Materialen eines Symposiums am 24. Juni 1996 im ZiF der Universität Bielefeld*. (IDM – Occasional Paper 163) (S. 27–68). Bielefeld: Institut für Didaktik der Mathematik.

Mehr Ausgewogenheit mathematischer Bewusstheit in Schule und Universität

10

Rainer Kaenders, Ladislav Kvasz und Ysette Weiss-Pidstrygach

Zusammenfassung

Probleme Studierender mit mathematischen Inhalten zu Beginn ihres Studiums werden häufig nur im Hinblick auf das Vorhandensein oder Fehlen erwarteter Fertigkeiten diskutiert. Wir plädieren dafür, die vorhandene mathematische Bildung der Studienanfängerinnen und -anfänger in den Blick zu nehmen und die Veränderungen aus der Perspektive mathematischer Bewusstheit zu betrachten. Anhand der Aspekte eines Vortrags von Otto Toeplitz entwickeln wir einen Vorschlag, wie eine größere Ausgewogenheit mathematischer Bewusstheit in der Anfangsphase des Mathematikstudiums geschaffen werden kann.

10.1 Einleitung

„Aber das haben Sie doch schon in der Schule gehabt!", so oder ähnlich hören sich manche Universitätslehrende in den MINT-Fächern ausrufen, wenn sie wieder mal feststellen, dass die mathematische Vorbildung der Studierenden des ersten Semesters zu wünschen übrig lässt. Doch die jungen Studierenden haben dieses Studium nicht zuletzt deshalb gewählt, weil Mathematik ihnen in der Schule keine Mühe, ja vielleicht Freude und Erfolgserlebnisse bereitet hat. Dozentinnen und Dozenten schätzen an ihrer eigenen mathematischen Arbeit, dass sie dort eigene Beobachtungen machen, ihren eigenen Fragen nachgehen, dass sie neue Theorien aus Büchern und von Kollegen lernen und sich ihren mathematischen Problemen auf die unterschiedlichsten Weisen nähern. Sie können ihren eigenen Gedanken nachgehen. Mathematik kann nur, wer sich gerne mit ihr beschäftigt.

Eine naheliegende Reaktion der Lehrenden, die Voraussetzungen der Studierenden zu verbessern, ist die Formulierung von Listen von Fertigkeiten und Aufgabentypen, die beherrscht werden müssen. Es werden Eingangstests geplant und spezielle Tutorien sollen dafür sorgen, dass die Studierenden erwartete und vorausgesetzte Fertigkeiten automatisiert beherrschen. Dies führt leicht zu einer Ausrichtung der Klausuren am Abtesten von Rechenalgorithmen und an auswendig gelerntem mathematischen Vokabular. Unserer Erfahrung nach fallen die Klausuren zu den Anfängervorlesungen in den Grundvorlesungen zur Infinitesimalrechnung und Linearen Algebra häufig trotzdem schlecht aus.

1928 hat der Mathematiker Otto Toeplitz (1928) auf der *99. Versammlung deutscher Naturforscher und Ärzte zu Hamburg* einen bemerkenswerten Vortrag gehalten mit dem Titel „Die Spannungen zwischen den Aufgaben und Zielen der Mathematik an der Hochschule und an der höheren Schule." Wir lassen uns von diesem Vortrag bei der Betrachtung von Fragen zum Übergang Schule-Universität leiten. Wenn Toeplitz von Mathematikstudierenden spricht, meint er künftige Lehrerinnen und Lehrer – damals war die Schule für etwa 95 % der Studierenden der Mathematik das angestrebte Berufsbild. Doch seine Analyse der Situation ist allgemein der heutigen Situation an vielen Universitäten nicht unähnlich.

Die wesentlichen Beteiligten des ersten Semesters des Systems Universität sind die Lehrenden und die Gesamtheit der Erstsemesterstudierenden. Vereinfachende quantitative Einschätzungen aufgrund von Klausuren sind daher naheliegend.

Aus Entwicklungsperspektive hingegen ist die Bewertung eines Endzustands ohne Einbeziehung der Anfangsbedingungen unbefriedigend. Der Berufsausbildung entlehnte Trainingsmaßnahmen, wie Hörsaalübungen, zeigen das Bemühen der Lehrenden, Rückmeldungen der Studierenden in die Auswahl der Inhalte mit einzubeziehen. Eine weitere, weit verbreitete Maßnahme, auch die Entwicklungen mathematischer Fertigkeiten in die Beurteilung mit einzubeziehen, besteht in begleitenden Evaluierungen durch die Bewertung der Übungsaufgaben und der gezeigten Beteiligung in den Übungen während des Semesters. Schon Toeplitz hat dieses *Problem* angesprochen und einen Übungsbetrieb empfohlen (und seinerzeit in Bonn auch durchgeführt), bei dem die persönliche Betreuung der Studierenden bei eigenständiger Arbeit eine zentrale Stelle in der Lehre und für die Prüfung eingenommen hat.

Im heutigen Übungsbetrieb ist das Bemühen, sich am individuellen Wissensstand der Studienanfängerinnen und -anfänger zu orientieren und individuelle mathematische Bildung und Interessen der Studierenden einzubeziehen, eher von Seiten der Studierenden durch begleitende Anleitung (bedingt geschulter) studentischer Übungsleitungen zu beobachten. Peer Teaching, Gruppenarbeit und internetbasierte individuell gefundene Hilfestellungen finden dabei Anwendung. Letztere Herangehensweisen hängen stark vom Standort und von sich kurzfristig ergebenden Faktoren ab.

Im Folgenden sollen Formen und Inhalte begleitender Anleitung stärker aus der Perspektive der Lehrenden, der Instruktion und Stoffauswahl betrachtet werden. Im Bereich der Lern- und Lehrtheorien führt dies zu Konzepten der Zone der nächsten Entwicklung und Scaffolding (Chaiklin 2003 und Kozulin et al. 2003).

Dabei interessieren uns folgende Fragen: Von welchem Stand mathematischer Bewusstheit kann zu Studienbeginn ausgegangen werden und wo kommen in den Vorlesungen des ersten Jahres mathematische Denk- und Arbeitsweisen zum Zuge, die Aufschluss über vorhandene mathematische Kenntnisse, Fertigkeiten und Herangehensweisen geben? An welcher Stelle knüpfen die Universitätslehrenden bei der mathematischen Bildung ihrer Studierenden an?

Unser Ansatz zur Beschreibung der Probleme des Übergangs von der Schule zur Hochschule besteht darin, die Perspektive mathematischer Bewusstheit einzunehmen. Dies gestattet uns, die Aufmerksamkeit von Merkmalslisten vorhandener mathematischer Grundkenntnisse und zu konstruierenden Wissens auf mathematische Herangehensweisen, Entwicklungsmöglichkeiten und ein breites, komplexes Verständnis mathematischer Entwicklung zu lenken. Im Unterschied zur resultatorientierten Perspektive des Wissensaufbaus und der Kalkülbeherrschung problematisiert der Begriff der mathematischen Bewusstheit einen Reifungsprozess. Die Unterscheidung verschiedener Qualitäten mathematischer Bewusstheit hilft die gleichzeitige, sich gegenseitig beeinflussende Entwicklung verschiedener mathematischer Konzeptualisierungen und Verinnerlichungen mathematischer Darstellungen zu erfassen, welche zusammen mit vorhandenen Fertigkeiten mathematische Herangehensweisen, Sichtweisen und Tätigkeiten ermöglichen.

Entwicklung mathematischer Bewusstheit misst sich weniger an der Herausbildung isolierter mathematischer Fertigkeiten als an der Breite möglicher mathematischer Fragestellungen und Entwicklungsmöglichkeiten. In Abschnitt 10.2 erläutern wir, wie wir mathematische Bewusstheit im Kontext des Übergangs von Schule zur Universität verstehen. In Abschnitt 10.3 betrachten wir speziell die Probleme der Lehre der Infinitesimalrechnung anhand der von Toeplitz schon 1928 angesprochenen Problemfelder. Im letzten Abschnitt stellen wir dann unseren konstruktiven Lösungsansatz vor: Ausgewogenheit Mathematischer Bewusstheit als A & O.

10.2   Ausgewogenheit mathematischer Bewusstheit

Wenn wir Mathematik betreiben, werden uns viele Dinge bewusst, abhängig davon, wer wir sind, was wir zuvor erlebt und erkannt haben, in welchem kulturellen und sozialen Umfeld wir uns bewegen, wie wir veranlagt sind und was wir wollen. Es ist von außen nicht erkennbar, was uns bei mathematischer Tätigkeit bewusst wird und was vorher bewusst war.

Jede mathematische Tätigkeit hat ihre eigene Sprache – individuell unterschiedlich, selbst bei Lernenden in einer Lerngruppe. Doch die Sprache und Kommunikationskultur in einer Lerngruppe und in Lernmaterialien lassen begründet vermuten, dass die Entwicklung bestimmter Qualitäten mathematischer Bewusstheit von der Lehrperson oder von den Schulbuchautoren angestrebt und stimuliert wird. Doch dabei verbietet sich jede mechanistische Sichtweise.

In Kaenders und Kvasz (2010) werden in einer nicht notwendig vollständigen Liste bestimmte Qualitäten mathematischer Bewusstheit[1] angesprochen: *soziale, imitative, manipulative, instrumentelle, diagrammatische, experimentelle, strategische, kontextbezogene, intuitive, analogische, argumentative, logische* und *theoretische* mathematische Bewusstheit. Allesamt kommt diesen Qualitäten mathematischer Bewusstheit ein adverbialer Charakter bei der Beschreibung mathematischer Tätigkeiten zu, die in bestimmten Gebieten mit bestimmten Techniken durchgeführt werden. Dies wollen wir kurz an einem einfachen Beispiel aus der Bruchrechnung illustrieren. Für mehr Details verweisen wir auf Kaenders und Kvasz (2010).

Betrachten wir die Berechnung der Summe zweier Brüche, wie etwa: $9/16 + 3/5 = ?$ Hier könnte man sich mathematische Tätigkeiten vorstellen, in denen eine solche Berechnung beschrieben werden könnte als *Begründen durch Rechnen in Arithmetik*. Wir sind uns zum Beispiel der Lösung schon dann bewusst, wenn jemand uns die Lösung vorsagt; diese Bewusstheit ist eine *soziale* und dient sicher auch zur Begründung gegenüber dritten. Die Addition der speziellen Brüche vermittelt auch eine *exemplarische* Bewusstheit der Addition von Brüchen im Allgemeinen. Je nachdem, ob die Rechnung mit einem Taschenrechner durchgeführt wird oder einfach die vom Lehrer vorgeführten Schritte nachvollzogen und imitiert werden, kann man von *instrumentellem* oder *imitativem* Begründen durch Rechnen in Arithmetik sprechen. Die Qualität des Begründens wäre eher *manipulativ*, wenn die Rechnung der Merkregel ‚Gleichnamig machen und Zähler addieren‘ folgte. Auch *diagrammatisches* Begründen durch Rechnen in Arithmetik ist denkbar, wozu beispielsweise die Abbildungen 10.1 und 10.2 einen Ausgangspunkt formen:

Von *logischem* Begründen durch Rechnen in Arithmetik könnte man sprechen, wenn sie etwa auf einem Konzept rationaler Zahlen als Äquivalenzklassen von Paaren ganzer Zahlen und der Wohldefiniertheit der auf Repräsentanten definierten Addition beruht, d. h. wenn die Begründung innerhalb einer Theorie stattfände. *Theoretisch* würden wir die Qualität der mathematischen Bewusstheit nennen, wenn man über den Rahmen einer einzelnen Theorie hinaus nach der Gültigkeit einer solchen Berechnung fragen würde. Diese Frage außerhalb einer Theorie kann zum Ausgangspunkt neuer Theorien werden, wie etwa hier der Frage nach Quotientenkörpern von Integritätsgebieten oder ähnlichem.

Für das Betreiben von Mathematik, bei dem die individuelle Person eigene Fragen stellt, neue Dinge entdeckt und Mathematik auf eine Weise betreibt, die dem erfahrenen Mathematiker die selbstverständliche scheint, bedarf es einer Ausgewogenheit von Qualitäten mathematischer Bewusstheit. So stellt sich etwa die Frage danach, welcher der beiden Brüche die größere rationale Zahl darstellt auf natürliche Weise von selbst, wenn man die Berechnung instrumentell, manipulativ oder diagrammatisch durchführt. Bei der diagrammatischen Vorgehensweise durch die Verwendung von Bruchstreifen liegt auch die Frage, ob die Streifen in gleichbreite Stücke zerlegt werden können – und damit die Frage

---

1 Der Begriff *mathematisches Bewusstsein* (mathematical awareness) wurde von den Autoren später in *mathematische Bewusstheit* geändert, was dem Begriff ‚awareness‘ – im Gegensatz zu ‚consciousness‘ – mehr entspricht.

Abb. 10.1 Illustrationen zur Addition der Brüche 9/16 + 3/5 durch Hauptnennerbildung

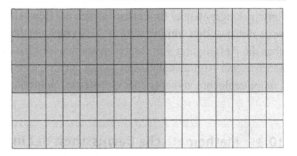

Abb. 10.2 Addition der Brüche 9/16 und 3/5 mit Hilfe von Ähnlichkeit

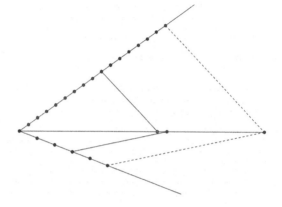

nach Kommensurabilität – eher auf der Hand als bei der manipulativen oder instrumentellen. Die manipulative Herangehensweise legt die Frage nach geeigneten Hauptnennern nahe und bringt damit Aspekte des euklidischen Algorithmus ins Spiel. Das instrumentelle Rechnen oder der manipulative Kalkül der schriftlichen Division auf der anderen Seite werfen die Frage nach endlichen und unendlichen Dezimalbrüchen auf. Durch die logische Herangehensweise der Wohldefiniertheit der Addition wird der grundlegende Begriff der Äquivalenzrelation erfahrbar und die Frage nach der Wohldefiniertheit anderer möglicher Operationen, wie ‚Zähler plus Zähler und Nenner plus Nenner' bietet sich auf natürliche Weise an.

Kurzum, eine Ausgewogenheit der Qualitäten mathematischer Bewusstheit lässt viele Gelegenheiten zu eigenen Fragen und Beobachtungen individuell beim Lernenden entstehen. Alle diese beschriebenen Qualitäten mathematischer Bewusstheit haben ihren ausgesprochenen Sinn. So haben auch Spitzenmathematiker von manchen Inhalten zunächst eine soziale oder imitative Bewusstheit bevor sie dies zum Ausgangspunkt weiterer Beschäftigung und Entwicklung nehmen. Bei Themengebieten, die eine große Vielfalt von Qualitäten mathematischer Bewusstheit erlauben, ist es *immer* möglich, Antworten auf eigene Fragen zu finden – auch wenn die Antworten logisch und theoretisch noch lange nicht zufriedenstellend sein sollten. Solche Antworten auf schwere Fragen bieten jeweils eigenes

Entwicklungspotential für tiefere Formen der Bewusstheit: Sie können reichen von ‚ich habe gehört, dass dies stimmt' über die Untersuchung der Frage an ganz speziellen Beispielen, über die Anfertigung von Repräsentationen und Visualisierungen oder die Formulierung heuristischer Argumente bis hin zu mit der Fragestellung verbundenen Konstruktionen in Computeralgebra, dynamischer Geometrie, Numerik oder Tabellenkalkulation.

10.3   Mathematische Bewusstheit der Infinitesimalrechnung

Nach zweitausend Jahren Mathematikunterricht anhand der Bücher Euklids wurde in Deutschland mit der Meraner Reform noch vor dem ersten Weltkrieg die Differenzialrechnung unter maßgeblicher Einflussnahme Felix Kleins in der Schule eingeführt. Für Toeplitz (S. 13) ergibt sich schon aus allgemeinen Bildungszielen, dass sich deren Unterricht in Schule und Hochschule notwendig unterscheiden muss:

> Zu der Frage, ob es gut ist, daß die Schule sich der Infinitesimalrechnung bemächtigt hat, möchte ich generell gar nichts bemerken. Wie ich schon bei anderer Gelegenheit ausgeführt habe, liegt in diesem Vorgang ein *fait accompli*, ein irreversibler Prozeß vor, der im Augenblick keinesfalls rückgängig gemacht werden könnte, selbst wenn man es wollte. Der Umstand, daß uns Hochschullehrern gewisse Unbequemlichkeiten daraus erwachsen, kann für diese Frage gewiß nicht in Betracht kommen. Denn diese Unbequemlichkeiten rühren daher, daß die Infinitesimalrechnung für das Publikum der Schule naturgemäß auf eine ganz andere Art gelehrt werden muß, wie für das der Hochschule; wie es mit diesen Differenzen nun aber auch bestellt sein mag, es kann für den Standpunkt der Schule gar nicht in Betracht kommen, aus Rücksicht auf den kleinen Bruchteil ihrer Schüler, die später auf der Universität Mathematik hören, das Prinzip ihres Unterrichts irgendwie umzugestalten.

Schauen wir uns nun die Situation der Infinitesimalrechnung in Schule und Universität aus der Perspektive mathematischer Bewusstheit an.

10.3.1 Infinitesimalrechnung im Gymnasium

Worin kann die Bildung durch Infinitesimalrechnung bestehen? Otto Toeplitz beobachtet 1928 im Unterricht der Infinitesimalrechnung in der Schule (S. 13):

> Ich muß auch hier mit einem sehr offenen Bekenntnis anfangen. Soweit ich mir einen Überblick über die sehr bunte, sehr schwer zu übersehende Praxis des jetzigen Augenblicks habe beschaffen können, überwiegt in der Infinitesimalrechnung der Schulen die formale Seite der Sache, die Rechentechnik des Differenzierens und Integrierens, um ein kurzes Wort zu gebrauchen: der Kalkül. Dieser Kalkül ist ein ungemein bequemer Unterrichtsgegenstand für die Schule, und kein Hochschullehrer wird eine Träne darum zerdrücken, weil ihm das Einexerzieren dieses Kalküls nun abgenommen ist. Die Frage ist nur, ob für die allgemeine Bildung, die die Schule erteilen will, in diesem Kalkül irgendein Wert gelegen ist, ein methodischer Wert, der das Niveau fördert. Und in diesem Punkte muß meine Antwort auf die Frage nach dem Nutzen der Infinitesimalrechnung auf der Schule sehr unzweideutig lauten: Wenn die Schule nicht imstande ist, aus der Infinitesimalrechnung mehr als den bloßen Kalkül herauszuholen, dann muß sie die Infinitesimalrechnung besser heute als morgen wieder beiseite stellen.

Lassen wir Toeplitz ausführlicher zu Wort kommen (S. 14):

Einzelne Lehrer haben den Wunsch zu zeigen, daß die Schule die Infinitesimalrechnung in derselben Strenge zu lehren vermag, wie die Universität sie lehren will. Auch hier muß ich mit uneingeschränkter Unzweideutigkeit erklären, daß dies eine Verkennung des Bildungszieles ist, das nicht künftige Mathematiker, sondern die Gesamtheit der Besucher einer höheren Schule fördern will. Der didaktische Wert einer Materie für die Schule ist weitgehend dadurch bestimmt, inwieweit sie sich in Serien von Aufgaben ansteigender Schwierigkeit aufspalten und umbrechen läßt. Das gilt von einer exakten Behandlung der Infinitesimalrechnung in besonders geringem Maße. Exhaustionsbeweise, ob man sie in der strengen Form der Griechen oder in modernem Gewände vorträgt, sind schwer als Aufgaben für Schüler zurechtzumachen;

Die von Toeplitz hier geäußerten Einwände beziehen sich auf die Schultauglichkeit der Inhalte der Infinitesimalrechnung als Teil der modernen mathematischen Sprache, basierend auf einer exakten Definition des Funktionsbegriffs, des Grenzwerts von Zahlen- und Funktionsfolgen und der reellen Zahlen. Diese über eine lange Zeit gereiften Begriffe wurzeln in verschiedenen Problemstellungen und deren Kontexten und haben erst nach vielfältigen und vielfachen komplexen mathematischen Tätigkeiten wie Kontextualisierungen, Abstraktion, Formalisierungen, Konkretisierung (siehe Jahnke 1999 und Beutelspacher et al. 2011) die elegante und universelle Form des Kalküls angenommen. Toeplitz spricht sich nicht gegen die Vermittlung abstrakter und formaler Inhalte in der Schule aus. Seine Befürchtungen gelten der Aneignung mathematischer Formalismen, deren Komplexität und technische Schwierigkeit eine kleinschrittige, problemorientierte, auf elementarmathematischen Fertigkeiten basierende Anleitung nicht gestattet und die daher durch Nachahmung und Training erlernt werden.

Aus der Perspektive der mathematischen Bewusstheit wird hier die Kluft angesprochen zwischen den durch Gewöhnung und Training erlernten Vokabeln des Kalküls und den damit verbundenen Qualitäten sozialer, imitativer, manipulativer und instrumenteller Bewusstheit auf der einen Seite und der angestrebten konzeptuellen, logischen und theoretischen Bewusstheit andererseits, die erst ein Verständnis der in den mathematischen Begriffen erfassten Strukturen und Konzepte wie Linearisierung, Änderungsrate, Bogenlänge, Flächenmaß erlaubt.

Die Einheitlichkeit dieser sehr verschiedenen Qualitäten mathematischer Bewusstheit besteht darin, dass sie mit mathematischen Tätigkeiten verbunden sind, die stark auf Sicherung und Etablierung vorhandenen individuellen und kollektiven Wissens zielen. Die Darstellung mathematischen Wissens und zugehöriger Fertigkeiten, die diese Qualitäten von Bewusstheit entwickeln und unterstützen, sind durch die Anforderungen bequemer und effektiver Kommunikation und klarer Struktur geprägt und erlauben Objektbeschreibungen durch Merkmale und Regeln.

Experimentelle, strategische, kontextbezogene, intuitive, analogische und argumentative Qualitäten der Bewusstheit, werden eher durch Phänomene, kognitive Konflikte und Problemstellungen aus Anwendungsbezügen gefördert. Die Entwicklung dieser Qualitäten hängt stark vom Individuum ab und wird u. a. durch Zweifel, Fragen, Freude am Spiel und Variation, Lust an technischer Perfektion und Wunsch nach Kommunikation begünstigt.

In der Sprache mathematischer Bewusstheit führt die auf die Beherrschung des Kalküls ausgerichtete Einführung der Infinitesimalrechnung zu Unausgewogenheit, welche durch einseitige Förderung „konservierender" mathematischer Herangehensweisen und Sprachentwicklung entsteht. Toeplitz hat dies am Beispiel der Infinitesimalrechnung so beschrieben (S. 14):

> Im Rahmen der wirklichen Mathematik ist die Rolle der Infinitesimalrechnung doch etwas anders. Sie und insbesondere auch die Exhaustion in jedweder Form ist schließlich doch nur ein Handwerkszeug, das erst in den höheren Teilen der Mathematik seine Auswirkung findet. Welchen methodischen Wert hat dieses Handwerkszeug, wenn es Menschen dargeboten wird, deren größter Teil nie zu seinem Gebrauch im tieferen Sinne gelangt? Dann wird aus dem Handwerkszeug ein Spielzeug. Lassen Sie die Begeisterung vergehen, mit der heute diese Dinge, als etwas Neues, in der Schule probiert werden. Lassen Sie sie so abgetragen und schäbig aussehen, wie die Dreiecksaufgaben aussahen, nachdem man sie mehrere Jahrzehnte traktiert hatte. Dann wird der Drill dieser Dinge eine viel unerträglichere Last für das Gros der Schüler darstellen, als jetzt diejenigen Gegenstände, die zur Zeit verstaubt aussehen, aber didaktisch immerhin gesünder veranlagt waren.

Ein Suchen nach Alternativen zur hier beschriebenen Methode finden wir in vielen mathematikdidaktischen Publikationen und Projekten seit den 1960er Jahren. Zum Beispiel im Rahmen des *Lüneburger Projekts zur praxisnahen Entwicklung von Materialien zum problemorientierten Analysisunterricht* (Stowasser 1976, 1977, 1978, 1979) wurden im Toeplitzschen Sinn viele sehr schöne unterrichtstaugliche, sich an der historisch-genetischen Methode orientierende, Unterrichtsmaterialien und Lernumgebungen entwickelt. Die Verwendung von Dynamischer Geometrie und Computeralgebra und wachsendes Interesse an Bezügen der Schulmathematik zu historischen Entwicklungen initiieren reichhaltige Unterrichtsmaterialien und vielfache Möglichkeiten zum experimentellen erkundenden Lernen (siehe z. B. Hischer 2000 und Von Harten et al. 1986).

Lösen Anwendungsbezug und Kontextualisierung die Probleme der Einführung und Vermittlung der Infinitesimalrechnung? Gibt die Motivation durch historische Fragestellungen ein tieferes Verständnis des Kalküls? Toeplitz beschäftigt sich auch mit diesen Fragen (S. 14):

> Die Griechen selbst, die doch schließlich die Exhaustion und die Strenge erfunden haben, haben didaktisch über ihren Wert viel vorsichtiger gedacht. *Plato* spricht sich an einer Stelle der „Gesetze" sehr abgemessen darüber aus. Es handelt sich um den mathematischen Schulunterricht in der Oberstufe, oder wenigstens schickt Plato voraus, daß nur ein Teil der Gegenstände, die er hier anführt, in den gemeinsamen Unterbau aller öffentlichen Schulen gehören. Was er dann vorbringt, erweist sich in den Worten 820 c 4 unzweideutig als die Proportionenlehre, die wir aus dem 5. Buch des Euklid kennen, und die die Grundlage aller Exhaustionsbeweise – wir nennen es heute den Dedekindschen Schnitt, was da gelehrt wird – enthält. Dies muß man wissen, um die Worte voll zu würdigen, die er 819 a3–6 gebrauchte und auf die es hier ankommt: „von diesen ganzen Dingen nichts zu wissen, ist durchaus nicht das schlimmste, geschweige denn ein großes Manko, sondern viel gefährlicher ist die Vielerfahrenheit und Vielbelehrtheit in diesen Dingen *unter schlechter Leitung*". Kann man pünktlicher das Verhältnis kennzeichnen, das gerade heute wieder aktuell geworden ist?

Für Toeplitz misst sich der didaktische Wert und die Eignung mathematischer Inhalte nicht an ihrem Wert innerhalb der mathematischen Theorie, sondern an der Vielfalt und

Tiefe mathematischer Denk- und Herangehensweisen, welche durch die Beschäftigung mit diesem Inhalt möglich sind. Soziale, imitative, manipulative und instrumentelle Qualitäten mathematischer Bewusstheit werden durch Autorität, Status und Struktur des Mathematikunterrichts gefördert und erhalten weitere Stabilität durch Lernende, die an Instruktionen und an Merkmalslisten abfragenden Tests orientieren. Wir möchten hier nicht eine instruktionsarme Beschäftigung mit der Infinitesimalrechnung empfehlen, was nach unserer Meinung gar nicht möglich ist, sondern weisen auf eine zu berücksichtigende Eigendynamik der Aufmerksamkeit, der Einstellung und Kommunikationsgewohnheiten der Lernenden hin.

> Aber welcher Weg bleibt nun eigentlich der Infinitesimalrechnung auf der Schule, wenn es auf allen Seiten ‚zurück' heißt? Ich will versuchen, diesen Weg in ‚kurzen' Strichen anzudeuten. Neben dem Kalkül, neben der Exhaustion gibt es noch eine Art, die Infinitesimalrechnung anzufassen, die, in der die ersten Erfinder, von Kepler angefangen, an sie herangekommen sind, die des Technikers, der aus der Praxis unendlicher Prozesse, aus der Praxis der Konvergenz, nicht aus der Theorie der Konvergenz heraus, aus dem Umgehen mit kleinen Größen und ihrem Vernachlässigen eine numerische, eine graphische, unmittelbar lebensvolle Vorstellung hat, die ihn ohne den Rahmen einer strengen Theorie innerlich überzeugt. Und es ist vielleicht gar nicht das entscheidende, ob er den einzelnen unendlichen Prozeß aus einer inneren Überzeugtheit heraus anschaut oder ihn streng durchführt. Der entscheidende Unterschied ist, ob ein großes Gebäude von exhaustiven Hilfssätzen aufgeführt wird, oder ob stets nur am einzelnen Prozeß direkt ohne Handwerkszeug solcher Art gearbeitet wird. Dies ist die Ansicht der Infinitesimalrechnung, die der Techniker braucht. Könnte man sie auf der Schule vermitteln, so wäre dieser Unterricht kein formaler Kalkül, hätte einen Inhalt, der sich, und zwar auf keine andere Weise als aus Aufgaben der numerischen und graphischen Praxis heraus, entwickeln ließe, und der dem nicht geringen Bruchteil derjenigen Schüler, die später Techniker werden, auf der Oberrealschule dasjenige bieten würde, was sie später brauchen, und was den Lehrern der technischen Hochschule ihr Amt erleichtern und nicht erschweren würde.

Die Beherrschung des Differentialkalküls ist im Ansatz von Toeplitz nicht das Ziel der Beschäftigung mit den Ursprüngen der Infinitesimalrechnung. Ihm geht es um mathematische Bildung und die Förderung von Fertigkeiten, die jungen Menschen in einer Epoche großer ingenieurtechnischer Herausforderungen zahlreiche Entwicklungswege öffnen. In dieser von Toeplitz angesprochenen Art, die Infinitesimalrechnung anzufassen, sehen wir, dass verschiedene Qualitäten mathematischer Bewusstheit eine Rolle spielen. Die Sichtweise der „ersten Erfinder" und der „Techniker" bietet viele Möglichkeiten *manipulative, instrumentelle, diagrammatische, experimentelle, kontextbezogene, intuitive, argumentative* Qualitäten mathematischer Bewusstheit zu entwickeln bevor der *logische* Aufbau in den Blick genommen wird.

> Die ganze Schwierigkeit mit der Infinitesimalrechnung auf der Schule ist dadurch entstanden, daß man sie eingeführt hat, ehe man das didaktische Problem gelöst oder auch nur ernstlich angegriffen hatte, das hier eben aufgeworfen worden ist. Es darf nicht verheimlicht werden, daß es zur Zeit in der Hauptsache noch ungelöst ist. Davon, ob es gelingt, es zu lösen, davon, ob man es überhaupt mit voller Kraft vornimmt, wird es abhängen, ob die Infinitesimalrechnung auf der Schule die Stelle sich für immer erobert, die sie soeben zu besetzen begonnen hat. Gelingt die Lösung nicht, so wird die Infinitesimalrechnung in zwei Dezennien ebenso unrühmlich von der Schule verschwinden, wie heute die Dreiecksaufgaben verschwunden sind. Gelingt die Lösung, so werden alle beteiligten Instanzen befriedigt sein.

Doch wie steht es heute mit der Infinitesimalrechnung in der Schule? Wir sehen bei den Studierenden der ersten Semester an der Universität, dass die Dominanz der manipulativen Qualitäten mathematischer Bewusstheit stark abgenommen hat. Das „Einexerzieren dieses Kalküls" wurde wieder an die Universitäten zurückgegeben.

Schauen wir uns Schulbücher und Unterricht von Mathematik an, dann sehen wir in der heutigen Schulpraxis auch, dass soziale, imitative, instrumentelle, diagrammatische, experimentelle, instrumentelle, kontextuelle Bewusstheit heute mehr Raum als noch in der Zeit vor 15 Jahren oder früher bekommen. Die Konzentration auf diese Formen von Bewusstheit hat eine mathematische Sprache entstehen lassen, die der Komplexität mancher klassischer mathematischer Phänomene gleichwohl nur noch in Teilen gerecht wird (Teilbarkeit, Irrationalität, Mittelwertsatz, elementare Aussagenlogik, Sprache der Mengenlehre, Potenzen reeller Zahlen, Trigonometrie ...). Leider stehen auch die klassischen Kontexte aus der Physik und der Informatik nicht mehr zur Verfügung, da die Schule im heutigen Kurssystem nicht von entsprechenden Kurskombinationen ausgehen kann. Argumentative, logische und theoretische Bewusstheit liegen häufig außer Reichweite (auch für die begabten Schülerinnen und Schüler). Die Entwicklung experimenteller, kontextbezogener, intuitiver Qualitäten mathematischer Bewusstheit hängen in größerem Maße von individuellen Vorlieben und Erfahrungen und daraus resultierenden Herangehensweisen der Lernenden und von der erfahrenen aufmerksamen Begleitung und Anleitung der Lehrenden ab. Mit diesen Qualitäten verbundene mathematische Tätigkeiten operieren weniger mit verbalen oder diagrammatischen expliziten Bezeichnern, sie sind oft weniger reflektiert und schwieriger zu kommunizieren.

In den Mathematiklehrbüchern finden sich reichhaltige Probleme, die ein intuitives Verständnis konstruierbarer reeller Zahlen und solcher Zahlen, deren Existenz plausibel aus geometrischen und arithmetischen Zusammenhängen entsteht. Wechselwegnahme, verschiedene Beweise und Begründungen der Inkommensurabilität geometrischer Größen, Intervallschachtelung, rekursive Algorithmen bieten Raum für experimentelle mathematische Tätigkeiten.

Lenkung der Aufmerksamkeit, Formulierung der gemachten Erfahrung, Unterstützung beim Aufstellen und Prüfen von Vermutungen und konkrete Konstruktionen von Objekten bereiten am Ende auch den Boden für logische und theoretische Qualitäten mathematischer Bewusstheit. Und hier liegt die Herausforderung für die Lehrenden.

10.3.2 Infinitesimalrechnung an der Universität

Der universitären Lehre der Infinitesimalrechnung im Jahre 1928 attestiert Otto Toeplitz, dass sie der Vermittlung des Stoffes eine größere Priorität einräumt als der ‚Methode', d. h. der Einübung mathematischer Denk- und Arbeitsweisen. Auf letztere jedoch setzt er seine Hoffnungen und sieht hier die Lösung für die Herausforderung, die Kluft zwischen Schule und Universität zu überbrücken (S. 16):

Eines kann nicht verschwiegen werden: Die Tendenz dieses Vertrages auf das Methodische ist die unbequemere; die Bequemlichkeit wird stets auf die stoffliche Seite hindrängen. Aber dieses Opfer an Bequemlichkeit – ich wage es zu hoffen – wird doch gar mancher bringen, wenn die Erkenntnis sich auf allen Seiten mehr durchgesetzt haben wird, daß mehr, als man heute sich bewußt ist, eine stetige Linie vom Unterricht der Schule bis zu dem der Hochschule führt, und daß es eine große Gemeinsamkeit beider Institutionen gibt, die fähig ist, alle Spannungen zu überwinden: das ist die Freude am Lehren.

Die universitäre Lehre charakterisiert er 1928 wie folgt (S. 3):

Es sei jetzt nur von den Universitäten die Rede. Ihre Vorlesungen sind ausgesprochenermaßen auf das Stoffliche eingestellt. Sie lehren Tatsachen und betrachten Tatsachen stillschweigend als das einzig gültige Ziel. Die Tatsachen werden – das ist die Norm, und vereinzelte Abweichungen von der Norm haben in diesem ganzen Vortrag nur ein untergeordnetes Interesse – um ihrer selbst willen als absolute Werte hingesetzt, deren äußere oder innere Notwendigkeit zu motivieren überflüssig ist. Und diese selben Tatsachen bilden hernach, als ‚abfragbares Wissen‘, die Grundlage der abschließenden Prüfungen.

Und speziell die Vorlesungen zur Infinitesimalrechnung beschreibt er an anderer Stelle so (Toeplitz, 1927, S.88):

Der tatsächliche Zustand dieser Vorlesung (Einführung in die Infinitesimalrechnung) an den deutschen Universitäten zeigt noch heute die gleiche bunte Mannigfaltigkeit; auf der einen Seite die strenge Observanz, die mit einer sechswöchentlichen Dedekindkur anhebt und dann aus den Eigenschaften des allgemeinen Zahl- und Funktionsbegriffs die konkreten Regeln des Differenzierens und Integrierens herleitet, als wären sie notwendige, natürliche Konsequenzen, auf der anderen Seite die anschauliche Richtung, die den Zauber der Differentiale walten lässt und auch in der letzten Stunde der zwei Semester umspannenden Vorlesung den Nebel, der aus den Indivisibilien aufsteigt, nicht durch den Sonnenschein eines klaren Grenzbegriffs zerreißt; und dazwischen die hundert Schattierungen von Diagonalen, die man zwischen zwei zueinander senkrechten Ideenrichtungen einzuschalten vermag.

Heutige Vorlesungen der Infinitesimalrechnung sind hiervon mitunter nicht weit entfernt, auch wenn es immer wieder Versuche engagierter Lehrender gibt, die „Dedekindkur" mit Anschauung und spannenden Kontexten zu kombinieren. Vielleicht noch weniger als früher verfügen die durchschnittlichen Studierenden bei Studienbeginn über Erfahrung und Übung mit manipulativer und logischer mathematischer Bewusstheit.

Diese Vorlesungen tragen in allererster Linie zur wichtigen Entwicklung imitativer und logischer mathematischer Bewusstheit bei. Soziale mathematische Bewusstheit entwickelt sich – unbeabsichtigt von den Lehrenden – durch einen umfangreichen Betrieb des Abschreibens von Lösungen zu Übungsaufgaben. Experimentelle, diagrammatische (Geometrie ohne Bilder) mathematische Bewusstheit werden weniger und manchmal nur auf eigene Initiative der Studierenden entwickelt. Argumentative Bewusstheit, die noch vor der logischen kommt, wird nur unter Insidern kommuniziert. Instrumentelle mathematische Bewusstheit kommt erst mit der angewandten Mathematik ins Spiel. Strategische mathematische Bewusstheit wird bei der Lösung der Übungsaufgaben von den Besseren weiterentwickelt, die dann den Fußgängern ihre Lösungsstrategien mitteilen. Kontextuelle mathematische Bewusstheit, etwa aus der Physik, finden wir nur noch selten. Logische mathematische Bewusstheit steht über allem. Auch theoretische mathematische Bewusstheit, die den Stoff wieder relativieren könnte, jedoch einige Erfahrung voraussetzt, ist den Fortgeschrittenen vorbehalten.

Studierende, die vor dem Studium an Maßnahmen der Begabtenförderung teilgenommen haben, sind häufig schon im Vorfeld zum Studium mit elementaren Hintergründen der Infinitesimalrechnung vertraut gemacht worden und verfügen damit schon bei Studienbeginn über eine größere Ausgewogenheit mathematischer Bewusstheit. Die durchschnittlichen Studienanfängerinnen und -anfänger jedoch haben selten aus eigenem Antrieb an mathematischen Objekten ‚rumgerechnet‘, ‚rumprobiert‘, und ‚rumbewiesen‘, Skizzen verfertigt, Programme geschrieben, Applets gemacht und all diese Dinge auf ihre Weise für sich selbst lokal geordnet.

10.4 Ausgewogenheit mathematischer Bewusstheit als A & O

Dieses Buch soll konstruktive Vorschläge zur Verbesserung der Situation herausarbeiten. Uns geht es dabei um eine frühe Erfahrung selbstbestimmten Mathematiktreibens in Kontexten und mit Methoden, die eigene Beobachtungen und Entdeckungen möglich machen und eigene Fragen hervorrufen.

Ab dem dritten Studienjahr haben Universitätslehrende große Freiheiten bei der Gestaltung der Inhalte und Methoden der Lehre. Hier werden die Studierenden an eigenes Mathematiktreiben herangeführt. Manche Studierende erfahren erst im Rahmen der Abschlussarbeit oder gegebenenfalls erst während einer Promotion, wie selbstbestimmtes Mathematiktreiben aussehen kann (S. 4):

> Die Wirklichkeit der mathematischen Forschung ist ein Wechselspiel zwischen Stoff und Methode. Der eine Forscher besitzt Methoden und sucht sich die Stoffe, auf die er sie anwenden kann; der andere ist von Aufgaben gefesselt und schafft sich Methoden, um sie zu bewältigen. Anstatt daß man dieses Wechselspiel in seiner Buntheit sich vor den Studenten entwickeln läßt, systematisiert man es aus Gründen der Ökonomie und einer falsch gerichteten Didaktik zu einer möglichst gedrängten, oft meisterhaften Übersicht über die Tatsachen, während das, was der künftige Lehrer daran erfahren will, etwas ganz anderes ist. Der Ausgleich zwischen Stoff und Methode in den heutigen Universitätsvorlesungen ist im Prinzip nicht der richtige. In diesem Ausgleich sehe ich den Schlüssel zur Lösung des ganzen Aufgabenkomplexes, der von der Leitung des Kongresses mit dem Wort von der ‚Spannung‘ so vortrefflich gekennzeichnet worden ist.

Es fragt sich, warum das Studium nicht vielmehr mit einem solchen Mathematiktreiben und entsprechender Ausgewogenheit mathematischer Bewusstheit beginnt.

Für die Studierenden ist dies sicher nicht einfacher, doch vermittelt ihnen dies vielmehr, was das Wesen der Mathematik ist. Toeplitz spricht im Folgenden von ‚Niveau‘ und hält dies für die wichtigere und letztlich anspruchsvollere Forderung an die Studierenden, die diesen und den Lehrenden vielmehr die Möglichkeit gibt, heraus zu finden, wer für ein solches Studium geeignet ist (S. 6):

Eine Prüfung ist vor allen diesen Gefahren sehr viel gesicherter, wenn sie nicht auf das stoffliche, abfragbare Wissen abzielt, sondern auf die Ermittlung des Niveaus. Mit Niveau ist natürlich nicht gemeint, daß an Stelle des Stoffes festumgrenzte Fertigkeiten, eingedrillte Kunstgriffe im Lösen von Klausuraufgaben treten; das ist noch keine Methodik, nicht der Gegenpart des Stofflichen, der hier gemeint ist; man kennt seinen zweifelhaften Wert aus gewissen Prüfungstypen, die in England und Frankreich im Brauch sind. Mit Niveau eines Kandidaten ist seine Fähigkeit gemeint, das Getriebe einer mathematischen Theorie zu durchschauen, die Definitionen ihrer Grundbegriffe nicht zu memorieren, sondern in ihren Freiheitsgraden, in ihrer Austauschbarkeit zu beherrschen, die Tatsachen von ihnen klar abzuheben und untereinander und nach ihrem Wert zu staffeln, Analogien zwischen getrennten Gebieten wahrzunehmen oder, wenn sie ihm vorgelegt werden, sie durchzuführen, Gelerntes auf andere Fälle anzuwenden und anderes mehr. Eine Prüfung, die inhaltlich durchaus konkrete Dinge abhandelt, aber ihr Urteil nach Momenten solcher Art richtet, wird jenen gröbsten Fehlern, von denen oben die Rede war, nicht so leicht anheimfallen.

Für eine nachhaltige Veränderung schlagen wir vor, das erste Studienjahr umzugestalten und die heutigen Anfängervorlesungen im zweiten Jahr beginnen zu lassen. Im zweiten Studienjahr kann dann der Steilkurs durch die Infinitesimalrechnung und Lineare Algebra beginnen, der sie auch stofflich auf das notwendige Niveau bringt, um schließlich am Ende des Studiums Einsichten in moderne Entwicklungen der Mathematik gewinnen zu können.

Möchte man diese Umgestaltung vornehmen, dann fragt sich, was denn geeignete Inhalte hierfür sind. Es sollten Gebiete sein, in denen einfache Ideen eine große Tiefe ermöglichen. John H. Conway (2005, S. 1) bemerkte hierzu in einer ‚Vorlesung über die Kraft einfacher Ideen in der Mathematik':

These simple ideas can be astonishingly powerful, and they are also astonishingly difficult to find. Many times it has taken a century or more for someone to have the simple idea; in fact it has often taken two thousand years, because often the Greeks could have had that idea, and they didn't. People often have the misconception that what someone like Einstein did is complicated. No, the truly earthshattering ideas are simple ones. But these ideas often have a subtlety of some sort, which stops people from thinking of them. The simple idea involves a question nobody had thought of asking.

Alle Mathematiker kennen Gebiete, die einerseits die Möglichkeit zu großer Ausgewogenheit mathematischer Bewusstheit bieten und andererseits Tiefe in einfachen Ideen erkennen lassen. Hier eine Liste, die sicher durch weitere Themengebiete ergänzt werden kann:

1. Euklidische Geometrie der Ebene,
2. Projektive und hyperbolische Geometrie,
3. Klassische Kurven mit Elementargeometrie,
4. Die klassischen Probleme,
5. Elementare mathematische Kristallographie,
6. Parkettierungen,
7. Topologie von Knoten und Flächen,
8. Polygone und Polyeder in Dimension 3 und 4,
9. Graphentheorie und diskrete Mathematik,

10. Operationsresearch,
11. Elementare Zahlentheorie,
12. Algebra von Gleichungen und Zahlen,
13. Transformationsgruppen und Invarianten,
14. Spieltheorie,
15. Forensische Mathematik,
16. Zelluläre Automaten,
17. ...

Stellvertretend für viele Bücher, die eine solche aktive Beschäftigung ermöglichen, sind beispielsweise Lockwood (1961), Duzhin & Chebotarevsky (2004) oder Kaenders & Schmidt (2014) zu nennen.

In all diesen Gebieten können Studierende in Projekten eigene sinnvolle Untersuchungen und Entdeckungen anstellen, eigene Argumentationsketten entwickeln und es kann das Verlangen entstehen nach mathematischer Entwicklung, die tiefer in die Mathematik hineinführt. Hier kann eine Tiefe entwickelt werden, die sich nicht nur auf imitative, manipulative und logische Bewusstheit konzentriert. In solchen Themengebieten ist es auch für Abiturientinnen und Abiturienten, die zu Erstsemestern geworden sind, möglich, sich frei zu bewegen. Und ganz besonders die Geometrie klassischer Kurven zeichnet einen Weg in die Infinitesimalrechnung auf.

Kurzum, eine große Ausgewogenheit mathematischer Bewusstheit sollte am Anfang wie am Ende des Studiums stehen: A & Ω oder „A und O".

Danksagung   Wir danken dem Bonner *Hausdorff Research Institute for Mathematics. HIM* für die Möglichkeit über eine Tagung im Jahr 2013 einen Beitrag zu dieser Frage leisten zu können.

Literatur

Beutelspacher, A., Danckwerts, R., Nickel, G., Spies, S. & Wickel, G. (2011). Mathematik Neu Denken. *Impulse für die Gymnasiallehrerbildung an Universitäten.* Wiesbaden: Springer Vieweg.

Chaiklin, S. (2003). The Zone of Proximal Development in Vygotsky's analysis of learning and instruction. In A. Kozulin, B. Gindis, V. Ageyev & S. Miller (Hrsg.), *Vygotsky's educational theory and practice in cultural context* (S. 39–64). Cambridge: Cambridge University Press.

Conway, J. H. (2005). The Power of Mathematics. In A. F. Blackwell & D. MacKay (Hrsg.), *Power.* Cambridge: Cambridge University Press.

Duzhin S. V. & Chebotarevsky B. D. (2004). *Transformation Groups for Beginners.* Student Mathematical Library, V. 25, Rhode Island: AMS.

Von Harten, G., Jahnke, H.-N., Mormann, Th., Otte M., Seeger, F., Steinbring H. & Stellmacher H. (1986). *Funktionsbegriff und funktionales Denken.* IDM Reihe, Bd. 11, Köln: Aulis-Verlag Deuber & CoKG.

Hischer, H. (2000). Klassische Probleme der Antike – Beispiele zur „Historischen Verankerung". In J. Blankenagel & W. Spiegel (Hrsg.), *Mathematikdidaktik aus Begeisterung für die Mathematik – Festschrift für Harald Scheid.* Stuttgart/Düsseldorf/Leipzig: Klett, S. 97–118.

Jahnke, H.-N. (Hrsg.) (1999). *Geschichte der Analysis.* Heidelberg: Spektrum Akademischer Verlag.

Kaenders, R. H. & Kvasz, L. (2010). Mathematisches Bewusstsein. In: Lengnink, K., Nickel, G. & Wille R. (Hrsg.) *Mathematik verstehen – philosophische und didaktische Perspektiven.* Wiesbaden: Vieweg+Teubner Verlag, 71–85.

Kaenders, R. H. & Schmidt, R. (Hrsg.) (2014). *Mit GeoGebra mehr Mathematik verstehen.* 2. Auflage, Wiesbaden: Springer Vieweg.

Kozulin, A., Gindis, B., Ageyev, V. & Miller, S. (2003). *Vygotsky's educational theory and practice incultural context.* Cambridge: Cambridge University Press.

Lockwood, E. H. (1961). *A Book of Curves.* Cambridge: Cambridge University Press.

Stowasser, R. J. K. (Hrsg.) (1976–1979). *Materialien zum problemorientierten Unterricht.* Der Mathematikunterricht, I–IV, 3/1976; 1/1977; 6/1978; 2/1979.

Toeplitz O. (1927). Das Problem der Universitätsvorlesungen über Infinitesimalrechnung und ihrer Abgrenzung gegenüber der Infinitesimalrechnung an den höheren Schulen, Jahresbericht der DMV Band 36, 88–100.

Toeplitz, O. (1928). Die Spannungen zwischen den Aufgaben und Zielen der Mathematik an der Hochschule und an der höheren Schule. *Schriften des deutschen Ausschusses für den mathematischen und naturwissenschaftlichen Unterricht,* (99. Versammlung deutscher Naturforscher und Ärzte zu Hamburg), 11, 10:6.

Aufgaben zum elementarmathematischen Schreiben in der Lehrerbildung

11

S. Halverscheid

Zusammenfassung

Anhand von Abituraufgaben und von Übungsaufgaben der Analysis aus mehreren Universitäten werden Unterschiede für den Bereich der Aufgabenkonzepte beim Übergang von der Schule in die Hochschule herausgearbeitet. Probleme der Anfangsausbildung werden vor diesem Hintergrund erörtert; und es erfolgt die Aufstellung von Hypothesen, inwiefern eine Variation von Aufgabenkonzepten zu einer Verbesserung führen könnte. Zu den Herausforderungen des Mathematikstudiums gehört der kognitive Anspruch der typischen Übungsaufgaben. Beim Übergang von der Schule in die Hochschule sind diese nicht nur wegen der geforderten Problemlösefähigkeiten ungewohnt. Das Schreiben fachmathematischer Texte als Produkt der Bearbeitung stellt eine weitere, mühsam zu erklimmende Hürde für ein erfolgreiches Studium dar. Aufgabenkonzepte werden entwickelt, die das Schreiben in elementarmathematischen Kontexten fördern. Erfahrungen mit vorgestellten Aufgabentexten in fachwissenschaftlichen und fachdidaktischen Veranstaltungen illustrieren u. a. anhand von Eigenproduktionen Lernender den Umgang mit den Aufgabenstellungen sowie Probleme mit der Verschriftlichung elementarmathematischer Zusammenhänge.

11.1 Einleitung

Über den Anfang des Mathematikstudiums weiß man vor allem, dass er viele überfordert. Die Problematik des Studienabbruchs bzw. des -fachwechsels ist in Deutschland nach wie vor groß (Dieter 2011). Über die tatsächlichen Gründe gibt es systematisch erfasst weniger Erkenntnisse, aber erprobte und beforschte Konzepte: institutionell und curricular umfassende bei *Mathematik Neu Denken* in der gymnasialen Lehrerbildung (Beutelspacher,

Danckwerts, Nickel, Spies, und Wickel 2011) oder an dem zentralen Punkt der Aufgabenkultur angreifende bei *Mathematik besser verstehen* (Ableitinger, Hefendehl-Hebeker und Herrmann 2013). Dieser Beitrag befasst sich mit der Frage, welche Situationen des Lehrens und Lernens in mathematischen Studiengängen an Universitäten in der Bundesrepublik Deutschland typisch sind und inwiefern sie Studienanfängerinnen und -anfänger im Vergleich zu ihren Schulerfahrungen vor Probleme stellen. Beispielhaft werden Aufgaben für das elementarmathematische Schreiben vorgestellt, die Anlass zu einer intensivierten Auseinandersetzung mit dem Lehrstoff geben.

11.2 Makro-didaktische Variablen zur Beschreibung des Einstiegs in ein Mathematikstudium

11.2.1 Theoretische Einordnung didaktischer Situationen

Unterschiede im Lehren und Lernen von Mathematik zwischen Schule und Hochschule werden im Folgenden mit Hilfe „makro-didaktischer Variablen" (Bloch 2006) beschrieben. Diese wurden für den zur Diskussion stehenden Rahmen entwickelt und sind im Kontext der Theorie „didaktischer Situationen" entstanden. Verkürzt, aber einen wesentlichen Punkt der Theorie treffend, wird das Lehren und Lernen von Mathematik als Spiel verstanden, das die folgende paradoxe Situation aus Sicht eines Lehrers beschreibt: „Alles, was er unternimmt, um die erwarteten Verhaltensweisen der Schüler zu erzeugen, wird letzteren die notwendigen Bedingungen für das Verständnis und das Lernen der angestrebten Inhalte nehmen. Wenn der Lehrer sagt, was er will, kann er das nicht erreichen."[1] (Brousseau 1986).

Das Zusammenwirken von Lernenden, Lehrenden und dem mathematischen Gegenstand kann in diesem Spiel für einen besseren Lernerfolg genutzt werden. Die Regeln des Spiels zeigen sich in dem Konstrukt des „didaktischen Vertrages". Brousseau (1986) nennt einen didaktischen Vertrag „die Gesamtheit aller Verhaltensweisen des Lehrers, die von den Schülern erwartet werden, und aller Verhaltensweisen der Schüler, die der Lehrer erwartet. [...] Dieser Vertrag ist der Satz von Regeln, der zu einem kleinen Teil ausdrücklich, aber meist implizit bestimmt, wonach sich jeder Partner der didaktischen Beziehung zu verhalten hat und nach welcher Maßgabe er in der einen oder anderen Weise gegenüber den anderen Rechenschaft gibt."[1] Sowohl in der Schule als auch in der Hochschule stellen Aufgaben ein zentrales Spielgerät der Lehrenden dar; deshalb macht es Sinn, den Übergang von Schule zu Hochschule diesbezüglich zu untersuchen.

Beim Wechsel von der Schule an die Universität wird die Veränderung didaktischer Verträge als radikal empfunden (Bloch 2005, Artigue 2007). Die makro-didaktischen Variablen sollen die spezifischen Unterschiede herausarbeiten, die diese Institutionen ausmachen.

---

1 Übersetzung des Autors.

11.2.2 Variablen zum Vergleich von Schule und Hochschule

Das System „makro-didaktischer Variablen" (Bloch 2005), das die didaktischen Situationen in der Mathematik in der Oberstufe und an der Universität beschreibt, wurde im Rahmen der Theorie der didaktischen Situationen von Praslon (2000) sowie Bloch und Ghedamsi (2004) erarbeitet und wird hier nach Bloch (2006) zitiert (s. Tab 11.1).

Von besonderer Bedeutung für die Beschreibung des didaktischen Vertrags ist die Variable MDV10, weil sie das „Ausmaß der an die Studierenden übertragenen Verantwortung" (Bloch 2005) für das Lernen präzisiert.

11.2.3 Schwierigkeiten einer geeigneten Bestandsaufnahme

Didaktische Verträge sind so unterschiedlich wie es Kursgruppen sind. Eine Beschreibung „des" Mathematikunterrichts in der gymnasialen Oberstufe und „der" Veranstaltungen an den Hochschulen ist deswegen kaum möglich. Die TIMSS-Studien zu Leistungen von Schülerinnen und Schülern der gymnasialen Oberstufe (Baumert et al. 2000) und die einflussreiche Expertise zur Situation in den Mathematik-Kursen (Borneleit, Danckwerts, Henn und Weigand 2001) liegen nun schon über ein Jahrzehnt zurück. Die TOSCA-Studie zeigt eine moderate Verbesserung der Leistungen im Fach Mathematik seit den Reformen des Konzepts der Grund- und Leistungskurse in der gymnasialen Oberstufe (Trautwein, Neumann, Nagy, Lüdtke und Maaz (eds.) 2010). Es gibt dabei Indizien (Nagy und Neumann 2010), dass diese Verbesserung auf die Aufstockung der Mindeststundenanzahl in Kursen mit grundlegendem Anforderungsbereich zurückzuführen ist.

Dieser Befund bezieht sich jedoch auf das Leistungsniveau in der Breite. Trotzdem können die Probleme des Studienbeginns durch die Reform tendenziell noch erhöht werden,

Tab. 11.1 Makro-didaktische Variablen (Bloch 2005, S. 76)

MDV1	Grad der Formalisierung
MDV2	Art der Validierung
MDV3	Grad der Allgemeingültigkeit der betrachteten Aussagen
MDV4	Zeitumfang für die Einführung neuer Begrifflichkeiten
MDV5	Aufgabentypen
MDV6	Auswahl der Techniken und Art ihres Erwerbs bis zur Routine
MDV7	Grad der angestrebten Autonomie der Studierenden
MDV8	Art des Begriffaufbaus, z. B. als Prozess, Objekt, Werkzeug-Objekt
MDV9	Typ der angestrebten Wechsel von Repräsentationen
MDV10	Prüfungsrelevanz der den Studierenden gestellten Aufgaben

weil die Studierenden des Faches Mathematik in der Regel in einem Kurs mit erhöhtem Anforderungsniveau an die Universität kommen (Halverscheid, Pustelnik, Schneider und Taake 2013) und nun in ihrer Oberstufenkarriere nur noch vier Stunden Mathematik und nicht wie früher in einem Leistungskurs fünf oder sechs Stunden hatten.

11.2.4 Veröffentlichte Aufgaben als Indiz für den institutionellen Rahmen der Anfangsveranstaltungen

Die Natur didaktischer Verträge zu erheben, würde intensive Beobachtungen und Studien in den jeweiligen Unterrichtswirklichkeiten erfordern. In der anthropologischen Theorie der Didaktik werden die institutionellen Rahmenbedingungen für das Lehren und Lernen von Mathematik betrachtet (Bosch, Fonseca und Gascon 2004). Einige Anhaltspunkte für die wesentlichen Determinanten in den Verträgen bieten die Übungsaufgaben, Transkripte und – auf eine Idee von Grønbæk, Misfeldt und Winsløw (2010) für die Hochschule zurückgehend – Prüfungsformen und -aufgaben. Ein Vergleich von Modulhandbüchern zu fachwissenschaftlichen und lehrerbildenden Studiengängen in Mathematik an 21 Universitäten[2] in Deutschland zeigt wenig dokumentierte Unterschiede in den formalen Anforderungen: Die meisten Universitäten starten mit den Veranstaltungen zur Analysis und zur linearen Algebra und analytischen Geometrie in jeweils zwei Semestern. In der Regel wird nach jedem Semester eine Klausur als Modulprüfung geschrieben, für die die „erfolgreiche Teilnahme an den Übungen" vorausgesetzt wird. Dahinter verbirgt sich meist eine eingeforderte Anzahl von Punkten, die durch die Bearbeitung der wöchentlichen Übungshausaufgaben zu erwerben sind. Auch inhaltlich gibt es in den ersten beiden Semestern in den Modulbeschreibungen einigen Konsens, der sich in einer ähnlichen Auswahl an Stichworten und empfohlener Literatur zeigt. Die Freiheit der Lehre führt aber schon innerhalb einer Institution zu einigen Unterschieden in der Modulgestaltung.

Für die Anfangsausbildung im Bereich der Differenzial- und Integralrechnung wurden nun an den 21 Universitäten im Internet veröffentlichte Übungsaufgaben aus jüngster Zeit (möglichst aus dem Wintersemester 2012/2013) betrachtet und mit den zentral gestellten Abituraufgaben der Länder Bayern, Baden-Württemberg, Hessen, Niedersachsen und Nordrhein-Westfalen verglichen. Die Differenzialrechnung bietet sich insofern als Vergleichsobjekt an, als die Theoriebildung für die Differenzialrechnung in einer Veränderlichen an der Universität mit der gymnasialen Oberstufe die wohl größten Überschneidungen aufzuweisen hat.

Bloch (2005, S. 77 ff.) vergleicht die Aufgabenkulturen zum Grenzwertbegriff in der Schule und der Universität; und Praslon (2000) führt eine solche Gegenüberstellung für die Differenzialrechnung in Frankreich durch. Der Aufgabenvergleich bezogen auf die Differenzialrechnung in Deutschland ergab das in Tabelle 11.2 gezeigte Bild.

---

2 Aachen, FU, HU, Bochum, Bonn, Bremen, Dortmund, Dresden, Essen, Frankfurt, Freiburg, Gießen, Göttingen, Köln, LMU, TMU, Mainz, Münster, Oldenburg, Siegen, Würzburg

Tab. 11.2 Makro-didaktische Variablen für die Differenzialrechnung in einer Veränderlichen

	Hinweise aus zentralen Abituraufgaben	Hinweise aus veröffentlichten Übungsaufgaben an Universitäten
MDV1	Formalisierung konzentriert sich auf das Differenzialkalkül, dort aber stringent.	Formalisierung aller Aussagen
MDV2	Validierung vor allem durch die Anwendung erarbeiteter Rechenverfahren und Definitionen zum Differenzieren	Analytische Validierung durch stringente logische Zurückführung auf ein Axiomensystem.
MDV3	Abituraufgaben beziehen sich meist auf spezielle Situationen, die mathematisch modelliert oder schon mathematisch beschrieben werden. Darin sind dann erarbeitete Verfahren durchzuführen.	Zu einem großen Anteil beziehen sich die Übungsaufgaben auf Beweise allgemeingültiger Aussagen.
MDV4	Die Begrifflichkeiten der Differenzialrechnung in einer Veränderlichen werden innerhalb von zwei Schulhalbjahren entwickelt.	Die meisten Kurse benötigen sowohl für Grenzwerte als auch für die Differenzialrechnung im engeren Sinn jeweils ca. drei Wochen.
MDV5	Komplexere Anwendungsaufgaben, viele Untersuchungen zu Funktionenscharen, die aber über eine typische Kurvendiskussion oft hinaus gehen.	Ca. 70 % Beweisaufgaben, ca. 20 % Routine-Aufgaben mit hohen technischen Anforderungen. Wenige Aufgaben zu Anwendungen und zur Begriffsklärung.
MDV6	Aufgaben sind Anlässe, bekannte Verfahren anzuwenden.	Aufgaben sollen Routine im Beweisen erarbeiten. Betonung deduktiven Arbeitens.
MDV7	Autonomie nicht zu klären	Autonomie nicht zu klären
MDV8	Varianten für die Rolle der Begriffsbildung, die in den Aufgaben vorgegeben sind	Betonung der axiomatisch-definitorischen Begriffsbildung
MDV9	Wechsel zwischen ikonischen und symbolischen Darstellungen erforderlich.	Hoher Grad an symbolischen Darstellungen. Wechsel bleibt Individuen vorbehalten.
MDV10	Abituraufgaben sind Muster für viele Aktivitäten im Schulunterricht	Intendiert erscheinen standardisierte Lösungen. Fast alle Aufgaben sind in geschlossene Einheiten und für sich bearbeitbar.

11.2.5 Neuere Ansätze zur Veränderung der Aufgabenkultur

In den letzten Jahren wurden einige Anstrengungen zur Veränderung der Aufgabenkultur in den Anfangssemestern unternommen. Deren Anliegen besteht vor allem darin, den Sprung von der sogenannten Schulmathematik zu den Anforderungen an Mathematikstudierende zu erleichtern. Besonders in Bezug auf die Lehrerbildung hat es hier einige Entwicklungen gegeben: So nimmt das Konzept der Schnittstellenaufgaben (Bauer 2012) Erfahrungen aus der Schule als Lernanlässe in den fachwissenschaftlichen Veranstaltungen auf und umfasst dabei fast alle Variablen von MDV1 bis MDV10. Verschiedene Formen von Musterlösungen führen Studierende in dem Projekt Mathematik besser verstehen an einen wissenschaftlichen Diskurs heran (Ableitinger; Hefendehl-Hebeker und Herrmann 2013) und beziehen sich damit vor allem auf die Variablen MDV1, MDV2 und MDV3. Konzepte, die in der Begriffsbildung (MDV8) nah an den Definitionen ansetzen und deren Bedeutung vertiefen, finden sich in der linearen Algebra bei Fischer (2013) und in der Analysis bei Kümmerer (2013). Kleine Forschungserlebnisse und damit eine umfassendere Begriffsbildung intendiert das FABEL-Aufgabenkonzept (Bikner-Ahsbahs und Schäfer 2013). Auf eine stärkere Autonomie im Lernen (MDV7) und eine Vorbereitung deduktiver Denkprozesse mit Anregungen für die eigenständige Erarbeitung begrifflicher Phänomene zielen experimentelle Aufgaben (Halverscheid und Müller 2013). All diese Projekte sprechen mehrere weitere makro-didaktische Variable an. Ein gemeinsames Desiderat dieser Zugänge besteht darin, die Komplexität der Anforderungen dadurch langsam zu steigern, dass bewusst bestimmte Variablen ausgeblendet, d. h. quasi konstant gehalten werden, um andere zu üben. Dennoch können auch andere Lernziele gefördert werden.

11.2.6 Weitere relevante Aspekte im ersten Studienjahr

Weitere Bestandteile der didaktischen Verträge könnten nur mit intensiven Beobachtungen eruiert werden. Von Bedeutung sind z. B.: Die Beziehung der Vorlesungsinhalte zu dem Übungsbetrieb, die Korrekturen und Bewertungen der Übungsaufgaben, die Konzeption und die Inhalte der Übungen, die Hilfen, die für die Übungsaufgaben gegeben werden, Sanktionen bei Plagiatsfällen und die Verknüpfung von Inhalten zwischen verschiedenen Veranstaltungen.

11.3 Einige Beispiele zu Aufgabenkonzepten und ihren Variationsmöglichkeiten

11.3.1 Vernetzen und operatives Durcharbeiten in den fachwissenschaftlichen Anfangsveranstaltungen

Situation Eine Analyse der Übungsaufgaben in den ersten Semestern der Anfängerausbildung legt die Vermutung nahe, dass die Variable MDV10 insbesondere die Verantwortung für das Vernetzen vor allem bei den Studierenden belässt. Es gelten wohl folgende, bewusst zugespitzte Grundsätze in dem trilateralen didaktischen Vertrag zwischen Dozierenden, Tutorinnen und Tutoren und Studierenden:

- MDV4/MDV5: Wahrscheinlich gehen die meisten Dozentinnen und Dozenten davon aus, dass Wissensbereiche durch die Lernenden selbstständig vernetzt werden. Diese

Vernetzung sollte regelmäßig geschehen, quasi neben dem regulären Übungsbetrieb in Eigeninitiative.

- MDV6: Aufgaben beziehen sich auf den Stoff der letzten Wochen aus der Vorlesung und greifen in der Regel nicht auf Inhalte anderer Module zu.
- MDV7: Aufgaben sind in sich abgeschlossene Lerneinheiten; es sind standardisierte Bearbeitungen mit wenigen typischen Lösungswegen zu erwarten. Insbesondere wird wenig Anlass gegeben, eigene Beispiele zu produzieren.
- MDV10: Vernetzende Aspekte, die die zentralen Sätze und Definitionen aus den Vorlesungen thematisieren, spielen in den Übungen weniger eine Rolle.

Diese Grundsätze haben einige pragmatische Hintergründe: Eine leichtere Korrigier- und Bewertbarkeit, eine Reduktion der Komplexität und eine Beschränkung auf das Aktuelle in der Hoffnung, dass die Studierenden mit der Zeit schon selbst vernetzenden Aktivitäten nachgehen.

Intention Dass Vernetzen wesentlich für das Lernen, insbesondere in der Mathematik ist, darf als gesicherte Erkenntnis gelten. Operatives Durcharbeiten gilt dabei als ein von konstruktivistischen Lerntheorien vorgeschlagener Weg, der durch das Mathe-2000-Projekt für die ersten Schuljahre systematisiert ausgearbeitet worden ist (Müller und Wittmann 1992). Im zweiten Semester der fachwissenschaftlichen Veranstaltung zur Differenzial- und Integralrechnung bietet es sich beispielsweise an, die mehrdimensionale Analysis als Anlass dafür zu nehmen, die Analysis in einer Veränderlichen zu wiederholen und als Spezialfall des Mehrdimensionalen zu erfassen. In den Übungen war eine Lernlandkarte zu erstellen mit der Aufgabenstellung: *Erstellen Sie eine Lernlandkarte zu „kritischen Punkten", die notwendige und hinreichende Bedingungen unterscheidet.*

Dieser Klassiker liefert beispielsweise eine Bearbeitung wie in Abb. 11.1, die die eindimensionale Situation teilweise mit einbezieht.

Wer nicht die eindimensionale Situation betrachtet hat, wird beispielsweise durch folgende Aufgabe dazu gebracht: „Lesen Sie die Beweise zu den jeweiligen Implikationen nach und schreiben Sie diese – so dies Sinn macht – für den eindimensionalen Spezialfall auf!" Die Produkte können zu weiteren fachmathematisch vernetzenden Aktivitäten genutzt werden: „Geben Sie zu jeder Implikationsrichtung ein Beispiel (im Mehrdimensionalen) an und zu jeder Implikationsrichtung, die im Allgemeinen nicht gilt, ein Gegenbeispiel!" Die Aufgabe eignet sich insbesondere für eine methodische, gruppendynamische Abwechslung in den Übungen. Die Erfahrungen mit der Korrektur zeigen, dass Beispiele und Gegenbeispiele zu diesem Standardstoff beim Korrigieren nicht zu viel Zeit in Anspruch nehmen.

Inwieweit variiert der Ansatz Aufgabenkonzepte? Basierend auf der selbst erstellten Lernkarte wird den Studierenden ein Schreibanlass für eine elementarmathematische Überarbeitung der Beweise aus der Vorlesung gegeben. Dies liefert einen Anlass, sich mit Beweisen aktiv auseinanderzusetzen. Die Beispiele und Gegenbeispiele müssen semester-

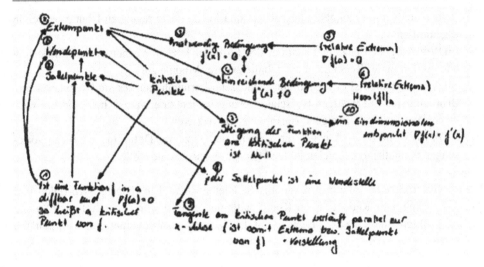

Abb. 11.1 Lernlandkarte zu kritischen Punkten mit Implikationspfeilen

übergreifend entwickelt und systematisch aufgeschrieben werden. Die Rekapitulation von Inhalten kann auch mit Elementen der im folgenden Abschnitt beschriebenen Sachanalyse verknüpft werden (s. Kopiervorlage 1 in Abb. 11.4). Die Einbeziehung von Eigenproduktionen von Schülerinnen und Schülern kann dabei die diagnostische Kompetenz stärken und authentischer vermitteln, dass zur Professionalisierung von Lehrkräften die fachwissenschaftliche Fundierung beiträgt.

Anstöße zu vernetzenden Aktivitäten auf dem regelmäßigen Übungsblatt sorgen zunächst dafür, dass diese Tätigkeiten explizit eingefordert und im Übungsbetrieb – z. B. durch Punkte oder das Ausbleiben von Sanktionen – honoriert werden. Auch wird damit deutlich, dass Vernetzen Zeit kostet und dies in dem Workload für das Arbeitsblatt mitbedacht wird.

11.3.2 Die mathematische Sachanalyse als Verknüpfung zwischen Fachdidaktik und Fachmathematik

Situation Auch in fachdidaktischen Veranstaltungen ist eine Verknüpfung zur Fachmathematik nur selten in den Modulbeschreibungen dokumentiert. Sie tritt aber zumindest implizit auf, weil eine fachliche Klärung zu bestimmten Lehr-Lern-Situationen immer mit dazu gehört. In diesem Abschnitt geht es darum, wie eine Variation eines didaktischen Vertrages diese implizite fachliche Klärung explizit macht.

Tab. 11.3 Beschreibung mathematischer Sachanalysen mit den makro-didaktischen Variablen

MDV1	Die formalen Ansprüche ib. an Logik sind die eines fachwissenschaftlichen Texts.
MDV2	Es dürfen neben den Axiomen nur die Aussagen benutzt werden, die Schülerinnen und Schülern einer definierten Jahrgangsstufe in Mathematik erarbeitet haben.
MDV3	Es soll eine konkrete Situation fachmathematisch durchdrungen werden. Dies führt häufig zu allgemeingültigeren Aussagen; dies ist aber nicht gefordert.
MDV4	Es werden nur Begriffe benutzt, die auch Schülerinnen und Schülern der angegebenen Jahrgangsstufe zur Verfügung stehen.
MDV5	Stets geht es in den Aufgaben um die elementarmathematische Behandlung eines gegebenen Sachverhalts, der aus der Schule bekannt und dessen mathematische Begründung wahrscheinlich schon einmal erörtert worden ist.
MDV6	Beweistechniken und Formen des epistemischen Schreibens werden erarbeitet.
MDV7	In dem vorgegebenen Rahmen dürfen sich die Studierenden bewegen. Gerade für Prüfungen hat es sich als Hilfestellung erwiesen, einen begonnenen Text fortsetzen zu lassen, um die Anforderungen auf den Punkt zu bringen.
MDV8	Die ausgewählten Aufgaben beziehen sich auf einen komplexeren Begriffsbildungsprozess. Die Bearbeitung setzt diese Begriffe voraus.
MDV9	Typ der angestrebten Wechsel von Repräsentationen kann durch die Aufgaben stimuliert werden, vgl. Kopiervorlage 1 in Abb. 11.4.
MDV10	Aufgabentyp wird in den Veranstaltungen in verschiedenen Kontexten geübt und stellt einen Aufgabenteil der schriftlichen Modulprüfung in der Fachdidaktik dar.

Intention Inhalte in einer fachwissenschaftlichen Veranstaltung brauchen einige Zeit, um in Aufgaben von Studierenden selbstständig umgesetzt und eingesetzt werden zu können. Elementarmathematische Situationen werden hier so verstanden, dass nur die Definitionen und erarbeiteten Tatsachen aus der Schulmathematik bis zu einer bestimmten Jahrgangsstufe sowie die grundlegenden Axiomensysteme (z. B. der reellen Zahlen) benutzt werden dürfen. Abgesehen von dieser Eingrenzung soll ein fachwissenschaftlicher Text zu einer gegebenen Situation verfasst werden. Der Aufgabentyp soll anhand der Makro-Variablen nun detaillierter vorgestellt werden.

Die Aufgabenstellung hat sich im Laufe der Jahre dahingehend entwickelt, dass zunächst das betreffende elementarmathematische Niveau durch die Angabe der Jahrgangsstufe festgelegt wird, auf die sich die Analyse bezieht. Dann wird das Thema gekennzeichnet und schließlich der Beginn der Sachanalyse vorgegeben. Dies stellt eine Eingrenzung dar, hat sich aber als sehr hilfreich dafür erwiesen, den intendierten Kern der Bearbeitung ganz deutlich zu machen und die Aufgabe – gerade in Prüfungssituationen – zu präzisieren und die Bearbeitungen vergleichbar zu machen. Als Illustration folgt hier eine Aufgabenstellung:

Situation: Sie unterrichten eine achte Klasse im Gymnasium zu dem Thema quadratische Funktionen. In der nächsten Doppelstunde möchten Sie Begründungen finden, wann der Graph der Funktion nach oben bzw. nach unten geöffnet ist.

Aufgabe: Führen Sie die Sachanalyse fort, die wie folgt begonnen wurde.

„Ein reelles Polynom vom Grad zwei ist gegeben durch $ax^2 + bx + c$ mit reellen Koeffizienten a, b, c und $a \neq 0$ und definiert die Abbildung $P : \mathbb{R} \to \mathbb{R}, x \mapsto ax^2 + bx + c$. Abhängig von diesen Koeffizienten sollen im Folgenden die Beschränktheitseigenschaften untersucht und das Verhalten für betragsmäßig große Werte betrachtet und elementar bestimmt werden …"

Inwieweit variiert der Ansatz Aufgabenkonzepte? Der Aufgabentyp verschiebt den Schwerpunkt vom Problemlösen dahin, einen bekannten Sachverhalt – zumindest sollten Vorstellungen über die Aussage und ihre mathematischen Hintergründe vorliegen – in einem fachwissenschaftlichen Text darzustellen und die zugrunde liegenden mathematischen Argumentationen durchzuführen.

Eine Variation besteht bzgl. der Variablen MDV3 in der Begrenzung des zur Verfügung stehenden mathematischen Apparats. Die Aufgabe kann mit höheren Methoden schneller beantwortet werden, aber genau dies wird nicht unter einer elementarmathematischen Bearbeitung verstanden. Sich auf diese Spielregel einzulassen fällt Studierenden nicht leicht, wie die Bearbeitung in Abb. 11.2 zeigt.

Hier wird ein Ansatz mit den Methoden der Differenzialrechnung verfolgt, der Achtklässlern noch nicht zur Verfügung steht. Für das Unterrichten von Mathematik ist die Fähigkeit wichtig, sich auf bestimmte elementarmathematische Möglichkeiten einzuschränken, weil man dies zum einen für das Argumentieren auf unterschiedlichen kognitiven Niveaus benötigt und weil dieses Vorgehen zum anderen auch Ideen für differenzierende Aufgaben und individuelle Hilfen bei Verstehensschwierigkeiten seitens der Schülerinnen und Schüler liefert.

Mathematisch korrektes Vorgehen im Sinne von MDV1 einzufordern ist von besonderer Bedeutung, wie folgender Ausschnitt einer Bearbeitung der o. g. Aufgabe unterstreicht:

Einerseits handelt es sich bei der Bearbeitung in Abb. 11.3 um eine brauchbare Idee, die auch von Schülerinnen und Schülern so gebracht werden kann. Die Mathematik vom höheren Standpunkt sollte sich bei künftigen Lehrerinnen und Lehrer auch darin ausdrücken, dies einerseits korrekt formulieren (MDV6) und andererseits argumentativ vollständig durchführen zu können (MDV7).

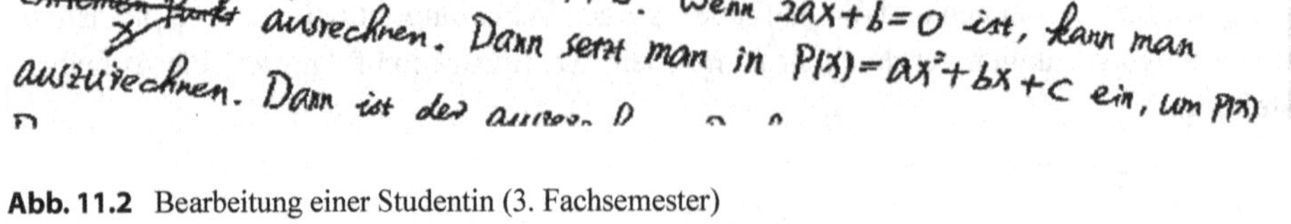
Durch die erste Ableitung kann man seinen extren Punkt ausrechnen.
Die erste Ableitung ist P'(x) = 2ax + b. Wenn 2ax+b=0 ist, kann man
~~extremen Punkt~~ x ausrechnen. Dann setzt man in P(x)=ax²+bx+c ein, um P(x)
auszurechnen. Dann ist der ...

Abb. 11.2 Bearbeitung einer Studentin (3. Fachsemester)

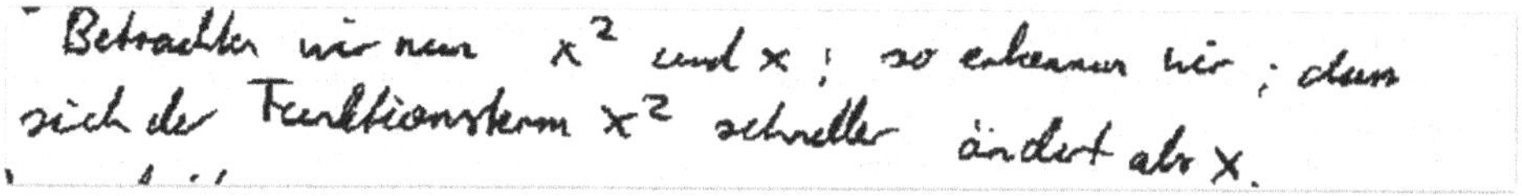

> *Betrachten wir nun x^2 und x; so erkennen wir; dass sich der Funktionsterm x^2 schneller ändert als x.*

Abb. 11.3 Bearbeitung eines Studenten (5. Fachsemester)

11.3.3 Die Rolle der Tutorinnen und Tutoren

Die zuletzt zitierte Bearbeitung setze ich bei der Schulung von Tutorinnen und Tutoren – meist Studierende in einem fachwissenschaftlichen Studium – ein und muss einige zunächst davon überzeugen, warum dies kein korrekter mathematischer Text ist. Wir erarbeiten dann, dass eine gute Korrektur zunächst deutlich machen würde, dass die Aussage der Bearbeitung voraussetzt, und wie die hier ausgedrückte Idee korrekt als mathematisches Argument verwendet und wissenschaftlich angemessen geschrieben werden kann.

Die Beobachtung auf Seiten der Tutorinnen und Tutoren indiziert, dass sich Argumentationen in elementarmathematischen Kontexten auch in den fachwissenschaftlichen Studiengängen der Mathematik nicht von selbst entwickeln. Da die Aufgaben bislang nur mit Studierenden des Lehramts ausführlich erprobt worden sind, bezieht sich auch die in Abbildung 11.5 gezeigte Kopiervorlage 2 auf diesen Kreis.

Mathematische Sachanalysen können sich wie ein roter Faden durch die Bachelor- und Masterausbildung ziehen: Als lehramtsbezogener Lerngegenstand in den Übungen zur Fachmathematik, in den fachdidaktischen Veranstaltungen und in individualisierten Teilaufgaben für fachmathematische Seminare.

Literatur

Ableitinger, C.; Hefendehl-Hebeker, L. & Herrmann, A. (2013). Aufgaben zur Vernetzung von Schul- und Hochschulmathematik. In Allmendinger, H.; Lengnink, K.; Vohns, A. & Wickel, G. *Mathematik verständlich unterrichten* (pp. 217–233). Wiesbaden: Springer Fachmedien.

Artigue, M. (2007). *Teaching and learning mathematics at university level.* Presentation at the conference 'The future of mathematics education in Europe', Lissabon.

Bauer, T. (2012). *Analysis-Arbeitsbuch: Bezüge zwischen Schul- und Hochschulmathematik sichtbar gemacht in Aufgaben mit kommentierten Lösungen.* Springer.

Baumert, J., Bos, W., Brockmann, J., Gruehn, S., Klieme, E., Köller, O., ... & Watermann, R. (2000). *TIMSS/III-Deutschland. Der Abschlussbericht. Zusammenfassung ausgewählter Ergebnisse der Dritten Internationalen Mathematik-und Naturwissenschaftsstudie zur mathematischen und naturwissenschaftlichen Bildung am Ende der Schullaufbahn.* Opladen.

Beutelspacher, A., Danckwerts, R., Nickel, G., Spies, S., & Wickel, G. (2011). *Mathematik Neu Denken.* Springer.

Bikner-Ahsbahs, A., & Schäfer, I. (2013). Ein Aufgabenkonzept für die Anfängervorlesung im Lehramt Mathematik. In *Zur doppelten Diskontinuität in der Gymnasiallehrerbildung* (pp. 57–76). Springer Fachmedien Wiesbaden.

Bloch, I. (2005). *Quelques apports de la théorie des situations à la didactique des mathématiques dans l'enseignement secondaire et supérieur.* Thèse synthetique pour une Habilitation à Diriger des Recherches. Université Paris-Diderot-Paris VII).

Bloch, I. & Ghedamsi, I. (2004). *The teaching of calculus at the transition between Upper Secondary School and University.* Communication to Topic Study Group 12, Copenhague: ICME 10.

Borneleit, P., Danckwerts, R., Henn, H. W., & Weigand, H. G. (2001). Expertise Kerncurriculum Mathematik. Tenorth, H.-E.(Hg.): *Kerncurriculum Oberstufe.* Weinheim, Basel: Beltz, 26–53.

Brousseau, G. (1986). Fondements et méthodes de la didactique. *Recherches en didactique des mathématiques,* 7(2), 35–115.

Bosch, M.; Fonseca, C & Gascon, J. (2004). Incompletitud de las organizaciones matematicas locales en las instituciones escolares. *Recherches en didactique des mathématiques Recherches* 24/2.3, 205–250, Grenoble : La Pensée Sauvage.

Dieter, M. (2011). *Studienabbruch und Studienfachwechsel in der Mathematik: Quantitative Bezifferung und empirische Untersuchung von Bedingungsfaktoren.* Dissertationsschrift Universität Duisburg-Essen.

Fischer, A. (2013). Anregung mathematischer Erkenntnisprozesse in Übungen. In *Zur doppelten Diskontinuität in der Gymnasiallehrerbildung* (pp. 95–116). Wiesbaden: Springer Fachmedien.

Grønbæk, N., Misfeldt, M., & Winsløw, C. (2009). Assessment and contract-like relationships in undergraduate mathematics education. In O. Skovsmose et al. (eds), *University science and Mathematics Education. Challenges and possibilities,* (pp. 85–108). New York: Springer Science.

Halverscheid, S. & Müller, N. C. (2013). Experimentelle Aufgaben als grundvorstellungsorientierte Lernumgebungen für die Differenzialrechnung mehrerer Veränderlicher. In *Zur doppelten Diskontinuität in der Gymnasiallehrerbildung* (pp. 117–134). Wiesbaden: Springer Fachmedien Wiesbaden.

Halverscheid, S. & Pustelnik, K. (2013). Studying math at the university: is dropout predictable? In Lindmeyer, A. M. & Heinze, A. (Eds.). *Proceedings of the 37th Conference of the International Group for Psychology of Mathematics Education.* Vol. 2 pp. 417–424. Kiel: PME.

Halverscheid, S., Pustelnik, K., Schneider, S. & Taake, A. (2013). Ein diagnostischer Ansatz zur Ermittlung von Wissenslücken zu Beginn mathematischer Vorkurse. In I. Bausch (Hrsg.), *Mathematische Vor- und Brückenkurse,* DOI 10.1007/978–3-658–03064–3_20, Wiesbaden: Springer (S. 293–306).

Kümmerer, B. (2013). Wenn du wenig Zeit hast, nimm' dir viel davon am Anfang: Ein Einstieg in die Analysis. In *Zur doppelten Diskontinuität in der Gymnasiallehrerbildung* (S. 135–150). Wiesbaden: Springer.

Müller, G. N. & Wittmann, E. C. (1992). *Handbuch produktiver Rechenübungen.* Bd. 1 und 2, Stuttgart: Klett.

Nagy, G. & Neumann, M. (2010). Psychometrische Aspekte des Tests zu den voruniversitären Mathematikleistungen in TOSCA-2002 und TOSCA-2006. In *Schulleistungen von Abiturienten* (S. 281–306). Wiesbaden: VS Verlag für Sozialwissenschaften.

Praslon , F. (2000). Continuités et ruptures dans la transition entre Terminale S et DEUG Sciences en Analyse. L'exemple de la notion de dérivée et son environnement. Univ. Paris 7.

Sarrazy B. (1995). Le contrat didactique. *Revue Française de pédagogie,* Note de synthèse 112, 85–118.

Trautwein, U., Neumann, M., Nagy, G., Lüdtke, O. & Maaz, K. (Hrsg.). (2010). *Schulleistungen von Abiturienten: Die neu geordnete gymnasiale Oberstufe auf dem Prüfstand.* Wiesbaden: VS Verlag für Sozialwissenschaften.

Differenzenquotient

Folgende Fragestellung haben wir an 58 Schüler/innen (Ende GK 11, GY 9) und 127 Studienanfänger/innen (Lehramt Grund-, Haupt-, Realschule) gerichtet:

„Was bedeutet es, dass der Differenzenquotient $\frac{f(b)-f(a)}{b-a}$ einer Funktion f an zwei unterschiedlichen Stellen a und b positiv ist / negativ ist?"

   a) Geben Sie eine mathematisch begründete Antwort auf diese Frage!

   b) Unten finden sich vier Bearbeitungen. Formulieren Sie mathematische Aussagen, die die Autor(inn)en jeweils gemeint haben könnten.

   c) Sind diese jeweils wahr? Sind sie notwendig oder hinreichend für die Eigenschaft, die in der Fragestellung genannt wird?

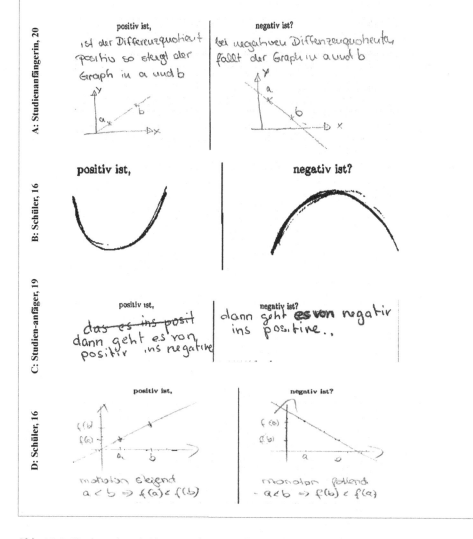

Abb. 11.4 Kopiervorlage 1 (eingesetzt in Analysis zum Thema Differenzierbarkeit sowie in Veranstaltungen zur Didaktik der Analysis)

Symmetrie

In einem Lerntagebuch einer Schülerin der Jahrgangsstufe 11 (GK, GY9) stehen folgende Einträge zu „Steckbriefaufgaben", also der Suche nach Polynomen mit bestimmten, vorgegebenen Eigenschaften:

„Gibt die Aufgabenstellung vor, dass [...] die Funktion achsensymmetrisch ist, kann man alle Faktoren mit ungeraden Exponenten außer Acht lassen. [...]

Die Bedingung für Achsensymmetrie lautet

$$f(x) = f(-x)$$

Dies ist eben nur bei geraden Exponenten der Fall, weil das (Minus) bei ungeraden Exponenten wegfällt."

a) Korrigieren Sie diesen Lerntagebucheintrag auf dem Rand rechts neben dem Text, als wenn Sie die Schülerin unterrichten würden!

b) Formulieren Sie die letzte Aussage mathematisch korrekt und weisen Sie diese nach!

c) Nach der Lektüre des Lerntagebucheintrags überlegen Sie, der Schülerin die Aufgabe zu stellen, eine Formel für die Spiegelsymmetrie bzgl. einer Parallelen zur y-Achse zu finden. Führen Sie die hier begonnene mathe-matische Sachanalyse zu dieser Lernsituation fort:

> *„Es sei $f : \mathbb{R} \to \mathbb{R}$ eine Funktion mit dem Graphen $Graph(f) = \{(x,y) \in \mathbb{R}^2 | y = f(x)\}$. Der Graph ist symmetrisch bezüglich einer bijektiven Abbildung $S : \mathbb{R}^2 \to \mathbb{R}^2$, wenn für das Bild des Graphen $S(Graph(f)) = \{S((x,)) | (x,y) \in Graph(f)\}$ gilt $S(Graph(f)) = Graph(f)$. Die Spiegelung an der Parallelen zur y-Achse durch den Punkt $(a; 0)$ mit $a \in \mathbb{R}$ ist eine affin-lineare Abbildung mit der Abbildungsvorschrift $S((x,y)) = \dots$"*

d) Wie kann man für Polynome in zwei Variablen Symmetrie-Eigenschaften bzgl. der Koordinatenachsen ablesen?

Abb. 11.5 Kopiervorlage 2 (eingesetzt in Analysis II für das gymnasiale Lehramt)

Die fachlich-epistemologische Perspektive auf Mathematik als zentraler Bestandteil der Lehramtsausbildung

12

Lisa Hefendehl-Hebeker

Zusammenfassung

In den folgenden Ausführungen geht es um die Frage, welche Art von Fachausbildung Lehramtsstudierende benötigen, um guten Mathematikunterricht erteilen zu können. Beschrieben wird exemplarisch, welche erweiterten unterrichtlichen Handlungsmöglichkeiten durch ein Mehr an fachlichem Wissen und epistemologischer Perspektive auf fachliches Wissen gewonnen werden können. Dazu greift der Beitrag auch auf eine aufschlussreiche und unvermindert aktuelle Analyse von O. Toeplitz zurück.

12.1 Fachwissen für den Unterricht – ein Beispiel

In fachdidaktischen Übungen stelle ich zuweilen Aufgaben nach folgendem Muster:

Stell dir vor, du hast 64 Würfel mit der Kantenlänge 2 cm. Baue daraus Quader.

A Bestimme die Volumen dieser Quader.
B Welcher dieser Quader hat die kleinste Oberfläche? Bestimme sie in cm^3.
C Welcher dieser Quader hat die größte Oberfläche? Bestimme sie in cm^3.

Bearbeiten Sie diese Aufgabe auf dem Darstellungsniveau einer Lehrkraft, die sich auf die Behandlung der Aufgabe im Unterricht vorbereiten will. (Affolter et al. 2002, S. 28)

Die Mehrzahl der Studierenden kommt über eine Auflistung der möglichen Fälle nach einer mehr oder weniger geschickten Systematik und die Berechnung der zugehörigen Oberflächen nicht hinaus. Sie formulieren nicht mehr als die unmittelbaren Antworten auf

die Aufgabenfragen und unterscheiden nicht zwischen einer wünschenswerten Schülerlö-
sung und vorbereitenden Überlegungen der Lehrkraft.

Möchte man jedoch die Substanz, die in der Aufgabe steckt, im Unterricht voll zur Geltung bringen, ist zunächst eine geschickte Auflistung der möglichen Fälle, wie in Tab. 12.1
gezeigt, hilfreich. Darin sind folgende Aspekte berücksichtigt:

- Die möglichen Tripel von Seitenlängen sind lexikographisch gereiht. Diese Anordnung
  ist Darstellungs- und Beweismittel zugleich. Sie garantiert bei richtiger Durchführung,
  dass alle Fälle erfasst wurden.
- Die Einträge der mittleren Spalte können aufgefasst werden als Berechnung der Volumi-
  na für den Fall, dass die Bausteine Einheitswürfel sind. Die Ergebnisse lassen sich dann
  mühelos für jede Würfelgröße umrechnen. In dieser Aufstellung liegt also der Schlüssel
  zum Verständnis der Zusammenhänge.

An dieser Tabelle können weitere Beobachtungen gemacht werden:

- Die kleinste Oberfläche hat der Würfel.
- Die größte Oberfläche hat die Würfelschlange aus 64 Würfeln.
- Die Anordnung der Maßzahlen für die Oberflächen verläuft gegensinnig zur lexikogra-
  phischen Anordnung der Zahlentripel für die Seitenlängen.

Die beobachteten Gesetzmäßigkeiten wecken die Frage nach dem „Warum?". Begründungen können handelnd entdeckt werden, wenn nach Verfahren gesucht wird, die einzelnen
Quaderformen ineinander zu transformieren. Von der $(1, 1, 64)$-Schlange gelangt man zum
$(1, 2, 32)$-Quader, indem man die Schlange halbiert und die Hälften nebeneinander legt.
Dabei werden Würfelflächen verdeckt, die vorher offen sichtbar waren. Die Oberfläche
wird also durch diese Umbaumaßnahme kleiner. So kann man schrittweise fortfahren, bis
die Würfelform erreicht ist.

Eine solche Vorbereitung mündet unmittelbar in Impulsfragen für den Unterricht, die
gestellt werden können, wenn die Schülerinnen und Schüler sich mit der Aufgabe beschäftigt haben und ihre Lösungen zusammen tragen:

- Versucht einmal, die gefundenen Möglichkeiten zu sortieren.
- Nach welchen Gesichtspunkten habt ihr sortiert?
- Wie können wir sicher sein, dass alle Möglichkeiten gefunden wurden?
- Vergleicht die Datensätze für die Seitenlängen und die Oberflächen. Was fällt auf?
- Wie kann man die $(1, 1, 64)$-Würfelschlange möglichst einfach zum $(1, 2, 32)$-Quader
  umbauen? Woran sieht man, dass bei diesem Umbau die Oberfläche kleiner wird?
- Was geschieht, wenn man das Experiment mit Würfeln anderer Größe durchführt?
- ...

Tab. 12.1 Mögliche Quader aus 64 Würfeln

Seitenlängen, gemessen in Würfellängen	Oberfläche, gemessen in Würfelflächen	Oberfläche, gemessen in cm²
$(1, 1, 64)$	$2 \cdot (1 + 64 + 64) = 258$	$1032 \, \text{cm}^2$
$(1, 2, 32)$	$2 \cdot (2 + 32 + 64) = 196$	$784 \, \text{cm}^2$
$(1, 4, 16)$	$2 \cdot (4 + 16 + 64) = 168$	$672 \, \text{cm}^2$
$(1, 8, 8)$	$2 \cdot (8 + 8 + 64) = 160$	$640 \, \text{cm}^2$
$(2, 2, 16)$	$2 \cdot (4 + 32 + 32) = 136$	$544 \, \text{cm}^2$
$(2, 4, 8)$	$2 \cdot (8 + 16 + 32) = 112$	$448 \, \text{cm}^2$
$(4, 4, 4)$	$2 \cdot (16 + 16 + 16) = 96$	$384 \, \text{cm}^2$

Mit solchen Fragen kann mehr an mathematischer Substanz ans Licht geholt werden, als eine blanke Lösung der Aufgabe erkennen lässt. Gegenüber gestellt werden deshalb noch einmal die unterrichtlichen Implikationen der beiden idealtypisch geschilderten Vorbereitungen:

Die minimale Vorbereitung legt den Schwerpunkt auf das Kalkül (Oberflächen berechnen) und die Feststellung von Fakten („Unter allen Quadern gleichen Volumens hat der Würfel die kleinste Oberfläche"). Dabei werden im schwächsten Fall die Befunde ohne weitere Nachfragen hingenommen. Es wird nicht vorgelebt, dass markante Beobachtungen Aufmerksamkeit erregen sollten.

Die ausführliche Vorbereitung ist orientiert an authentischen Prozessen mathematischer Wissensbildung, den sie treibenden Motiven und tragenden Denkhandlungen: experimentieren, beobachten, darstellen, deuten, systematisieren, sichern, begründen, verallgemeinern ... In diesem Rahmen wird kognitive Aktivierung der Lernenden auf unterschiedlichen Niveaus mit sinnvollen Zwischenabschlüssen möglich. Dabei scheint etwas von dem auf, was Toeplitz (1928, S. 6) das „Getriebe einer mathematischen Theorie" nannte.

12.2 Das Getriebe der Mathematik durchschauen

In einem Vortrag auf der 99. Versammlung deutscher Naturforscher und Ärzte in Hamburg widmete sich Toeplitz (1928) der „Spannung zwischen dem mathematischen Unterricht an Schule und Hochschule" und präsentierte Beobachtungen und Analysen, die auch heute noch lesenswert und in ihrem Grundtenor unvermindert aktuell sind. Das belegen bereits Kostproben aus der Einleitung (S. 1–2):

> Die Mehrzahl der Hochschulprofessoren denkt gar nicht an die Schule und an die späteren Lehraufgaben ihrer Hörer.

... etwa 90 % unserer Hörer denken weniger an die Wissenschaft als an das Examen, fragen stets nur, was zum Examen verlangt wird ...

Die Lehrer in ihrer heute bestehenden außerordentlichen Überlastung verlieren zu einem großen Teil den Blick auf das geistige Urbild des Faches, in dem sie unterrichten.

Toeplitz zieht aus diesen Befunden das Fazit, dass die beiden Instanzen Schule und Hochschule sich auseinander gelebt haben und dass „jeder innere Parallelismus ihrer Zielsetzungen" (S. 2) fehlt. Er lastet aber diese Entwicklung keineswegs einer einseitigen Abkopplung der Schule an. Vielmehr sieht er einen wesentlichen Grund bereits in der universitären Ausbildung selbst, und zwar in dem „Antagonismus zwischen Stoff und Methode" (S. 2). Er beklagt, dass die Vorlesungen überwiegend auf den Stoff fokussiert seien, auf die Vermittlung von Tatsachen, die dann auch als „abfragbares Wissen" Grundlage der abschließenden Prüfungen sind. Diese Gewichtung bildet jedoch, wie Toeplitz weiter ausführt (S. 4), die ursprünglichen Prozesse mathematischer Wissensbildung nicht ab:

Die Wirklichkeit der mathematischen Forschung ist ein Wechselspiel zwischen Stoff und Methode. Der eine Forscher besitzt Methoden und sucht sich die Stoffe, auf die er sie anwenden kann; der andere ist von der Aufgabe gefesselt und schafft sich Methoden, um sie zu bewältigen. Anstatt daß man dieses Wechselspiel in seiner Buntheit sich so vortrefflich entwickeln läßt, systematisiert man es aus Gründen der Ökonomie und einer falsch gerichteten Didaktik zu einer möglichst gedrängten, oft meisterhaften Übersicht über die Tatsachen, während das, was der künftige Lehrer daran erfahren will, etwas ganz anderes ist. *Der Ausgleich zwischen Stoff und Methode in den heutigen Universitätsvorlesungen ist im Prinzip nicht der richtige. In diesem Ausgleich sehe ich den Schlüssel zur Lösung des ganzen Aufgabenkomplexes, der von der Leitung des Kongresses mit dem Wort von der ‚Spannung' so vortrefflich gekennzeichnet ist.*

Damit wird auch plausibel, dass Toeplitz in Prüfungen, die vorwiegend auf Wissensabfrage ausgerichtet sind, keine trennscharfe Beurteilungsmöglichkeit des Leistungsniveaus künftiger Lehrerinnen und Lehrer erkennen kann. Dabei wird „Niveau" aus seiner Sicht wesentlich durch den genannten Ausgleich zwischen Stoff und Methode determiniert. So lesen wir (S. 6):

Mit Niveau eines Kandidaten ist seine Fähigkeit gemeint, **das Getriebe** (Hervorh. d. Verf.) einer mathematischen Theorie zu durchschauen, die Definitionen ihrer Grundbegriffe nicht zu memorieren, sondern in ihren Freiheitsgraden, in ihrer Austauschbarkeit zu beherrschen, die Tatsachen von ihnen klar abzuheben und untereinander nach ihrem Wert zu staffeln, Analogien zwischen getrennten Gebieten wahrzunehmen oder, wenn sie ihm vorgelegt werden, sie durchzuführen.

Das Niveau in diesem Sinne ist also Ausdruck der Professionalität im Umgang mit dem Fach und seiner spezifischen Art der Wissensbildung. In ihm vereinen sich Fachkenntnis und epistemologisches Bewusstsein. Es verbindet Faktenwissen und Wissen darüber, wie das innere Getriebe der Mathematik als Wissenschaft funktioniert, und hierzu ließe sich die Auflistung aus dem zuletzt angeführten Zitat noch verlängern. Es geht um das Bewusstsein,

- wie die Mathematik ihre Gegenstände gedanklich in den Griff nimmt,
- welche Fragen sie angesichts von Beobachtungen stellt,

- welche Phänomene sie des Nachdenkens wert hält,
- wie sie ihre Begriffe definiert und warum,
- wie sie Systeme und Theorien bildet und wozu,
- wie sie argumentativ Gewissheit erzeugt,
- welche Darstellungsmittel sie zu diesem Zweck verwendet,
- …

Von diesem Wissen sollten Lehrkräfte durchdrungen sein und es im elementaren Zusammenhang der Schulmathematik zur Geltung bringen können. Das wurde an dem einführenden Beispiel veranschaulicht und durch den Rückgriff auf Toeplitz untermauert.

12.3 Konsequenzen für die Lehramtsausbildung

Es ist unbestritten, dass Lehrkräfte „fachlich gut ausgebildet" sein sollten. Jedoch ist das Prädikat „fachlich gut" in seiner Auswirkung auf Unterrichtsqualität nicht selbsterklärend. Deshalb sollte man umgekehrt fragen, welche Art fachlicher Expertise für einen kognitiv aktivierenden Unterricht unabdingbar ist. Diese Frage wurde oben exemplarisch diskutiert. Die Autorin hofft, damit deutlich gemacht zu haben, was Lehrkräfte in der Ausbildung gelernt haben sollten, um Mathematik lebendig und gehaltvoll zu unterrichten und dabei im Einklang mit den Bildungsstandards (KMK 2003) inhaltliche Kenntnisse und prozessbezogenen Fähigkeiten im fruchtbaren Miteinander zu entwickeln.

Allerdings ist deutlich, dass eine solche Ausbildung nicht einfach umzusetzen ist. Die von Toeplitz aufgezeigten institutionellen Trends bestehen auch heute noch. Zudem geht die Aneignung einer fachlich-epistemologischen Perspektive zu Lasten des erreichbaren Stoffumfangs, so dass Reichweite und Eindringtiefe ständig gegeneinander abgewogen werden müssen. Hierin liegt eine Aufgabe, deren Umsetzung noch mancher Erprobung bedarf.

Literatur

Affolter, B. et al. (2002): mathbu.ch: Mathematik im 7. Schuljahr für die Sekundarstufe I. Bern/Zug: Schulverlag blmv AG / Klett und Balmer AG.
Kultusministerkonferenz – KMK (Hrsg.). (2003). *Bildungsstandards im Fach Mathematik für den Mittleren Schulabschluss.* Neuwied: Wolters-Kluwer & Luchterhand.
Toeplitz, O. (1928): Die Spannungen zwischen den Aufgaben und Zielen der Mathematik an der Hochschule und an der höheren Schule. *Schriften des deutschen Ausschusses für den mathematischen und naturwissenschaftlichen Unterricht* 11(10), 1–16.

Mathematischer Forschungsbezug in der Sek-II-Lehramtsausbildung?

13

Reinhard Hochmuth

Zusammenfassung

Dieser Beitrag widmet sich Potentialen forschungsorientierter Vertiefungsveranstaltungen für die Entwicklung professionaler Kompetenzen gymnasialer Lehramtstudierender. Dabei richtet sich der Fokus auf einige Aspekte der fachwissenschaftlichen Kompetenzentwicklung im Kontext ihrer Bedeutung einer fachdidaktisch reflektierten Handlungsfähigkeit. Die Diskussion nutzt analytische Begriffe aus der Anthropologischen Theorie der Didaktik und illustriert exemplarisch Möglichkeiten forschungsorientierter Vertiefungsveranstaltungen an Beispielen aus der *Nichtlinearen Approximationstheorie*. Bedeutende Potentiale werden vor allem im Hinblick auf die Verknüpfung fachlicher Diskurse, dem kritischen und reflektierten Einbezug vielfältiger Quellen und Werkzeuge sowie in der Erweiterung von Bedeutungshorizonten schulbezogener Begriffe und Vorstellungen gesehen. Ein Hintergrund dieses Beitrags ist die Beobachtung, dass in aktuellen Prüfungs- und Studienordnungen des gymnasialen Lehramts eine forschungsorientierte Vertiefung nicht (mehr) vorgesehen ist.

13.1 Einleitung

Noch vor 30 Jahren wurden in der 1979 von der DMV vorgelegten Denkschrift zur gymnasialen Lehramtsausbildung (vgl. DMV, 1979) 70–80 SWS für die fachwissenschaftliche Ausbildung als angemessen angesehen und in zumindest einem Gebiet der Mathematik eine forschungsorientierte Vertiefung gefordert, die insbesondere für die Entwicklung einer realen Vorstellung von Mathematik als notwendig angesehen wurde. Während in den zurückliegenden Jahren in Stellungnahmen von DMV, GDM und MNU die erhebliche Kürzung des zeitlichen Umfangs des fachlichen Ausbildungsanteils auf gegenwärtig ca.

50–55 SWS wiederholt heftig kritisiert wurde, wird die Aufgabe einer forschungsorientierten Vertiefung in der gymnasialen Lehramtsaubildung derzeit nicht problematisiert. Sicher muss naheliegenderweise immer wieder ein Abwägungsprozess hinsichtlich der verschiedenen Studienanteile, die als solche auch eingeschätzte Bedarfe widerspiegeln, stattfinden. Der Autor dieses Beitrags hat allerdings den Eindruck, dass mit Blick auf solche Abwägungsprozesse hinsichtlich einer Würdigung der spezifischen potentiellen Beiträge einer forschungsorientierten Vertiefung zur Kompetenzentwicklung Studierender eine Lücke besteht. Dieser Beitrag soll beginnen, diese zu füllen.

Unter einer forschungsorientierten Vertiefung werden hier solche mathematischen Lehrveranstaltungen verstanden, die an Grundveranstaltungen und einführenden Vertiefungsveranstaltungen wie etwa der Numerik, der Analyis 3 oder einer Funktionalanalysis anknüpfen und einen deutlichen inhaltlichen Bezug zur aktuellen Forschung aufweisen. Damit ist beispielsweise gemeint, dass anhand der behandelten Inhalte Fragestellungen, die im gewissen Sinne *typisch* für die aktuelle Forschung in einem Gebiet sind, verdeutlicht und gegebenenfalls Verknüpfungen zu realen aktuellen Anwendungen hergestellt werden können.

Der Beitrag widmet sich vor allem der Frage, ob und gegegenenfalls welche spezifischen Potentiale für die Entwicklung professionaler Kompetenzen gymnasialer Lehrkräfte in Inhalten möglicher forschungsorientierter Vertiefungsveranstaltungen liegen. Exemplarisch wird dabei auf mathematische Inhalte der *Nichtlinearen Approximation* eingegangen. In fach- bzw. hochschuldidaktischer Hinsicht wird insbesondere auf Konzepte der Anthropologischen Theorie der Didaktik Bezug genommen. Es werden u. a. erste Hypothesen über mögliche Wirkzusammenhänge formuliert, die im Detail sowie in ihrer empirischen Relevanz weiter zu untersuchen sein werden. Die Organisation einer solchen Lehrveranstaltung und deren Rolle hinsichtlich dadurch etwa spezifisch förderbarer Lernstrategien wird hier genauso wenig explizit behandelt wie Formen sog. *Forschenden Lernens*. Für all diese und weitere Überlegungen muss hier schon aus Platzgründen auf weitere Arbeiten verwiesen werden.

Der Beitrag ist folgendermaßen gegliedert: Im Abschnitt 13.2 wird zunächst allgemein auf einige Potentiale eingegangen, die im Zusammenhang mit einer Stärkung der fachwissenschaftlichen Ausbildung überhaupt stehen, bevor dann spezifische Aspekte forschungsorientierter Vertiefungsveranstaltungen diskutiert werden. Der Abschnitt 13.3 skizziert beispielhaft mathematische Inhalte einer Lehrveranstaltung zur Nichtlinearen Approximation, die etwa im 5.–8. Semester angesiedelt wäre, und illustriert insbesondere anhand von Aufgaben einige der im vorhergehenden Abschnitt herausgestellten Möglichkeiten. Ergänzende Bemerkungen und ein kurzer Ausblick beschließen den Beitrag.

13.2 Potentielle Beiträge einer forschungsorientierten fachlichen Vertiefung zur Kompetenzentwicklung

Es ist unstrittig, dass zukünftige Lehrkräfte die Schulmathematik vollständig beherrschen, insbesondere darin vorkommende Aufgaben selbstständig lösen und über strukturelle Aspekte unmittelbar schulrelevanter Wissensbereiche u. a. verständig Auskunft geben können sollten. Insbesondere der zuletzt genannte Aspekt erfordert Wissen, das über die Schulmathematik selbst hinausgeht. Bereits Shulman hat in einer aktuell häufig zitierten Arbeit darauf hingewiesen, dass „teachers must not only be capable of defining for students the accepted truths in a domain. They must also be able to explain why a particular proposition is deemed warranted, why it is worth knowing, and how it relates to other proposition" (vgl. Shulman, 1986, S. 9).

Im Hinblick auf Struktur und Inhalt eines für zukünftige Lehrkräfte adäquaten fachmathematischen Wissens gibt es im Detail noch viele offene Fragen. Es können jedoch einige spezifische mit dem Fachwissen zusammenhängende professionsrelevante Kompetenzfacetten beschrieben werden. Es erscheint zumindest naheliegend, dass diese in der Regel durch eine Stärkung der fachmathematischen Ausbildung und damit auch durch forschungsorientierte Vertiefungen gefördert werden. So kann nach Krauss (2009) angenommen werden, dass gutes fachliches Wissen positive Wirkungen insbesondere hinsichtlich der Selbstwirksamkeit und der epistemologischen Überzeugungen entfaltet und die Durchführung eines kognitiv herausfordernden Unterrichts fördert. Insbesondere kann ein Einfluss des fachwissenschaftlichen Wissens auf fachdidaktische Handlungsaspekte wie Erklären, Repräsentieren und Intervenieren und auf diagnostische Kompetenzen erwartet werden. All diese Aspekte stellen bedeutende Momente sog. fachdidaktischer Kernaufgaben (vgl. dazu Bass et al., 2004) dar. Dazu zählen u. a. das Festlegen und Klären von Zielen, das Bewerten verschiedener Zugänge zu einem bestimmten Thema, die Auswahl und Konstruktion von Aufgaben und nicht zuletzt die Auswahl und Verwendung von Darstellungen.

In der weiteren Diskussion möglicher Beiträge forschungsorientierter Vertiefungsveranstaltungen zur Professionalisierung zukünftiger Lehrkräfte sollen im Folgenden insbesondere der spezifische Charakter der Mathematik solcher Veranstaltungen und die damit verknüpften mathematischen Praktiken in den Fokus gerückt werden. Für deren Beschreibung und Analyse eignen sich in besonderer Weise Konzepte bzw. Theorieelemente der sog. Anthropologischen Theorie der Didaktik (ATD) (vgl. Chevallard, 1999; Barbé et al., 2005). Im Rahmen der ATD wird mathematisches Wissen in seiner sog. „institutionell" bestimmten diskursiven Verfasstheit (hier insbesondere „Schulmathematik", „Mathematik in den ersten Semestern" und „Forschungsorientierte Vertiefungen") analysiert. Konzepte der ATD ermöglichen zum einen, zentrale Unterschiede und Bezüge zwischen dem mathematischen Wissen und den damit zusammenhängenden Praktiken in den verschiedenen Kontexten zu beschreiben und zum anderen, deren potentielle Bedeutung für professionsbezogene Handlungskompetenzen hervorzuheben.

Im Kontext der ATD werden mathematisches Wissen und die damit verbundenen Praktiken in Gestalt sog. Praxeologien beschrieben, die aus einem Praxis- und einem Theorieblock bestehen. Der Praxisblock umfasst den jeweiligen Typ von Aufgabe bzw. Problem sowie die dazugehörige Technik zu deren Lösung. Der Theorieblock besteht aus dem Diskurs über die Technik (Technologie) und deren Einbettung und Verankerung in einer Theorie. Während der Praxisblock gewissermaßen jeweils eine unauflösbare Einheit aus Aufgabe und (Lösungs-)Technik bildet, betreffen die Erklärungen und Rechtfertigungen des Theorieblocks in der Regel mehrere Techniken bzw. Praxisblöcke. Für detailliertere Ausführungen zu diesen Konzepten sei hier u. a. auf Chevallard (1999) verwiesen.

In Barbé et al. (2005) konnten die Autoren mittels des eben grob umrissenen Begriffsfeldes u. a. aufzeigen, dass sich Schulmathematik, etwa „Stetigkeit von Funktionen ", häufig dadurch auszeichnet, dass Techniken losgelöst von einem erklärenden bzw. begründenden Theorieblock präsentiert und angeeignet werden, auch weil dieser (zumindest gelegentlich) das in der Schule fachlich Mögliche überschreitet. Im Unterschied dazu fokussiert die universitäre Anfangsausbildung häufig auf einen Theorieblock mit seinerseits nur geringem Bezug auf mathematische Praktiken der Schule. Vor diesem theoretischen Verständnis kann der Ansatz von Klein (1933) bezüglich Lehrveranstaltungen vom Typ „Elementarmathematik vom höheren Standpunkt " so verstanden werden, dass dort vernetzende Bezüge der folgenden Art hergestellt werden sollen: Mathematische Praktiken der Schule werden durch Elemente des universitären Theorieblocks ergänzt, der theoretische Blick der Universität auf schulische Praktiken bezogen.

Entsprechend dieser Beobachtung wurden in Grønbæk et al. (2013) fünf für das Handeln von Lehrkräften in höheren Schulklassen bedeutende Handlungsaspekte diskutiert. Im Hinblick auf forschungsorientierte Vertiefungsveranstaltungen, wie sie hier behandelt werden, spielen vor allem die beiden folgenden Aspekte eine wichtige Rolle: das selbstständige Arbeiten mit Theorieelementen, und dabei vor allem mathematisch korrektes Argumentieren, und das autonome Studium auch jenseits traditioneller Lehrbücher, um z. B. alternative Zugänge, Begründungen oder Anwendungen zu identifizieren und in eigene Überlegungen und Argumentationen einzubeziehen. Beides könnte, wie am Beispiel Nichtlinearer Approximation im nächsten Abschnitt illustriert wird, in besonderer Weise durch forschungsorientierte Vertiefungsveranstaltungen gefördert werden.

Eine dem vorliegenden Beitrag zugrunde liegende These ist, dass fachdidaktisch reflektiertes Handeln Handlungskompetenzen hinsichtlich theoretischer Elemente einschließt, die im Sinne der ATD zum Praxisblock forschungsorientierter Mathematik gehören: Dort werden nämlich Elemente von theoretischen Blöcken mathematischer Praxeologien der universitären Anfangsausbildung, die unmittelbaren Schulbezug aufweisen, in natürlicher Weise selbst zu Elementen von Aufgaben und Techniken, also zu Elementen von Praxisblöcken mathematischer Praxeologien. Deshalb kann die Entwicklung praktischer Handlungskompetenz bezüglich dieser (auch schulrelevanten) theoretischen Elemente potentiell vor allem im Übergang zu fortgeschrittener Mathematik und den damit verknüpften Mathematischen Praxeologien unterstützt werden.

Neben der Möglichkeit der Förderung selbstständigen Handelns bezogen auf fachliche und fachdidaktische Aspekte theoretischer Konstrukte wird im folgenden Kapitel exemplarisch dargestellt, wie Fragestellungen in forschungsorientierten Vertiefungen zu einem kritischen und reflektierten Heranziehen vielfältiger Literaturquellen und Werkzeuge anregen und dabei auch reale Anwendungen einbeziehen können. Ein weiterer Schwerpunkt liegt auf den besonderen Möglichkeiten, auf der Grundlage der universitären Anfangsveranstaltungen in der Regel punktuell bleibende mathematische Praxeologien zu komplexen Praxeologien zu verknüpfen. Dies schließt u. a. inhaltsbezogene Verknüpfungen fachlicher und fachdidaktischer Diskurse (Technologien, Theorien) und die Fähigkeit ein, auf dieser Grundlage Erklärungen und Repräsentationen auszuwählen.

Dieses Potential ist im Zusammenhang mit der Kompetenzanforderung zu sehen, dass Lehrkräfte über operative technologisch-theoretische Diskurse zur Verknüpfung punktueller Organisationen verfügen sollten. Diese Fähigkeit lässt sich in Anlehnung an Rodriguez et al. (2008) als epistemologische Dimension von „Metakognition" auffassen und repräsentiert gewissermaßen die fachliche Seite didaktischen Handelns im Kontext der Gestaltung kognitiv herausfordernden Unterrichts. Dies schließt nämlich typischerweise die Fähigkeit ein, mathematische Probleme in mehreren mit einander vernetzten lokalen Praxeologien zu verorten, oder auch größere Sinnzusammenhänge bzw. Bedeutungshorizonte im Kontext offener und produktiver Fragestellungen zu elaborieren. So könnten forschungsorientierte Vertiefungen dazu beitragen, den Bedeutungsraum von (auch) schulrelevanten mathematischen Objekten zu erweitern, zu differenzieren und zu vertiefen.

Abschließend sei noch das folgende für forschungsorientierte Vertiefungsveranstaltungen sprechende psychologische Argument skizziert: Das durch die derzeitigen Studien- und Prüfungsordnungen nahegelegte „Bewältigungslernen" (vgl. dazu Holzkamp, 1993), also ein Lernen das vorwiegend auf die Abwehr negativer Folgen wie das Nichtbestehen von Klausuren gerichtet und damit im Wesentlichen auf das Lösen bestimmter klausurrelevanter Aufgabentypen fokussiert ist, könnte wegen der Bedeutung der Inhalte für das weitere Studium, in geringerem Umfang die Aneignungweise und -tiefe der mathematischen Inhalte der Grundlagenausbildung bestimmen. Dadurch könnte es zu einem tieferen Verständnis des unmittelbar schulrelevanten Mathematikwissens der Anfangslehrveranstaltungen kommen. Durch forschungsorientierte Vertiefungsveranstaltungen könnte sich also die Relevanz erhöhen, die den Anfangsveranstaltungen und ihren Inhalten von Studierenden zugesprochen wird.

Im folgenden Kapitel werden nun einige der genannten Möglichkeiten an Beispielen aus der Nichtlinearen Approximationstheorie illustriert.

13.3 Nichtlineare Approximation

Nichtlineare Approximation ist ein mathematisches Querschnittsgebiet, das auf Ergebnissen der „traditionellen" Approximationstheorie, etwa der Approximation mittels trigonometrischer Polynome und Splines, aufbaut. Nichtlineaere Approximation besitzt verschiedene Zugänge, Anwendungsbereiche und Theorietraditionen. So erlauben beispielsweise wesentlich in der Funktionalanalysis verortete Charakterisierungen Nichtlinearer Approximationsräume mit Hilfe von Regularitätsresultaten maximal mögliche asymptotische Konvergenzordnungen von adaptiven Lösungsalgorithmen für Partielle Differentialgleichungen zu bestimmen. Konkrete Anwendungsbereiche liegen u. a. in der Signaltheorie und der Bildkompression. Praktische Handlungsfähigkeit, etwa im Sinne systematischen und reflektierten Experimentierens mit nichtlinearen Algorithmen, kann durch die Verwendung von geeigneter Software schnell erreicht werden.

Einige Worte zu den notwendigen fachlichen Voraussetzungen: Die Studierenden sollten über gute Kenntnisse aus der Analysis und Linearen Algebra verfügen. Darüber hinaus wäre es hilfreich, wenn Anfangsgründe aus der Approximationstheorie, wie sie beispielsweise in einer Numerik 1 behandelt werden, und der Funktionalanalysis, hier vor allem Hilbertraumtheorie und Lebesgue-Integration, vorhanden wären. Als Ausgangspunkt einer Lehrveranstaltung zur Nichtlinearen Approximation bieten sich beispielsweise Phänomene im Kontext der Approximation stückweise glatter Funktionen an. Mittels Mathematica oder vergleichbarer Software kann etwa beobachtet werden, dass der Abfall von geeignet berechneten Parametern in der Umgebung von Stellen, in denen eine Funktion glatt ist, schneller klein werden, als in der Umgebung von Stellen, in denen eine Funktion nicht differenzierbar ist. Anhand solcher Phänomene lassen sich mathematische Fragen und Hypothesen generieren, die dann im Laufe einer Lehrveranstaltung (zumindest teilweise) beantwortet werden. Auch könnte bei der nachfolgenden Einführung grundlegender Begriffe wiederholt motivierend auf in diesem Zusammenhang gewonnene Erfahrungen zurückgegriffen werden.

Eine detaillierte Ausformulierung möglicher Zugänge und Vorgehensweisen sowie deren Bewertung hinsichtlich Vor- und Nachteilen muss schon aus Platzgründen zukünftigen Arbeiten vorbehalten bleiben. In den folgenden Abschnitten werden lediglich einige mathematische Inhalte skizziert, wie sie vermutlich in allen Zugängen behandelt werden würden. Die vorgenommene Auswahl orientiert sich zum einen daran, dass deren Darstellung möglichst geringe mathematische Voraussetzungen erfordert, zum anderen an ihnen aber trotzdem einige der im Abschnitt 13.2 angesprochenen potentiellen Beiträge zur Lehramtsausbildung illustriert werden können. Dies geschieht hier in erster Linie im Kontext von Aufgaben, die von Studierenden weitgehend selbstständig bearbeitet werden sollen.

Die in diesem Kapitel dargestellten mathematischen Aussagen (und vieles mehr) finden sich u. a. in dem Übersichtsartikel von DeVore (1998).

13.3.1 Lineare und nichtlineare Approximation in Hilberträumen

In diesem Abschnitt wird zunächst kurz beschrieben, um was es sich bei Nichtlineaer Approximation im Unterschied zu Linearer Approximation handelt. Dazu wird ein möglichst einfaches Setting, nämlich Hilberträume, gewählt. Dieses bietet im Fortgang einer Lehrveranstaltung aber durchaus vielfältige Anknüpfungspunkte für Weiterführendes, bei-

spielsweise im Hinblick auf die näherungsweise Lösung einfacher elliptischer Randwert-
probleme mittels adaptiver Galerkinverfahren. Der aller einfachste Kontext, Nichtlineare
Approximation in Folgenräumen, wird zum Anlass für eine Reihe von Aufgaben genommen werden.

Im Folgenden bezeichne H einen separablen Hilbertraum mit innerem Produkt $(\cdot, \cdot)$ und
Norm $\| \cdot \|$. Ferner bezeichne $\{\varphi_k \mid k \in \mathbb{N}\}$ eine orthonormale Basis in H. Die Elemente
von H lassen sich dann in eindeutiger Weise als $f = \sum_{k=1}^{\infty} f_k \varphi_k$ mit $f_k := (f, \varphi_k)$ schreiben.
Lineare Approximation bestimmt Bestapproximierende bezüglich a priori festgelegten li-
nearen Unterräumen $H_n := \operatorname{span}\{\varphi_k \mid 1 \le k \le n\}$. Bezeichnet für $f \in H$ und $n \in \mathbb{N}$
$E_n(f) := \inf_{\chi \in H_n} \|f - \chi\|$ den Approximationsfehler bezüglich H_n, so sind für $\alpha > 0$ und
$q \in (0, \infty]$ sogenannte lineare Approximationsräume $A_q^\alpha(H_n)$ definiert als

$$A_q^\alpha(H_n) := \left\{ f \in H \mid |f|_{A_q^\alpha(H_n)} := \left(\sum_{n=1}^{\infty} [n^\alpha E_n(f)]^q \frac{1}{n} \right)^{1/q} < \infty \right\} \quad (q = \infty \text{ entsprechend}).$$

Etwas Funktionalanalysis bzw. lineare Algebra und im Wesentlichen Reihenmanipula-
tionen liefern für $q = 2$

$$f \in A_2^\alpha(H_n) \iff \exists M > 0 \text{ mit } \sum_{k=1}^{\infty} k^{2\alpha} |f_k|^2 \le M^2$$

und für $q = \infty$ bezüglich dyadischer Summen $F_m := \left(\sum_{k=2^{m-1}+1}^{2^m} |f_k|^2 \right)^{1/2} (m \in \mathbb{N})$

$$f \in A_\infty^\alpha(H_n) \iff F_m = O(2^{-m\alpha}) \quad (m \to \infty). \tag{13.1}$$

Nichtlineare (oder auch sog. N-Term-) Approximation wählt Bestapproximierende bezüglich Mengen

$$\Sigma_n := \left\{ \chi = \sum_{k \in \Lambda} c_k \varphi_k \mid \Lambda \subset \mathbb{N}, |\Lambda| \le n \right\}.$$

Die Mengen Σ_n bilden im Unterschied zu den H_n keine linearen Unterräume von H, da z. B.
die Summe zweier Elemente aus Σ_n im Allgemeinen nicht wieder in Σ_n liegt. Für $f \in H$
sind die Approximationsfehler erklärt durch

$$\sigma_n(f) := \inf_{\chi \in \Sigma_n} \|f - \chi\|$$

und für $\alpha > 0$, $q \in (0, \infty]$ sind nichtlineare Approximationsräume $A_q^\alpha(\Sigma_n)$ definiert durch

$$A_q^\alpha(\Sigma_n) := \left\{ f \in H \mid |f|_{A_q^\alpha(\Sigma_n)} := \left(\sum_{n=1}^{\infty} [n^\alpha \sigma_n(f)]^q \frac{1}{n} \right)^{1/q} < \infty \right\} \quad (q = \infty \text{ entsprechend}).$$

Ordnet man für ein gegebenes $f \in H$ die Absolutbeträge der Koeffizienten $|f_k|$ der Größe nach und bezeichnet man das zugehörige k-te Element einer solchen umgeordneten Folge als $\gamma_k(f)$, so ergibt sich für den nichtlinearen Approximationsfehler

$$\sigma_n(f) = \left(\sum_{k>n} \gamma_k(f)^2 \right)^{1/2}.$$

Analog zum linearen Fall gilt

$$f \in A_\infty^\alpha(\Sigma_n) \iff \gamma_n(f) = O(n^{-\alpha-1/2}) \quad (n \to \infty). \tag{13.2}$$

Die beiden einfach zu gewinnenden Aussagen (13.1) und (13.2) können zum Ausgangspunkt einer Aufgabe genommen werden, in deren Zusammenhang wesentliche Unterschiede zwischen linearer und nichtlinearer Approximation identifiziert und erläutert werden sollen.

I. Lineare vs. nichtlineare Approximation in Hilberträumen

a) Erarbeiten Sie (ggf. ausführlichere oder anschaulichere oder …) Formulierungen der Aussagen (13.1) und (13.2), welche die Unterschiede zwischen linearer und nichtlinearer Approximation verdeutlichen und besser „verstehbar" machen.

b) Erläutern Sie diese Unterschiede an Beispielen.

c) Finden Sie in der Literatur oder auch durch Nachfragen bei Experten Beispiele im Kontext reeller Funktionen, anhand derer sich die Unterschiede verdeutlichen lassen. Diskutieren Sie die Ergebnisse Ihrer Recherchen mit einer Kommilitonin oder einem Kommilitonen und bereiten Sie mit ihr oder ihm dazu einen zehnminütigen Vortrag für Schülerinnen und Schüler vor.

In dieser Aufgabe wird autonomes Handeln bezüglich zunächst nur abstrakt gegebenen mathematischen Konstrukten verlangt. Neben der Konstruktion von Beispielen sollen vertiefend vor allem weitere Quellen zur Vorbereitung eines kurzes Vortrages herangezogen werden. Dabei müssen Zusammenhänge zwischen den in (13.1) und (13.2) gegebenen Ausdrücken und Aussagen in anderen Kontexten, etwa im Bereich trigonometrischer Polynome, hergestellt werden, also eine in der Lehrveranstaltung etablierte, zunächst punktuelle Praxeologie in erweiterte lokale und regionale Praxeologien eingebettet werden. Sowohl beim Erkennen solcher Zusammenhänge wie auch bei der Ausarbeitung des Kurzvortrags muss selbstständig mit gegebenenfalls verschiedenartigen Darstellungen theoretischer Aussagen und ihrer Elemente umgegangen werden.

Statt mit Hilberträumen zu beginnen, könnte man, wenngleich dies mit gewissen Einschränkungen verbunden wäre, einführenden Definitionen und Überlegungen auch die Folgenräume

$$\ell^p := \left\{ a = (a_k)_{k\in\mathbb{N}} \mid a_k \in \mathbb{R}, \ \|a\|_{\ell^p} := \left(\sum_{k=1}^{\infty} |a_k|^p \right)^{1/p} < \infty \right\}, \quad p \in (0, \infty),$$

und die Basis $(e^i)_i = ((\delta_{i,k})_k)_i$ zu Grunde legen, womit dann auch ein unmittelbarer Anschluss an die Analysis 1 und die Lineare Algebra 1 hergestellt werden könnte: Bezüglich der $(e^i)_{i\in\mathbb{N}}$ lassen sich etwa nichtlineare Teilmengen Σ_n von ℓ^p der Gestalt

$$\Sigma_n := \left\{ s = \sum_{i\in\Lambda} s_i e^i \mid \Lambda \subset \mathbb{N}, \ \sharp\Lambda \le n, s_i \in \mathbb{R} \right\}$$

einführen und zugehörige Approximationsfehler durch

$$\sigma_n(a) := \inf_{\chi\in\Sigma_n} \|a - \chi\|_{\ell^p}$$

definieren.

Da in diesem Kontext zunächst nichts verwendet wird, was Lehramtsstudierenden nicht schon aus ihren Grundveranstaltungen bekannt sein sollte, könnte hier auch ein Einstieg über von Studierenden bzw. Studierendengruppen selbstständig zu erarbeitende Lösungen der Aufgaben des auf der nächsten Seite befindlichen Kastens gewählt werden. Auch dort ist autonomes Handeln bezüglich mathematischer Objekte gefordert, die im Kontext der Grundvorlesungen Elemente theoretischer Blöcke darstellen und dort in der Regel nicht selbst zum Gegenstand studentischer Praktiken werden. So soll hier ja nicht nachgerechnet werden, dass bestimmte konkrete Folgen in Folgenräumen liegen, was möglicherweise noch Inhalt einer Aufgabe in der Analysis I sein könnte, sondern Zusammenhänge zwischen qualitativen Eigenschaften einer Folge, nämlich in bestimmter Weise asymptotisch approximierbar bzw. Element eines bestimmtes Folgenraums zu sein, hergestellt werden. Im Kontext dieser lokalen Praxelogie erhalten die Folgenräume eine bestimmte inhaltlich-theoretische Bedeutung, die über das rein Formale einer typischen Grundveranstaltung hinausgeht. Insbesondere d) und e) sind wohl nur dann lösbar, wenn Studierende selbstständig und kritisch reflektierend Literatur heranziehen. Die beiden letzten Aufgaben bieten wieder Möglichkeiten zur Einbettung in (inner- und aussermathematische) regionale Praxeologien (bis hin zu realen Anwendungen) und zur Verknüpfung von fachlichen mit fachdidaktischen Diskursen.

Im Kontext der Aufgabe f) können (ggf. nach einer Woche) Hinweise gegeben werden, da sich die Studierenden in ihnen weitgehend unbekannten Gebieten der Funktionalanalysis, der Approximationstheorie oder auch der Stochastik (vgl. z. B. Kerkyacharian et al., 2000) orientieren müssen, und hier die Anforderungen hinsichtlich der Interpretation neuer Darstellungen sehr hoch sind. Dabei liegt der Fokus auf dem Herauslesen, dem Konkretisieren und dem autonomen Handeln in theoretischen Diskursen ohne dass jeweils jedes Detail nachgerechnet bzw. vollständig verstanden werden kann und soll.

II. Nichtlineare Approximation in Folgenräumen

a) Zeigen Sie, dass es zu jedem $a \in \ell^p$ und $n \in \mathbb{N}$ eine nichtlineare Bestapproximierende gibt. Wie sieht diese zu einem gegebenem $a \in \ell^p$ aus?

$N\ell^p_{\alpha,q}$ bezeichne im Folgenden die Menge aller $a \in \ell^p$, so dass für $\alpha > 0$ und $q \in (0, \infty)$ gilt

$$\sum_{N=1}^{\infty} \left[N^{\alpha/2} \Sigma_N(a) \right]^{1/q} \frac{1}{N} < \infty.$$

b) Weisen Sie Vektorraum- und Normeigenschaften nach und eruieren Sie Inklusionsbeziehungen.

c) Zeigen Sie, dass für $q = (\alpha + 1/2)^{-1}$ $N\ell^2_{\alpha,q} = \ell^q$ gilt.

d) Untersuchen Sie den Fall $q \neq (\alpha + 1/2)^{-1}$ und finden Sie auch für diese Fälle aussagekräftige Charakterisierungen. (Hinweis: Es gilt $N\ell^2_{\alpha,q} = \ell_{\tau(\alpha),q}$ mit $\tau(\alpha) = (\alpha + 1/2)^{-1}$ bezüglich Folgenräumen $\ell_{p,q}$, vgl. Cohen et al. (2000).)

e) Diskutieren Sie den allgemeinen Fall $N\ell^p_{\alpha,q}$.

f) Finden Sie Literatur, in der die Folgenresultate fruchtbar gemacht werden (können) und tragen Sie darauf bezogen Ergebnisse, Fragestellungen und (inner- und außermathematische) Anwendungen zusammen.

g) Welche Aufgaben, Lösungen und Informationen könnten mathematisch interessierten Schülerinnen und Schülern der gymnasialen Oberstufe zugänglich gemacht werden?

13.3.2 Lineare und nichtlineare Approximation bezüglich stückweise konstanter Funktionen

Für $N \in \mathbb{N}$ bezeichne $T := \{0 =: t_0 < t_1 < \ldots < t_N := 1\}$ und $\Pi(T) := \{I_k\}_{k=1}^N$ eine durch T bestimmte Zerlegung von $[0, 1)$ in N disjunkte Intervalle $I_k := [t_{k-1}, t_k)$, $1 \leq k \leq N$. $S^1(T)$ sei der Raum aller bezüglich $\Pi(T)$ stückweise konstanten Funktionen. Für $f \in L_\infty[0, 1)$ sei

$$s(f, T) := \inf_{S \in S^1(T)} \|f - S\|_{L_\infty[0,1)}$$

der lineare Approximationsfehler bezüglich $S^1(T)$ und der Supremumsnorm.

Mit Analysis-1-Techniken läßt sich für Hölderstetige Funkionen $f \in \mathrm{Lip}\,\alpha$, $\alpha \in (0, 1]$ und $\delta_T := \max_{0 \leq k < N} |t_{k+1} - t_k|$

$$s(f, T)_\infty = O(\delta_T^\alpha) \quad (\delta_T \to 0) \iff f \in \mathrm{Lip}\,\alpha \tag{13.3}$$

und

$$s(f, T)_\infty = o(\delta_T) \quad (\delta_T \to 0) \implies f \text{ konstant}$$

zeigen. Analoge Aussagen lassen sich auch für die speziellen Zerlegungsfolgen $\Delta_n :=$ $\{k/n \mid 0 \leq k \leq n\}$ beweisen. Dies ist aber für dyadische Zerlegungsfolgen Δ_{2^n} nicht (mehr) richtig, was zum Ausgangspunkt der folgenden Aufgabe genommen werden kann.

III. Optimalität und Saturiertheit für dyadische Zerlegungsfolgen

Untersuchen Sie, welche der folgenden Aussagen auch für dyadische Zerlegungsfolgen Δ_{2^n} gilt:

1. $s(f, \Delta_{2^n})_\infty = O(2^{-\alpha n}) \quad (n \to \infty) \iff f \in \text{Lip} \alpha$
2. $s(f, \Delta_{2^n})_\infty = o(2^{-n}) \quad (n \to \infty) \implies f \text{ konstant}$

Zum Hintergrund: Die Aussagen für Δ_n lassen sich unter wesentlicher Verwendung der Beobachtung, dass jedes $x \in [0, 1)$ im Innern von sehr vielen (im Hinblick auf die Aussage eben hinreichend vielen) Teilintervallen aus Δ_n liegt. Genau dies ist für die dyadischen Zerlegungen Δ_{2^n} nicht mehr der Fall. So lassen sich (tatsächlich einfache) Gegenbeispiele bezüglich beider Aussagen angeben. Bei dieser Aufgabe steht die Verknüpfung von Techniken (Epsilontik) mit anschaulichen Vorstellungen (Intervallen, Mischen) im Vordergrund. Dabei wird die Analyse von übergeordneten qualitativen Fragerichtungen (Optimalität, Saturiertheit) geleitet; es geht also auch hier um die Verknüpfung punktueller zu komplexen Praxeologien.

Bei der Nichtlinearen Approximation stammen die approximierenden Funktionen aus $\Sigma_n := \cup_{\sharp T=n+1} S^1(T) \, (n \in \mathbb{N})$, wobei $\sharp T$ die Anzahl der Zerlegungspunkte von T bezeichnet. Es handelt sich also um stückweise konstante Funktionen mit maximal n verschiedenen Werten. Bezüglich $\sigma_n(f) := \inf_{S \in \Sigma_n} \|f - S\|_{L_\infty[0,1)}$ hat Kahane 1961 bewiesen, dass für $f \in C[0, 1)$ gilt

$$\sigma_n(f)_\infty = O(n^{-1}) \iff f \in \text{BV}[0, 1). \tag{13.4}$$

Der ebenfalls mit elementaren Mitteln durchführbare Beweis dieser Aussage verwendet typische Argumente der nichtlineaeren Approximationstheorie: Intervallzerlegungen werden so gewählt, dass Variationen von f auf $[0, 1)$ ausbalanciert werden. In praxeologischen Begriffen der ATD kann dies so interpretiert werden, dass durch vorgängige Theorien konstituierte Objekte, hier u. a. partionsbezogene Variationen, zu Mitteln technischen Handelns gemacht werden.

Die Aussagen (13.3) und (13.4) können wieder zum Anlass eines Vergleichs zwischen linearer und nichtlinearer Approximation genommen werden: Was zeichnet typischer Weise Funktionen aus, die in BV[0, 1) aber nicht in Lip 1 liegen? Eine weitere Perspektive kommt in den folgenden Aufgaben zum Tragen.

IV. Lineare vs. nichtlineare Approximation

a) Zeigen Sie, dass sich $f(x) = x^{1/2}$ bezüglich einer geeignete Folge von Teilungspunkten mit $O(n^{-1})$ approximieren lässt. Bestimmen Sie bezüglich dieser Folge von Teilungspunkten eine Funktion aus BV[0,1] bezüglich der dann nicht $O(n^{-1})$ gilt.

b) Diskutieren Sie den allgemeinen Fall der Funktionenfamilie $f(x) = x^{\alpha}$ mit $0 < \alpha < 1$. Diese lässt sich linear mittels gleichmäßiger Unterteilungen wie $O(n^{-\alpha})$ und nichtlinear, unabhängig von der Wahl von α, wie $O(n^{-1})$ approximieren. (Hinweis: Die nichtlineare Approximationsordnung lässt sich mittels der Teilungspunkte $\{x_k := (k/n)^{1/\alpha} \mid 0 \leq k \leq n\}$ realisieren.)

c) Führen Sie numerische Experimente durch und suchen Sie (etwa in der Literatur) nach Anwendungen für diesen Funktionstyp.

Insbesondere der Aufgabenteil c) fordert ein, die hier zu realisierenden punktuellen Praxeologien unter kritisch reflektiertem Einbezug weiterer Quellen etc. zu komplexen Praxeologien zu erweitern, etwa solchen die im Kontext ingenieurwissenschaftlicher Modellierungen mittels partieller Differentialgleichungen (z. B. Singularitäten, die bei sog. einspringenden Ecken eines Gebietes auftreten) von realer Bedeutung sind.

13.4   Ergänzende Bemerkungen und Ausblick

Die Behandlung Nichtlinearer Approximation kann u. a. zur Entwicklung eines realeren Bildes von Mathematik beitragen, da dieses Gebiet (wie viele andere natürlich auch) vielfältige und interessante Anwendungen besitzt. Da eine zufriedenstellende Theorie bisher tatsächlich nur für einige Modellfälle, etwa adaptive Waveletverfahren oder spezielle adaptive Finite-Element-Methoden (vgl. z. B. Cohen et al., 2012) vorliegt, fällt es nicht schwer, einen Anschluss zu offenen Fragen der aktuellen Forschung herzustellen. Diese reichen von der effizienten Implementierung adaptiver Algorithmen, also von Themen der stark angewandten Mathematik, bis hin zu Regularitätsfragen bezüglich Lösungen von Differential- und Integralgleichungen.

Horizontale Vernetzungen, also Bezüge zu Lehrveranstaltungen etwa gleichen Niveaus, lassen sich zur Funktionalanalysis, zur Numerik und stärker anwendungsbezogenen Lehrveranstaltungen wie der Signaltheorie herstellen. Je nach Ausgestaltung dieser Lehrveranstaltungen können diese aber auch als Voraussetzung oder als Weiterführung angelegt werden.

Neben den im Abschnitt 13.3 genannten theoretischen Konstukten erhalten im Fortgang einer solchen Veranstaltung (etwa im Kontext stückweiser Polynome höherer Ordnung) auch grundlegende Begriffe wie die Glattheit einer Funktion neue und erweiterte Bedeutungen. So werden aus der Schule bekannte Begriffe wie Stetigkeit und Differentierbarkeit durch Überlegungen und Vorstellungen im Kontext sog. Glattheitsmodule vertieft und in komplexere mathematische Praxeologien eingebettet.

Die skizzierten Vorstellungserweiterungen können zu einem vertieften Verständnis auch unmittelbar schulrelevanter Begriffe führen, da diese hierbei ihren Charakter der Einzigartigkeit verlieren und in ihrer spezifischen Relevanz deutlich werden können. Dies bietet Gelegenheiten fachnahe epistemologische Vorstellungen in Bezug auf schulrelevante Begriffe auszudifferenzieren und die Haltung ihnen gegenüber fachnah weiterzuentwickeln. Dies könnte unter anderem grundlegende Erklärungskompetenzen in dem nicht nur in der Schule schwierigen Gebiet der Funktionen und deren Eigenschaften erhöhen.

Noch ein abschließendes Wort zu einer der Grenzen des vorliegenden Beitrags: Dieser konzentriert sich vor allem auf mathematische Inhalte und deren gegenstandsbezogenen Praktiken. Dabei dient die praxiologisch orientierte Diskussion der Rekonstruktion potentiell handlungsbezogen relevanter und realisierbarer Zusammenhänge. Um differenziert auch deren auf Lehr-Lern-Kontexte bezogenen subjektiv relevanten Subjekt-Objekt-Charakter entfalten zu können, muss selbstverständlich auf weitere Konzepte der Fachdidaktik, wie etwa „Bedeutungen" oder „fundamentale Ideen" Bezug genommen werden. Dass sich die hier formulierten Hypothesen und Erwartungen auch empirisch bewähren müssen, steht natürlich ebenfalls außer Frage.

Literatur

Barbé, J., Bosch, M., Espinoza, L. & Gascón, J. (2005). Didactic Restrictions on the Teacher's Practice: The case of limits of functions in spanish high schools. *Educational Studies in Mathematics*, 59 (1/3), 235–268.

Bass, H. & Ball, D. L. (2004). A practice-based theory of mathematical knowledge for teaching: The case of mathematical reasoning. In W. Jianpan, X. Binyan (Hrsg.), *Trends and challenges in mathematics education* (S. 107–123). Shanghai: East China Normal University Press.

Chevallard, Y. (1999). *L'analyse des practiques enseignantes en théorie anthropologique du didactique.* RDM 19(2), 221–266.

Cohen, A., DeVore, R. A. & Hochmuth, R. (2000). Restricted nonlinear approximation. *Constr. Approx.*, 16, 85–113.

Cohen, A., DeVore R. A. & Nochetto, R. H. (2012). Convergence rates of AFEM with H^{-1} Data. *Foundations of Computational Mathematics*, 12(5), 671–718.

DeVore, R. A. (1998). Nonlinear approximation. *Acta Numerica*, 7, 51–150.

Deutsche Mathematiker-Vereinigung (1979). Denkschrift – Zur Ausbildung von Studierenden des gymnasialen Lehramts im Fach Mathematik. Online erhältlich unter http://www.didaktik.mathematik.uni-wuerzburg.de/gdm/veroeffentlichungen_stellungnahmen.html.

Grønbæk, N. & Winslow, C. (2013). Klein's double discontinuity revisited: what use is university mathematics to high school calculus? *arXiv preprint arXiv:1307.0157.*.

Holzkamp, K. (1993). *Lernen: Subjektwissenschaftliche Grundlegung.* Frankfurt/Main: Campus-Verlag.

Kerkyacharian, G. & Picard, D. (2000). Thresholding algorithms, maxisets and well-concentrated bases. *Test* 9 (2), 283–344.

Klein, F.(1933). *Elementarmathematik vom höheren Standpunkte aus.* Berlin: Springer.

Krauss, S. (2009). *Fachdidaktisches Wissen und Fachwissen von Mathematiklehrkräften der Sekundarstufe: Konzeptualisierung, Testkonstruktion und Konstrukvalidierung im Rahmen der COACTIV-Studie.* Nicht publizierte Habilitationsschrift. Universität Kassel, Kassel.

Rodriguez, E., Bosch, M. & Gascón, J. (2008). A networking method to compare theories: metacognition in problem solving reformulated within the Anthropological Theory of the Didactic. *ZDM Mathematics Education* 40, 287-301.

Shulman, L. S. (1986). Those who understand knowledge growth in teaching. *Educational Researcher*, 15(2), 4–14.

Mathematik in Schule und Hochschule – welche Mathematik für Lehramtsstudierende?

14

Henning Körner

Zusammenfassung

Ausgehend von realen Szenen aus Ausbildungszusammenhängen wird zunächst diesbezügliches notwendiges fachliches Wissen und Können von Mathematiklehrkräften dargestellt. Dies wird mit der fachspezifischen Sozialisation angehender Lehrerinnen und Lehrer konfrontiert, woraus dann normativ Forderungen an die Lehrerausbildung im Fach Mathematik an der Universität abgeleitet werden. Es wird eine Skizze für Lehrveranstaltungen, die entsprechendes Wissen und Können erzeugen, gegeben und zugehörige Literatur exemplarisch angegeben.

14.1 Einleitung

… Ist uns eigentlich bewusst, dass sechs von sieben Absolventen später (primär) keine Mathematik mehr betreiben werden? (G. Törner/M. Dieter[1])

Ist uns eigentlich bewusst, dass sechs von sieben Absolventen später (primär) Mathematik betreiben werden? (H. Körner)

Beide Zitate sind nur dann widersprüchlich, wenn sie sich auf dieselbe Personengruppe beziehen. Im ersten Zitat sind aber Diplom-Mathematiker (Fachmaster) Bezugsgruppe, im zweiten die Lehramtsstudierenden. Für die erstgenannte Gruppe ist das Mathematikstudium bezogen auf die spätere Berufstätigkeit wohl eher eine allgemeine Lizenz für struktu-

---

1 Törner, G. & Dieter, M. (2013), S. 67

riertes, analytisches Denken und Handeln[2], für die zweitgenannte geht es dagegen mehr um konkretes inhaltliches mathematisches Wissen und Können. Während Diplom- bzw. Masterstudierende vermutlich im Studium häufig noch wenig Vorstellungen und konkrete Ziele bezüglich der beruflichen Tätigkeit haben, muss davon ausgegangen werden, dass Lehramtsstudierende ein festes inhaltsbezogenes Ziel haben, es gibt ja im wesentlichen nur diese eine studiumspezifische Berufstätigkeit. Wenn dem so ist, hat dies natürlich motivationale Folgen. Lehramtsstudierende projizieren vermutlich das Studium viel mehr auf die anvisierte Berufstätigkeit als Masterstudierende, für die vielleicht das Studium an sich stärker im Mittelpunkt steht. Natürlich prägen auch Chancen der Berufsausübung und ähnliche nicht fachbezogene Gründe die Wahl des Studienfaches. Unabhängig davon ist diese Unterschiedlichkeit aber verständlich und liegt in der Sache, sie ist kein Mangel der Lehramtsstudierenden. Sie impliziert aber sicher mindestens in Teilen eine andersartige Ausrichtung des Fachstudiums und erklärt die von Fachwissenschaftlern immer mal wieder geäußerte Wahrnehmung, dass Lehramtsstudierende weniger mathematikaffin sind. Könnte es nicht sein, dass dies oft Folge einer erlebten inhaltlichen Diskrepanz von Fachstudium und anvisiertem Beruf ist? Oder umgekehrt: Weil – zumindest weitgehend – bekannt ist, welche Mathematik Lehramtsstudierende später benötigen, können begründet notwendige Inhaltsbereiche und mathematische Arbeitsweisen angegeben werden, die für ein erfolgreiches Unterrichten notwendig sind. Dies ist natürlich viel mehr als der Schulstoff, aber das Mehr sollte sich stärker auf diesen beziehen, nicht zuletzt, weil damit auch Sinnzusammenhänge von Fachstudium und späterer Berufstätigkeit erzeugt werden.

Die hier im Folgenden aus den Szenen abgeleiteten Anforderungen an die universitärte Fachausbildung fußen auf den Zielen des Mathematikunterrichts wie sie in prägnanter Form von Winter formuliert wurden (Winter, 1995).

Der Mathematikunterricht sollte anstreben, die folgenden drei Grunderfahrungen, die vielfältig miteinander verknüpft sind, zu ermöglichen:

1. Erscheinungen der Welt um uns, die uns alle angehen oder angehen sollten, aus Natur, Gesellschaft und Kultur, in einer spezifischen Art wahrzunehmen und zu verstehen,
2. mathematische Gegenstände und Sachverhalte, repräsentiert in Sprache, Symbolen, Bildern und Formeln, als geistige Schöpfungen, als eine deduktiv geordnete Welt eigener Art kennen zu lernen und zu begreifen,
3. in der Auseinandersetzung mit Aufgaben Problemlösefähigkeiten, die über die Mathematik hinaus gehen, (heuristische Fähigkeiten) zu erwerben.

Zentral ist, dass diese drei Grunderfahrungen in ausgewogener Weise den Mathematikunterricht prägen und dass es – natürlich an Inhalten verankerte – Erfahrungsprozesse sind, also weniger reine Informationsaufnahme und immer mehr als Wissensakquirierung.

---

2 Auf einer Lehramtstagung in Bonn äußerte sich der Kölner Mathematiker Littelmann ähnlich. http://www.mathematics.uni-bonn.de/mathematik-in-bonn/veranstaltungen/weitere/inhalte/workshop-lehramtsausbildung

14.2 Szenen aus Unterricht an Schule und Hochschule

Ein Blick in exemplarische, authentische Ausbildungs- und Unterrichtsszenen soll den Ausgangspunkt der anschließenden Reflexionen bilden. Die Szenen entstammen unterschiedlichen Ausbildungszusammenhängen (Szene 1/2: Fachsitzungen innerhalb des Referendariats, Szene 3/4: Seminar im Masterstudiengang, Szene 5/6: Unterricht in Klasse 10/11). Es sind keine originalen Transkripte, sondern möglichst genaue Darstellungen nach Wahrnehmung des Autors.

Szene 1

Eine Referendarin trägt in einer Fachsitzung über ein iteratives Verfahren zum Lösen von Gleichungen vor (Fixpunktverfahren). Es wurde von ihr in einer 10. Klasse unterrichtet. Am Ende erwähnt der Fachleiter, dass der fachwissenschaftliche Hintergrund hier der Banachsche Fixpunktsatz ist. Daraufhin verkünden zwei Referendare überrascht, dass sie sich mit diesem Satz intensiv im Fachstudium auseinandergesetzt hatten.

Szene 2

Referendar: Herr Körner, wann und wo lernt man eigentlich eine Gleichung wie $e^x = x + 2$ algebraisch lösen?

Szene 3

Ein Student entdeckt beim Arbeiten mit einem DGS, als er innerhalb einer Konfiguration an einem Punkt zieht, dass die Ortskurve eines anderen Punktes anscheinend eine Gerade ist. Seine spontane Reaktion: „Aber fragen Sie bloß nicht nach einem Beweis!"

Szene 4

Student: Welches Thalesdreieck hat einen maximalen Flächeninhalt? Erinnert euch: Da war was mit Ableitung …
Studentin: Aber… die Dreiecke haben doch alle die gleiche Grundseite, dann ist doch das mit der größten Höhe … … aber das ist ja nur Bild und kein Beweis.

Szene 5

HK: Was ist ein Hochpunkt?
Schülerin: Ein Hochpunkt ist ein Punkt, bei dem die Kurve vom Steigen ins Fallen übergeht.

Szene 6

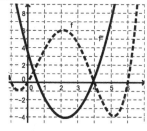

Schüler: f'' kann nicht die Krümmung sein, denn dann müsste sich f ja ganz eng zusammenrollen, wie 'ne Schnecke.

Die Szenen zeigen: Mathematiklehrkräfte benötigen vielfältige Dispositionen, Qualifikationen und fachliche Kompetenzen, die einerseits über den engen fachlichen schulischen

Rahmen weit hinausgehen, anderseits aber durchweg von spezifisch ausgeprägter Fachlichkeit geprägt sind.

Ein adäquater Umgang mit den Situationen in den Szenen 1, 2, 5 und 6 setzt einen fachlich gebildeten Experten voraus, damit fachlich und dann auch didaktisch angemessen reagiert werden kann. Was aber muss bzw. sollte eine Mathematiklehrkraft alles wissen und entsprechend lernen, damit sie in solchen Unterrichtssituationen schülerorientiert helfen, kognitiv anregen und die Sache weiterführen kann? Was müssen Mathematiklehrkräfte fachlich wissen und können, um den Allgemeinbildungsauftrag für Mathematik zu erfüllen, was zu unterscheiden ist, von einer Studienvorbereitung für Mathematik und mathematikhaltigen Studienfächern? Die Szenen 3 und 4 werfen mehr einen Blick auf Einstellungen und Methodologisches zum Fach.

14.3 Analysen und Vorschläge

Die Ausführungen sind konsequenterweise weniger literaturgestützt und theoretisch abgesichert als vielmehr Reaktionen und Anregungen eines in Schule und Lehrerausbildung tätigen Praktikers, der einen Blick von der Praxis zurück auf die Ausbildung wirft, also quasi den Blick der ‚Abnehmerseite' einnimmt.

Szene 1
Verständnis von Fachwissen gibt es auf verschiedenen Ebenen. Verständnis aus fachwissenschaftlicher Sicht wird meist mit der Fähigkeit der horizontalen Einbettung in die Teildisziplin und die Vernetzung mit anderen Teildiszliplinen verknüpft. Verständnis des Banachschen Fixpunktsatzes heißt dann seine Anwendung in gegebenem Kontext in entsprechender Formalisierung und Allgemeinheit. Für Mathematiklehrkräfte ist aber eine andere Verständnisebene häufig wichtiger, nämlich die Verknüpfung mit anschaulich präformalen Vorstellungen und der darauf aufbauenden zunehmenden Abstraktion durch Verallgemeinerung und Formalisierung. Wichtig sind genetische Begriffsentwicklungen und nicht deduzierende (vgl. „Mathematik als Tätigkeit, nicht als Fertigprodukt", „lokales Ordnen" (Freudenthal (1973)). Auf den Banachschen Fixpunktsatz bezogen, könnte das grob skizzenhaft so aussehen:

1. Körner hat ein T-Shirt an, auf dem Kopf und Oberkörper von Körner abgebildet sind. Gibt es einen Punkt, der gleichermaßen Punkt auf der Abbildung ist wie Punkt des Körpers ist?
2. Gibt es einen x-Wert, der links und rechts zum selben Wert führt:

$$\text{(a) } x = x^2 - 1 \qquad \text{(b) } x = \sqrt{x + 1} \qquad \text{(c) } x = 1 + \frac{1}{x} \qquad \text{(d) } x = \frac{1}{x - 1}$$

Diese Aufgabe kann eingebettet sein in das Suchen nach numerischen Lösungen für Gleichungen. Dass diese hier algebraisch lösbar sind, stört dabei nicht.

3. Eine Reflexion von Punkt 2. führt auf Fragen nach Existenz und Abstandsbetrachtungen, die hier (natürlich) auf euklidischer Metrik fußen. Grafische Veranschaulichungen schaffen Einsicht und Überblick („Spinnwebdiagramme"). Grundvorstellungen und -verständnis also in Standardmetrik.

4. Zunehmende Verallgemeinerung auf vollständige metrische Räume ...

Ein anderes Beispiel liefern Differentialgleichungen. Hier dominieren in den Erinnerungen von Lehrkräften meist sehr komplexe, hochgradig fehleranfällige Lösungsverfahren oder eine Dominanz von Existenz- und Eindeutigkeitssätzen, so dass dieser Themenbereich nicht schulrelevant zu sein scheint. Betrachtet man aber den anschaulichen, gut visualisierbaren, elementaren Kern, also Richtungsfelder und Euler-Cauchy-Verfahren, dann liegen DGLn als wichtigstes Werkzeug der Modellierung mit Methoden der Analysis durchaus im Erfahrungshorizont von Schülerinnen und Schülern und sind sinnvolle Weitungen des Standardstoffs. Im Schulbuch „Neue Wege" (Körner u. a. 2012) werden DGLn mit Richtungsfeldern im Zusammenhang mit der Integralrechnung und den Wachstumsmodellen thematisiert. In Boyce u. a. (Boyce u. a. 1995) werden Richtungsfelder konstitutiv benutzt, die Kapitel 1, 2 und 8 können als notwendiger Kern für Lehramtsstudierende betrachtet werden.

Ein letztes Beispiel: Wenn die Eulerzahl e in der Standardvorlesung zur Analysis über Potenzreihen eingeführt wird, weil ja die Ableitung noch nicht zur Verfügung steht, aber Folgen und Reihen, dann ist das im fachwissenschaftlichen Diskurs ehrenwert, weil es als Tabubruch gilt, Dinge zu benutzen, die erst später eingeführt werden. Im Sinne vernetzenden, auch phänomenorientierten Lernens ist es aber eher kontraproduktiv, weil zum einen Anschlussmöglichkeiten an erlebten Schulstoff verpasst werden und zum anderen fachliche, verständnisfördernde Querbezüge (Lösung von $f'(x) = f(x)$, stetige Verzinsung ...) nicht im Blick sind. Auf der Phänomenebene kann etwas elementar sein, was in fachwissenschaftlicher Sicht nicht elementar ist.

Pointiert formuliert lässt sich verallgemeinern: Erst die Phänome, wie sie sich in inner- und außermathematischen Kontexten zeigen, dann die Formalisierungen und nicht erst abstrakte Räume definieren und dann den Satz darin, auch wenn das ‚state of the art' fachwissenschaftlicher Methodologie ist.

Es ist eine Fehlannahme, zu glauben, dass das Arbeiten auf formaler, oft auch axiomatischer Ebene mit möglichst hohem Allgemeinheitsgrad auch die Fähigkeit des „Herunterbrechens" auf den anschaulichen Kern der Inhalte mit elementarisierten Darstellungsformen beinhaltet. Häufig wird darüberhinaus aus zeitökonomischen Gründen der immer erst ex post mögliche und erfolgende systematische Aufbau mit meist axiomatischer Grundlegung zum Vorbild für eine deduzierende Lehre. Diese suggeriert eine Linearität, bei der Vorläufiges, Fehler und Alternativen sowie meist auch initiierende Probleme, zugunsten eines möglichst schnellen Ableitens relevanter Aussagen ausgeblendet bleiben und Darstellungen auf fachspezifisch formale beschränkt sind. Insgesamt führt dies dann oft zu einer nur oberflächlichen Aneignung des Stoffs. Begriffe sind eher zu lernende Vokabeln, der Umgang mit ihnen beschränkt sich weitgehend auf Kalküle, zu deren Duchführung ein inhaltliches Verständnis häufig wenig notwendig ist. Damit einher geht häufig die (Fehl-)vorstellung, dass mathematisches Verständnis durch eine weitgehend logische, lückenlose und kleinschrittige erklärende Beschreibung des Stoffes in möglichst präziser, formalisierter Sprache erzielt werden kann. Es ist dann eine lernpsychologische Fehlvorstellung, die auf vereinfachte Vorstellungen vom Lernen fußt, dass die Darstellung eines durchstrukturierten, formal sauberen, Gedankengebäudes, den Stoff in seinen vielfältigen Facetten weitgehend selbst erklärt.

Eine Konsequenz daraus ist, dass es häufig zu einem Entfremdungsprozess zwischen der Mathematik, wie sie an der Hochschule gelehrt wird und der Mathematik, wie sie in der Schule unterrichtet werden muss, kommt. Fachliche Entwicklungslinien, Vernetzungen und Bezüge werden nicht wahrgenommen und können nicht für die eigene Professionalisierung genutzt werden. Frustrationserlebnisse schwer gelingender und dann meist auch unverstandener Stoffbewältigung haben entsprechend negative fachbezogene motivationalen Auswirkungen, Sinnzusammenhänge zum späteren Berufsfeld werden nicht gesehen und sind auch tatsächlich nicht immer vorhanden.

Forderungen an die Fachausbildung für Mathematiklehrerinnen und -lehrer: Fachausbildung bedarf mehr eigentätiger, auch phänomenorientierter, Aneignungsprozesse, sie ist zu häufig, mindestens in der Wahrnehmung Studierender, allein von Strategien zur Stoffbewältigung geprägt. Dual zu Felix Klein kann man formulieren: Fachausbildung für Mathematiklehrkräfte sollte immer auch „Höhere Mathematik vom elementaren Standpunkt" beinhalten. In gleicher Weise formuliert auch R. Courant im Vorwort zu „Was ist Mathematik" die Intentionen seines Buches, das hier auch als methodisches Vorbild für das Geforderte dienen kann (Courant, R., u. a. 1973). Mathematiklehrkräfte benötigen mehr ein intellektuell redliches Überblickswissen mit Erweiterungen des Schulstoffs, natürlich verbunden mit mathematischer Eigentätigkeit, als Spezialisierungen in Teildisziplinen (vgl. unten die Anmerkungen zu Szene 6).

Zur Analyse werden in Tabelle 14.1 noch exemplarisch zu je spezifischen Aspekten Literaturhinweise angegeben.

Das Konzept von Danckwerts und Beutelspacher für ein Fachstudium von Lehramtsstudierenden kann vorbildhaft für das hier Geforderte angesehen werden. Es ist interessant, dass die hier gemachten inhaltlichen und methodischen Vorschläge in großen Teilen ‚quergebürstet' zum Standard-Fachstudium sind (Beutelspacher u. a. 2011).

Anmerkung Die obigen Ausführungen könnten als Plädoyer für getrennte Fachveranstaltungen für Lehramtsstudierende und Studierende des B. Sc. Mathematik verstanden werden. Berücksichtigt man aber das Eingangszitat von Törner, dann ist kaum einzusehen, warum eine Analyse nach dem Konzept von Hairer und Wanner (Hairer, Wanner, 2010) nicht gemeinsame fachliche Grundausbildung beider Typen von Studierenden sein kann. Liegt das Problem nicht vielleicht eher darin, dass forschende Fachwissenschaftler meist kaum in der Weise sozialisiert sind, wie es für solche Konzepte wichtig erscheint und weniger in konzeptioneller und inhaltlicher Eignung?

Tab. 14.1 Exemplarische Literaturhinweise zu verschiedenen Aspekten der Analysis

Aspekt	Literatur
Vom Phänomen zur Theorie	(Büchter, A./Henn, W. 2010)
Historische Entwicklung, Begriffsbildungsprozesse	(Hairer, E., Wanner, G. 2010)
Historische Darstellung, Quellen	(Körle, H.-H. 2009)
Geometrische Zugänge, Kurven	(Schröder, H. 2001)
Historisch, genetisch	(Toeplitz, O. 1949)

Szene 2

Dass Lehrkräfte diese Frage nicht stellen dürften, ist vermutlich unstrittig. Sie wirft aber ein Licht auf ein Problem der Fachausbildung. Wo lernen Lehramtsstudierende die zugehörigen Inhalte? Eine Algebravorlesung, eventuell mit Galoistheorie, ist meist nicht verpflichtend (Lösungsformeln für rationale Gleichungen), das Problem, transzendente Gleichungen „per Formel" zu lösen, taucht ansonsten sicher an manchen Stellen auf, gehört aber kaum zum Kern im Studium und damit nicht zum gesicherten Wissensbestand.

Forderungen an die Fachausbildung für Mathematiklehrerinnen und -lehrer:

Es sollte Lehrveranstaltungen zu Inhalten geben, die notwendiges Hintergrundwissen zum Schulstoff darstellen. Hierzu zählen sicherlich grundlegendes Wissen und Können in Algebra und Funktionentheorie. Dabei muss gelten: Ziel der Veranstaltung sind tragfähige Grundvorstellungen zu den zentralen Begriffen sowie Basiskompetenzen mit Vernetzungen zu anderen Teilgebieten (hier z. B. Geometrie) und weniger die Erzeugung potentieller Algebraiker mit anschließenden Spezialseminaren und Forschungsaufträgen. Auf der anderen Seite ist natürlich ein bloßes, vokabelartiges, registrierendes Wissen des Sachverhalts viel zu wenig.

Es geht also nicht um „Mathematik light" sondern um die Erzeugung adäquater fachlicher Kompetenzen, wie sie im späteren Berufsfeld benötigt werden. Es kann und darf dabei natürlich nicht um eine Beschränkung auf unmittelbar schulrelevanter Inhalte gehen. Es gilt noch immer: Nur die Lehrkraft mit fachlichem Überblick ist auch in der Lage, auf schülerspezifische fachliche Probleme und Aneignungen adäquat zu reagieren. Fachspezifische Authentizität und Eigenständigkeit setzt immer fachliches Können notwendig voraus. Es ist aber ein spezifisches, berufsbezogenes fachliches Wissen und Können, wozu die wesentlichen Grundlagen im Fachstudium gelegt werden müssen und das von vornherein weitgehend bekannt ist (vgl. Einleitung).

Szene 3

Um fachlich und personal stabile Lehrpersonen auszubilden, müssen vor allem am Beginn des Studiums den Studierenden Lerngelegenheiten gegeben werden, in denen sie Erfolgserlebnisse in authentischen Aneignungsprozessen haben, um eine positive Einstellung zum

Fach, wie sie ja meist bei Aufnahme des Studiums vorliegt, zu erzeugen und zu festigen. Dazu darf nicht in möglichst kurzer Zeit möglichst viel Stoff deduzierend vermittelt werden, sondern es sollten Studierenden Gelegenheiten gegeben werden, mathematikspezifische Handlungsweisen und Heurismen eigenständig zu erarbeiten und auszubauen. Dies geschieht am besten an elementaren Inhalten, so dass der Fokus auf eigenständiger Problemlösefähigkeit liegen kann. Die von Grieser an der Universität Oldenburg durchgeführte Anfängerveranstaltung ist hierzu ein schönes Beispiel (Grieser 2013). Ist es allein personale Disposition, wenn Beweisen für einen Studierenden im letzten Teil des Fachstudiums angstbelegt ist? Wie soll er in wenigen Jahren bei Schülerinnen und Schülern Beweisbedürfnis wecken und motivierend zum Begründen anregen? Wenn Beweisen in Lehrveranstaltungen auch immer wieder als Ringen um die Wahrheit mit unterschiedlichen Einstellungen und Methoden der Protagonisten gelehrt wird, statt eindimensional als Wahrheitssicherungsmechanismus, wird Mathematik als Prozess des Suchens, Veränderns und Sicherns erlebbar. Hier sei eine autobiographische Anmerkung erlaubt: Der Autor hatte das Glück in seinem Fachstudium diesbezüglich prägende Erfahrungen zu machen. In seiner Examensarbeit verglich er verschiedene Beweise zur „Irreduzibilität der Kreisteilungspolynome" aus einem Zeitraum von fast 100 Jahren. Der Beweis hatte in der Vorlesung 10 Minuten gedauert und war eingewoben in einen linearen, fachsystematisch geordneten vertikalen Verlauf. Die – fachbezogene – Auseinandersetzung mit verschiedenen Heuristiken und Methodologien einzelner Autoren, im Beispiel so unterschiedliche wie Dedekind und Kronecker, bis hin zu scheinbar irrelevanten Vorlieben und Schreibstilen, schaffen durch horizontale Vernetzungen ein anderes Bild von Mathematik, sie korrigieren die einseitigen Vorstellungen eines rein fachlich linear geordneten Gebildes und erzeugen die für gelungenen Mathematikunterricht so zwingend notwendige Sensibilität für unterschiedliche fachbezogene Denkstile. Lakatos (Lakatos 1978) ist hier immer noch methodologisch wegweisend und paradigmatisch für die Sensibilisierung für die Dialektik von Beweisen und Widerlegen. In Analogie dazu sind Lehrveranstaltungen denkbar, in denen ausgesuchte Sätze und Begriffe historisch systematisch untersucht werden.

Szene 4

Die Äußerung des Studenten zeigt den reflexartigen Zugriff auf ein Kalkül, der beim Auftreten von „Maximum" abgerufen wird. Dies ist verständlich, hat der Kalkül doch in seiner Universalität großen Charme. Dass hier dann mit Kanonen auf Spatzen geschossen wird, fällt dann aber natürlich nicht auf, es fehlt ein „Eindenken" in die Situation mit spezifischen, dann häufig auch elementaren, Lösungsmöglichkeiten. Kann man die wenig adäquate Methode hier noch unter rein ästhetischen Gesichtspunkten bewerten, so ist die Bemerkung der Studentin bedenklich. Der klare, Einsicht zeigende, elementare Nachweis wird durch den Hinweis auf die Bildhaftigkeit der Argumentation relativiert. „Bilder sind verboten." ist ein in Seminaren des Autors oft gehörter Satz von Studierenden, wie sie ihn in Fachveranstaltungen wohl immer wieder hören. Wenn diese Studierenden dann nach dem Studium ins Referendariat gehen, lernen sie als erstes, dass Visualisierungen essentiell für gelingendes Lernen von Mathematik sind. Fachausbildung darf hier keinen Keil zwischen

Fach und Fachdidaktik treiben, was nur gelingen kann, wenn die fachwissenschaftlichen Standards auch als genetisch sich entwickelnde erzeugt und gelehrt werden.

Szene 5

Zunächst muss natürlich erst einmal erfasst werden, dass dies keine geeignete Definition vom fachwissenschaftlichen, systemischen Blickpunkt aus ist. Sie ist ungeeignet, weil sie nur ein hinreichendes, aber kein notwendiges Kriterium liefert. Vom Alltagsdenken her aber ist sie sinnvoll und erscheint unmittelbar einleuchtend. Die innermathematischen Gegenbeispiele sind für Schülerinnen und Schüler kaum erschließbar und anschaulich schwer fassbar. Was vom fachwissenschaftlichen Standard aus falsch ist, kann im Zusammenhang mit Begriffsbildungsprozessen durchaus richtig sein. Dies zeigt hier nur die Kontextabhängigkeit von Richtigkeit, keine Relativität. Wer das wissenschaftstheoretische Beziehungsgefüge von Begriffen in seiner dialektischen Entwicklung von Beispielen und Gegenbeispielen kennt, wird hier nicht verfälschend mit „Falsch" antworten oder einfach nur die ‚richtige' Definition entgegensetzen.

Für die Fachausbildung in Mathematik ist damit zu fordern:

Inhalte müssen auch in ihrer begrifflichen Entwicklung (Genesis), in der Dialektik von Beispielen und Gegenbeispielen im Fachstudium angeeignet werden. Ein schönes Beispiel hierfür ist die Entdeckung des Begriffs der „gleichmäßigen Stetigkeit", wie sie von I. Lakatos beschrieben wird (Lakatos 1978, S. 119 ff.). Für Cauchy galt zunächst noch der naheliegende Sachverhalt, dass die Grenzfunktion stetiger Funktionen immer stetig ist. Dies schien lange Zeit so selbstverständlich zu gelten, dass es keines Beweises zu bedürfen schien. Erst als bei Fourier ‚Gegenbeispiele' auftraten, ‚beweist' Cauchy den Satz für alle stetigen Funktionen ohne den Begriff „gleichmäßige Stetigkeit" einzuführen! Szene 5 ist ein schönes Analogon aus dem Mathematikunterricht dazu. Es ist unmittelbar einleuchtend, dass Lehrkräfte, die um diese Formen von Begriffsentwicklungen wissen, souveräner und angemessener auf Begriffsbildungen von Schülerinnen und Schülern reagieren, ein auch so geprägtes fachliches Bild und Erlebnis von Mathematik erleichtert angemessene Didaktisierungen für den Mathematikunterricht und sensibilisiert für verschiedene Vorstellungen und Denkweisen von Schülerinnen und Schülern.

Szene 6

Eine angemessene Reaktion auf die Schülerbemerkung setzt Wissen zur Krümmung voraus. Die zweite Ableitung gibt das Krümmungsverhalten nur qualitativ an, während die erste Ableitung das Steigungsverhalten auch quantitativ misst. Woran liegt das? Wie kann man Krümmung messen? Diese Fragen sind Anschlussinhalte an Schulstoff (können natürlich auch in Schule behandelt werden) und sollten von Lehrpersonen gewusst werden. Krümmung wird im fachwissenschaftlichen Gebäude aber nicht in der Analysis behandelt, ihr Ort ist hier die Differentialgeometrie, die aber durchweg fakultativ ist. Ähnliches gilt für Kurven in Parameterdarstellung. Der Zusammenhang einer Ortskurve von Scheitelpunkten einer Parabelschar und der Punkt-Richtungsform der Geradengleichung in vektorieller Darstellung kann nicht als gesicherter Wisssensbestand von Lehrkräften vorausgesetzt werden.

Studierende im Masterstudium kennen Kurven in Parameterdarstellung – wenn überhaupt – nur in vereinzelt auftretenden Situationen (empirisch recht breit abgesicherte Erfahrung des Autors). Mathematiklehrkräfte sollten aber als nach unten (Schule) anschlussfähiges Erweiterungswissen Kenntnisse zu Kurven besitzen, allerdings ohne ausgeprägte Kurventheorie, dafür aber mit einer Auseinandersetzung mit reichhaltigen Phänomenen. Kegelschnitte und klassische Kurven (Zykloiden, Rollkurven etc.) liefern hier ein produktives Tätigkeitsfeld (vgl. Schupp & Dabrock, 1995). Ein anderes Beispiel: Steckbriefaufgaben (gesucht: Funktion durch P und Hochpunkt Q mit Wendestelle x ...) lassen sich nahtlos zu Modellierungen von Formen mit Hilfe von kubischen Splines erweitern (momentan Inhalt im niedersächsischen Kerncurriculum). Splines haben innerhalb der Fachwissenschaft aber meist ihren Ort in der Numerik, die aber wieder fakultativ ist. Krümmung, Parameterdarstellungen und Splines zeigen, dass es innerhalb der Schulmathematik Inhalte zur Analysis gibt, die im fachwissenschaftlichen Gefüge zu verschiedenen Teildisziplinen gehören und entsprechend disparat auftreten bzw. überhaupt nicht zum Pflichtkanon und zum Wissenstand angehender Lehrkräfte gehören. Es sollte Lehrveranstaltungen geben, die diese schulbezogene Gefüge aufnehmen und weiterführen. Holzschnittartig dargestellt könnte folgendes ein Beispiel sein:

Thema: Approximation, Interpolation und Extrapolation:
1. Regression (Anpassung an Daten)
2. Interpolationspolynome
3. Quadratische und kubische Splines (mit „Krümmung")
4. Bezier-Kurven

Ein anderer Zugang zur Behandlung entsprechender Inhalte findet sich bei Engel (2010).

Literatur

Beutelspacher, A., Danckwerts, R. u. a. (2011). *Mathematik Neu Denken*, Wiesbaden: Vieweg/Teubner.
Boyce, W. E., DiPrima, R. C. (1995). *Gewöhnliche Differentialgleichungen*, Heidelberg: Spektrum Verlag.
Büchter, A., Henn, W. (2010). *Elementare Analysis*, Heidelberg: Spektrum Akademischer Verlag.
Courant, R., Robbins, H. (1973), *Was ist Mathematik?* Heidelberg: Springer.
Engel, J. (2010). *Anwendungsorientierte Mathematik: Von Daten zur Funktion*. Heidelberg: Springer.
Freudenthal, H. (1973). *Mathematik als pädagogische Aufgabe*, Band 1, Stuttgart:Klett.
Grieser, D. (2013). *Mathematisches Problemlösen und Beweisen*, Wiesbaden: Springer Spektrum.
Hairer, E., Wanner, G. (2010). *Analysis in historischer Entwicklung*, Heidelberg: Springer.
Körle, H.-H. (2009). *Die phantastische Geschichte der Analysis*, München: Oldenbourg.
Körner, H., Lergenmüller, A., Schmidt, G. & Zacharias, M. (2013). *Mathematik Neue Wege*, Braunschweig: Schroedel.
Lakatos, I. (1979). *Beweise und Widerlegungen*, Braunschweig: Vieweg.
Schröder, H. (2001). *Wege zur Analysis*, Heidelberg: Springer.
Schupp, H., Dabrock, H. (1995). *Höhere Kurven*, Mannheim: BI.
Toeplitz, O. (1949). *Die Entwicklung der Infinitesimalrechnung*, Heidelberg: Springer.

Törner, G. & Dieter, M. (2013). Mathematik-Ausbildung – Anmerkungen zu einer hochschuldidaktischen Großbaustelle, *MNU 02/66*, S. 67.

Winter, H. (1995). Mathematikunterricht und Allgemeinbildung, *Mitteilungen der Gesellschaft für Didaktik der Mathematik* Nr. 61, 37–46.

Zur Rolle von Philosophie und Geschichte der Mathematik für die universitäre Lehrerbildung 15

Gregor Nickel

Zusammenfassung

Ausgangspunkt meiner Überlegungen ist die Überzeugung, dass sich ein sinnvolles Studium für das Mathematik-Lehramt auch in Bezug auf die fachlichen Inhalte deutlich vom reinen Fachstudium unterscheiden muss; es also nicht in einem um Fachdidaktik, zweites Studienfach (und ggf. Erziehungswissenschaften) angereicherten und um ein entsprechendes Quantum reduzierten Fachstudium aufgehen darf. Zu den essentiellen *fachwissenschaftlichen* Ergänzungen zählen m. E. eine wohlverstandene Elementarmathematik, die Orientierungs- und Reflexionsdisziplinen der Mathematik (Mathematikgeschichte und -philosophie) sowie eine Diskussion wissenschaftlicher und gesellschaftlicher Außenbezüge (u. a. Anwendungen) der Mathematik. Dabei sind durchaus Querverbindungen und Überschneidungen denkbar. Von diesen drei Bereichen wird im Folgenden der Stellenwert von Philosophie und Geschichte der Mathematik für das Lehramtsstudium diskutiert, wobei sowohl normative Aspekte wie auch Aspekte einer Indienstnahme für Fachinhalte und -didaktik angesprochen werden. Die Thematik wird auf der Basis von Erfahrungen aus den Siegener Lehramts-Studiengängen konkretisiert.

15.1 Jammern über mäßiges Niveau: Zum Stand allgemeiner mathematischer Bildung

Es ist unglaublich, wie unwissend die studirende Jugend auf Universitäten kommt, wenn ich nur 10 Minuten rechne oder geometrisire, so schläft 1/4 derselben sanfft ein. (G. Ch. Lichtenberg)

Auch wenn das einführende Zitat aus dem 18. Jahrhundert stammt, geschrieben von dem Mathematiker, Physiker und scharfzüngigen Aphoristiker Georg Christoph Lichtenberg (1742–1799), so charakterisiert es doch den Tenor eines nach wie vor vernehmbaren, vielzüngigen Klagechors. Dieser artikuliert – so jedenfalls mein Eindruck – eine weit verbreitete Unzufriedenheit mit dem Stand allgemeiner Mathematischer Bildung; dies gilt insbesondere

- mit Blick auf ein solides, bewegliches Elementarwissen,
- auf die Wissenschaftspropädeutik: viele Studierende der Mathematik und der auf Mathematik angewiesenen Disziplinen sind zu Beginn ihres Studiums offenbar nicht hinreichend vorbereitet,
- aber auch – und dies wird deutlich seltener thematisiert – mit Blick auf ein Reflexionswissen, eine kritische Urteilsfähigkeit in Bezug auf die Mathematik, und damit auch eine begründete Wert-Schätzung dieses Faches.

Beklagt werden mathematische Defizite auf allen Ebenen des Bildungssystems, also in der Schule, zum Abitur, im Studium, beim Studienabschluss, im Referendariat und im Lehrberuf – einzig die Professorenschaft wird ausgenommen. Dabei lassen sich Defizite im wissenschaftspropädeutischen Bereich noch am ehesten an den Hochschulen selbst kompensieren bzw. spezifisch für das jeweilige Studienfach in den universitären Lehrkanon integrieren. Bei den beiden anderen Aspekten haben jedoch die Schulen nahezu ein Vermittlungsmonopol; beim elementaren Wissen *sollte* dies so sein, beim Reflexionswissen *ist* dies noch immer weitgehend der Fall – allen durchaus verdienstvollen Popularisierungsversuchen zum Trotz.

Um nun den schwarzen Peter[1] nicht bei den Schulen zu belassen, möchte ich den Kreislauf der Frustrationen und gegenseitigen Schuldzuweisungen an einer mir selbst zugänglichen Stelle aufbrechen, nämlich bei der Frage nach der spezifischen Qualität des Mathematikstudiums für das Lehramt an allgemeinbildenden Schulen. Und für diesen Bereich möchte ich im folgenden den m. E. extrem hilfreichen, z. T. sogar essentiellen Beitrag diskutieren, den Geschichte und Philosophie der Mathematik leisten können – und zwar für beide markierte Dimensionen, also für das Elementar- und für das Reflexionswissen.

Das Studium der Mathematik mit dem Berufsziel, an einer allgemeinbildenden Schule zu unterrichten, muss allerdings eine immense Spannbreite an fachlichen und didaktischen Kompetenzen vermitteln. Kaum zu unterschätzen ist unter diesen die beide Komponenten, Fachwissenschaft und Fachdidaktik, essentiell verbindende Fähigkeit, eine mathematische Thematik *umfassend zu motivieren*. Dies bedeutet einerseits, zunächst die mathematische oder außermathematische Problemlage, dann die entsprechende mathematische Fragestellung und schließlich die darauf antwortende mathematische Begriffsbildung mit Definitionen, Axiomatik und zuletzt Theoremen und Kalkülen etc. zu entfalten, und andererseits, u. a. auf die erstgenannte Weise die Lernenden *für* diese Thematik zu motivieren, also auch zu einer ausdauernden, frustrationstoleranten geistigen Arbeit.

---

1 Für dieses und weitere allenfalls noch übersehene generische Maskulina bitte ich die geneigten Leserinnen und Leser um Verständnis.

In vielfältiger Weise kann eine Integration historischer Elemente die Lehre der fachlichen Inhalte in der oben angedeuteten Weise unterstützen. Dies wird im Folgenden etwas differenzierter in Bezug auf die Lehrerbildung entfaltet. Das Augenmerk ist dabei in einem ersten Teil (Sektion 15.2) bewusst auf eine dienende Funktion von Mathematikgeschichte[2] und -philosophie zum Zwecke einer besseren, fachlich angemessenen, ein tiefergehendes Verstehen der mathematischen Inhalte befördernden Lehre gerichtet. Zugleich werden jedoch auch die Grenzen einer solchen Indienstnahme aufgezeigt. In einem zweiten Teil (Sektion 15.3) werden dann Aspekte von Geschichte und Philosophie der Mathematik als Lehrthema eigenen Rechts skizziert.[3]

15.2   Zur dienenden Funktion von Mathematikgeschichte und -philosophie

Der vermutlich häufigste und einfachste Gebrauch der Mathematikgeschichte ist **anekdotisch**: der als allzu trocken empfundene Stoff wird gelegentlich durch kleine Geschichten aus der Geschichte gewürzt. Eine Variante des anekdotischen Gebrauchs ist der **tröstende**: Wenn sogar die größten Mathematiker ihrer Zeit über Jahrzehnte an der Lösung eines Problems haben arbeiten müssen, dann sollten Studienanfängerinnen und -anfänger nicht daran verzweifeln, dass sie sich über Monate damit plagen, die vorgelegte Lösung nachzuvollziehen. Zwei hinderliche Varianten des Anekdotischen sollen an dieser Stelle benannt werden. Zum einen können die historischen Bemerkungen als rein **monumentalische** Präsentation der großen Heroen der Mathematikgeschichte erfolgen; an eine eigenständige Produktivität wäre im Schlagschatten dieser Gestalten gar nicht zu denken. Die Kehrseite der monumentalischen Variante ist ein **jovialer** Umgang mit der Geschichte; aus der scheinbar überlegenen Position der Gegenwart wird mehr oder minder herablassend berichtet, was man damals ‚schon wusste‘. Selbst wenn dieser Bezug auf die Mathematikgeschichte dem mathematischen Lernziel neutral gegenüber stehen mag, so vermittelt er doch in aller Regel ein unzutreffendes Bild der historischen Situation.

Einen deutlich höheren Anspruch erhebt der **genetische** Gebrauch. Dabei stellt der historisch-genetische Zugang nur eine Facette eines umfassenderen Konzepts dar, das sich gegen eine ‚deduktivistische‘ bzw. ‚formalistische‘ Vermittlung der Mathematik wendet. Im Kontrast dazu sollen die abstrakteren Begriffe schrittweise, ‚genetisch‘ aus den konkreteren entwickelt werden. Innerhalb des genetischen Gebrauchs der Geschichte können zwei

---

2 Möglichkeiten, die Geschichte für den Mathematikunterricht in Schule und Hochschule zu nutzen, werden schon seit längerem in einer Fülle von Arbeiten vor allem mit Bezug auf konkrete Fallstudien bzw. historische Kapitel thematisiert, vgl. etwa (Katz 2000). In dem vorliegenden Beitrag geht es mir im Gegensatz dazu zunächst um allgemeine Kategorien unterschiedlicher Gebrauchsweisen eines solchen Einsatzes, um anschließend in Abschnitt 15.4 die konkreten Beispiele aus meiner Lehrpraxis subsumieren zu können. Für die Mathematikphilosophie liegen deutlich weniger Arbeiten vor (vgl. etwa Jankvist und Iversen 2013).

3 Die beiden folgenden Abschnitte sind eine einerseits stark gekürzte und andererseits um einen Bezug auf die Mathematikphilosophie erweiterte Fassung von Nickel (2013).

Varianten unterschieden werden: ein **implizit historisch-genetisches** Verfahren baut zwar bei der Organisation der Lehre auf einer Kenntnis historischer Prozesse auf, stellt diese jedoch nicht explizit dar. Es geht also primär um die Sensibilisierung für – historisch und damit vermutlich auch individuell wirksame – Verstehenshindernisse und Prozesse ihrer Bewältigung. Ein explizit **historisch-genetisches** Vorgehen dagegen entwickelt die Inhalte parallel zu einer mehr oder weniger ausführlichen Darstellung ihrer historischen Genese.[4] Die Komplexität der Mathematikgeschichte kann hierbei jedoch – gerade für die Lernenden – ausgesprochen **verwirrend** wirken. In diesem Sinne stimme ich den kurzgefassten Thesen Lutz Führers zu, wenn er einerseits feststellt, dass „das historisch-genetische Prinzip [...] Beispiele zu denkbaren Erschließungsprozessen" liefert, andererseits jedoch nicht verabsolutiert werden darf, „weil der ‚historische Weg' [...] sich in all seinen Erkenntnismotiven und Mühseligkeiten nicht ohne Verkürzungen vergegenwärtigen läßt, [...] weil es möglicherweise inzwischen leichtere, kürzere, einleuchtendere oder übertragbarere Wege zum jeweils angestrebten Wissen gibt" (Führer 1997, S. 53). Der genetische Gebrauch der Mathematikgeschichte geht somit leicht in die Präsentation eines Lehrgegenstands eigenen Rechts über, der im Kontrast zum Fachinhalt nochmals einen ganz eigenen Reiz, aber auch eigene Schwierigkeiten bietet. Wir kommen im nächsten Abschnitt darauf zurück.

Ein spezifisch auf das spätere Berufsfeld Schule bezogener Gebrauch des Historischen ist **verfremdend**. Hierbei kann der historische Kontext die wohlbekannte, elementare Mathematik soweit verfremden, dass Studierende erneut die Erfahrung eigenen Lernens machen können bzw. müssen. Auch öffnet der Blick auf historisch realisierte Alternativen die Augen dafür, dass es keineswegs selbstverständlich und einfach ist, dass ‚man' so notiert und rechnet, wie es heute üblich ist.

Schließlich erlaubt ein exemplarischer Umgang mit der Mathematikgeschichte eine ‚Erfahrung Mathematik' im – zwar nicht aktuellen, aber doch authentischen – Forschungskontext. Gerade für das gymnasiale Lehramt sollten solche Erfahrungen mit ‚echter' Mathematik ermöglicht werden. Hierbei ist zu beachten, dass zwar einerseits mit zunehmendem Alter der Quelle die mathematischen Schwierigkeiten in der Regel abnehmen, dass jedoch andererseits die historische Fremdartigkeit deutlich zunehmen kann, so dass man beim exemplarischen Umgang in Bezug auf die historische Präzision wird Abstriche machen müssen. Und nicht zuletzt ist es im Rahmen eines exemplarischen Umgangs möglich, **interdisziplinäre** Bezüge der Mathematik aufzuzeigen, die bei aktuellen Fragestellungen schnell den Rahmen des mathematisch Beherrschbaren sprengen. Gerade hier stellt das zweite Studienfach eine viel zu selten genutzte Chance dar.

Eine zur oben beschriebenen Funktionalisierung der Mathematikgeschichte analoge Indienstnahme der Mathematikphilosophie erscheint insofern schwieriger, als das Philosophieren nur selten den Zugang zu einer Fragestellung vereinfacht. Vermutlich gehört es geradezu zum Wesen des Philosophischen, (scheinbar!) einfache Sachverhalte und Fra-

---

4 Die Diskussion um ein solches genetisches Verfahren und auch die verwendete Binnendifferenzierung sind in der Tat nicht neu. O. Toeplitz etwa spricht von direkter und indirekter genetischer Methode (vgl. etwa die knappe Charakterisierung in Vollrath 1968).

gen als komplexer und schwieriger zu enthüllen, als der erste Blick zeigte. Ziel des philosophischen Fragens ist dann weniger ein gelöstes Problem als vielmehr ein gesteigertes Problembewusstsein. Bereits Platon machte in diesem Zusammenhang zurecht darauf aufmerksam, dass sich die ‚Diskursrichtung' von Philosophie und Mathematik grundlegend unterscheidet (vgl. Politeia 510c–d). Der Mathematik kann es nämlich genügen, von lediglich ‚hinreichend' (je nach Kontext formal, anschaulich, pragmatisch) geklärten Ausgangspunkten (Definitionen, Voraussetzungen, Beweisregeln etc.) auszugehen, die nicht weiter hinterfragt werden. Dafür ist es ihr dann aber möglich, im Rahmen dieser Voraussetzungen konstruktiv neue Strukturen, Sätze, Beweise zu erarbeiten. Bei den im Folgenden angedeuteten philosophischen Momenten kommt es für die Vermittlung *mathematischer* Inhalte also darauf an, ‚rechtzeitig' den Bogen von der Philosophie zur Mathematik zu schlagen. Oder aber man akzeptiert, dass diese Vermittlung zum lediglich sekundären Ziel wird und es primär um eine genauere Reflexion der Mathematik selbst gehen, etwa der Legitimität ihrer gesetzten Voraussetzungen, ihrer erkenntnis- und wissenschaftstheoretischen Rolle etc. Wieder würde das Hilfsmittel zum Erkenntnisthema eigenen Rechts werden (vgl. unten Sektion 15.3).

Immerhin lassen sich – in aller Vorsicht – Momente des Philosophischen durchaus für das Lehren und Lernen der Mathematik nutzen; so z. B. mit Blick auf das **diskursive** Moment der Philosophie.[5] Eine explizit aus dem philosophischen Kontext stammende Methode des gemeinschaftlichen Diskurses, das ‚sokratische Gespräch', kann etwa auch im mathematischen Lehr-Kontext verwendet werden.[6] Soll es bei einer der Lehre *dienenden* Rolle bleiben, so wird die Offenheit des Diskurses jedoch rechtzeitig begrenzt werden müssen. Eine spezielle, **reflexive** Facette dieses Momentes ist der Diskurs über die Standards des Diskurses selbst. Auf die Mathematik bezogen geht es um das zentrale Lernziel, Methoden und Standards mathematischen Beweises kennen und praktizieren zu lernen.[7]

Das bereits erwähnte **problematisierende Moment** der Philosophie kann für die Lehre auch ins Produktive gewendet werden. Hierbei würde es darum gehen, die Legitimität bestimmter mathematischer Grundbegriffe und Argumentationsweisen gegen (scheinbar oder tatsächlich) berechtigte Kritik zu verteidigen. Eine solche Herausforderung nötigt die Studierenden zu einem genauen Durchdenken und diskursiven Verdeutlichen dieser Konzepte. Die Mathematikgeschichte wiederum bietet ein reichhaltiges Beispielmaterial, bei dem beobachtet werden kann, wie mathematische Konzepte getrieben von philosophischer Kritik präzisiert und abgesichert werden. So ist bereits die Entwicklung der griechischen Mathematik stark von der philosophischen Kritik an unzureichender mathematischer Begriffsbildung getrieben (vgl. etwa eine klassische Darstellung in Becker 1954, S. 41 ff.).

---

5   Allerdings stellt sich hier die Frage nach einer sinnvollen Grenzziehung; nicht jedes „Reden über Mathematik" ist schon ein „Philosophieren".

6   So bereits dem *locus classicus*, Platons Menon, folgend bei Johann Andreas Christian Michelsen (Michelsen 1781, 1784); später arbeiten Leonard Nelson und seine Schüler das „sokratische Gespräch" zu einer philosophischen Lehrmethode aus. Für eine Anwendung im Kontext der Mathematiklehrerbildung (vgl. Spiegel 1989).

7   Von Jankvist und Iversen (2013) wird etwa skizziert, wie eine Diskussion klassischer mathematischer und philosophischer Beweise dem benannten Lehrziel dienen kann.

Und so reagieren die Fachmathematiker nicht zuletzt auf die Kritik George Berkleys an der reichlich unklaren Begriffsbildung in Isaac Newtons Infinitesimalmathematik, wenn sie sich darum bemühen, die Grundlagen der Analysis zu klären.

Und schließlich mag das ‚Staunen als Anfang der Philosophie‘, ihr **fragendes Moment** auch die Motivation geben, bestimmte Problemstellungen auf mathematischem Felde zu bearbeiten. Ein klassisches Beispiel hierfür ist das Phänomen der Unendlichkeit, das sich als ein zentrales Problem sowohl für die Philosophie- wie auch für die Mathematik-Geschichte stellte. Die jeweilige Bearbeitung (begrifflich-kritisch in der Philosophie, anschaulich-konstruktiv in der Mathematik) zeigt hier allerdings wiederum charakteristische Unterschiede.

15.3 Allgemeine Mathematische Bildung und die Reflexionsdisziplinen Geschichte und Philosophie

In einem zweiten Teil möchte ich nun also Geschichte und Philosophie als Lehrthemen eigenen Rechts skizzieren. Deren Stellenwert im Lehrkanon ergibt sich einerseits, insofern ein einigermaßen plastisches Bild der Mathematik überhaupt nur entstehen kann, wenn diese Reflexionsdisziplinen einbezogen werden. Zum anderen sind sie integrale Aspekte einer halbwegs gelingenden Allgemeinbildung, die in der Regel kaum außerhalb des Mathematikunterrichts vermittelt werden (können).

Es ist kaum zu bestreiten, dass die Geschichtsschreibung eine zentrale Orientierungsleistung unserer Kultur darstellt. Nur ein reflektiertes Denken in geschichtlichen Zusammenhängen ermöglicht ein Bewusstsein, das Bestehendes als Resultat kontingenter Entscheidungen zu bestimmen und damit zu beurteilen vermag. In diesem Sinne präsentiert ein **historisch-kritischer** Zugang die Mathematik als historisch gewachsene Disziplin und damit die Mathematikgeschichte als einen Lehrgegenstand eigenen Rechts. Unter anderem zeigt sich dabei, inwiefern Mathematikgeschichte ganz anders verläuft als die kanonisch gelehrte, (in der Regel formalisierte) Version der mathematischen Themen erwarten ließe. Hierbei wird mit der Unterscheidung von Genese und resultierender Gestalt die enorme Leistung der axiomatisch-deduktiven Kondensation überhaupt erst erkennbar. Zudem kann die innermathematische Frage nach Motivation und Heuristik nicht ohne eine historische Einbettung angemessen thematisiert werden. Die historisch einigermaßen adäquate Präsentation eines Themas aus der Mathematikgeschichte kann sicherlich nicht nebenbei erfolgen, sondern benötigt Zeit und Aufmerksamkeit, auf Seiten des Lehrenden eine gewisse mathematikhistorische Professionalität und auf Seiten der Studierenden eine solide mathematische Vorerfahrung.

Allerdings spielt die Mathematik nicht nur im Rahmen der *Wissenschafts*geschichte (für eine Analyse der „Mathematisierung der Wissenschaften“, vgl. Nickel 2007) eine zentrale Rolle, sondern gerade auch für die *Sozial*- und *Kultur*geschichte. Dieser letztere Aspekt wird viel zu selten genau wahrgenommen bzw. dramatisch unterschätzt. Eine jede Hochkultur wird durch Mathematik wesentlich geprägt, moderne Gesellschaften jedoch in stetig zunehmendem Maße – indirekt via Technik, aber auch direkt durch mathematisch kodifizierte soziale Regeln (vgl. Nickel 2011). Diese Prägung und deren historische Genese gilt es wenigstens exemplarisch bzw. in Bezug auf einzelne Aspekte zu reflektieren. Ein **kultur- und geistesgeschichtlich** orientierter Zugang zur Mathematik müsste also die – durchaus ambivalente[8] – Rolle der Mathematik für die Kulturgeschichte präsentieren und diskutieren, sowohl aus (deskriptiv)historischer wie aus (normativ)philosophischer Perspektive. Obwohl dies sicherlich nicht umfassend gelingen kann, stellt doch ein an einzelnen Beispielen geschultes Grundverständnis eine essentielle Anforderung für die Bildung zur (gesellschaftlichen) Urteilsfähigkeit dar (vgl. hierzu Fischer 2013). Zudem liefern der historische Zugang und dessen systematische Reflexion wesentliche Aspekte für eine Antwort auf die normative Frage nach Inhalten und Umfang des mathematischen Kanons für die allgemeinbildende Schule, die sich keineswegs *nur* aus dem allgemeinen Anwendungsbezug und der speziellen Wissenschaftspropädeutik beantworten lässt. Gerade künftige Lehrkräfte sollten hier alternative Antworten diskutieren können, um nicht darauf angewiesen zu sein, schlimmsten Falls Lerntechniken für mathematische Inhalte implementieren zu müssen, deren Stellenwert sie nicht begründen und die sie somit auch nicht verantworten können.

Abschließend möchte ich einige Bemerkungen zu einem im engeren Sinne mathematikphilosophisch **reflektierenden** Zugang anfügen. Dieser stellt die schlichte Leitfrage: „Was ist das eigentlich, Mathematik?" und fordert und diskutiert begründete Antworten. Facetten dieser umfassenden Fragestellung sind u. a. Fragen zum ontologischen Status der mathematischen Gegenstände, zum epistemologischen Status mathematischer Argumentationsweisen und zur Möglichkeit bzw. den Folgen einer ‚Anwendung' der Mathematik in Natur(wissenschaft) und Gesellschaft. Grundsätzlich scheint mir hierbei ein philosophiehistorischer Zugang sinnvoll, sind doch die klassischen Positionen (etwa bei Platon und Aristoteles) nach wie vor von systematischem Interesse und in der Regel deutlich klarer als die aktuelle Debatte, die sich zudem allzu häufig weit von einer Reflexion der mathematischen Praxis entfernt hat. In bewusstem Kontrast (vgl. etwa die Grundlegung der Mathematik von Lorenzen und Schwemmer 1973) zur Vermittlung mathematischer Inhalte werden die verschiedenen philosophischen Positionen in der Regel konträr, zuweilen sogar kontradiktorisch stehen bleiben. Das **polemische Moment** der Philosophie könnte bei einer Betrachtung von Schulstreitigkeiten innermathematisch nachvollzogen werden. Auch dies gehört zu einem umfassenden – komplexeren, damit aber auch schwierigeren – Bild der Mathematik dazu. Ein bis heute aktuelles Beispiel findet sich in der Kontroverse zwischen klassischer und Bayes-Statistik (eine lesenswerte, elementare Einführung in die Thematik gibt Spandaw 2013). Für ein genaues Verstehen des konzeptionell tiefen Begriffs der (mathematischen) Wahrscheinlichkeit ist eine Diskussion der jeweiligen Argumente von größtem Wert. Die sog. Grundlagenkrise zu Anfang des 20. Jahrhunderts

---

8 Meines Erachtens erwiese man sowohl dem Bildungsauftrag wie auch der Mathematik selbst einen Bärendienst, wollte man versuchen, die Ambivalenzen zu ignorieren, die mit einer zunehmenden Mathematisierung verbunden sind.

führt hingegen so tief in die Konzepte von Logik, Mengentheorie und Analysis, dass eine Diskussion vermutlich nur im Rahmen eines optionalen Teils des Studiums möglich ist.

15.4 Konkretisierungen

Ich möchte meine Überlegungen abschließend mit Bezug auf Erfahrungen aus den Siegener Lehramts-Studiengängen konkretisieren. Zunächst werde ich schlaglichtartig Bezug nehmen auf ein ca. 3 Jahre zurückliegendes Tandemprojekt der Universitäten Gießen und Siegen, in dem das erste Studienjahr des gymnasialen Lehramtsstudiums grundlegend neu gestaltet wurde (für einen detaillierteren Erfahrungsbericht und ergänzendes Material vgl. Beutelspacher et al. 2011). Die mit der zweisemestrigen Fachvorlesung Analysis verbundene Intention könnte die folgende Beschreibung Friedrich Hirzebruchs durchaus auch für die Studierenden des Lehramts charakterisieren:

> Diese Vorlesung [Analysis] sollte für den Studenten ein aufregendes Erlebnis sein, Einblicke in die Entwicklung der Mathematik seit Pythagoras und Euklid bis zu heutigen Forschungen vermitteln, ihre Rolle in der Geistesgeschichte und ihre Bedeutung für uns heute herausstellen. Manchmal gelingt dies, manchmal ist der Übergang von der Schule zur Universität [...] ein Schock, der sich nur schwer überwinden lässt. Aller Erfahrung nach sind das Erlebnis der Differential- und Integralrechnung in den ersten beiden Semestern und seine geistige Verarbeitung ausschlaggebend für die mathematische Zukunft des Studenten. (Hirzebruch 1972)

Diesem hohen Anspruch versuchte die Vorlesung zumindest in einigen Aspekten zu genügen. Zentral war dabei die Integration historischer und philosophischer Exkurse in direktem Zusammenhang mit den mathematischen Inhalten. Solche **Exkurse einschließlich Übungs- und Essayaufgaben** gab es u. a. zu den folgenden Themen: [9]

- Die Genese des Zahlbegriffes von der griechischen Antike bis zu Dedekind: Hier bietet sich ein außerordentlich reichhaltiges Feld, insofern die schrittweise Erweiterung der Zahlbegriffe und die Bearbeitung des Kontinuumsproblems mehr als 2500 Jahre Mathematikgeschichte umfassen; die Integration erfolgte teils anekdotisch, teils tröstend – etwa bei einer Diskussion der jahrhundertelangen Schwierigkeiten bis zur Akzeptanz der komplexen Zahlen –, teilweise auch historisch-kritisch, wenn etwa die Asynchronität von historischer Entwicklung und formalem Aufbau des Zahlsystems diskutiert wurde. Ein Beispiel für einen solchen Exkurs möchte ich auf den nächsten Seiten ausführlich wiedergeben. Der Umfang betrug ca. eine Doppelstunde der Vorlesung; unter-

---

9 Auf Wunsch der Herausgeberinnen werde ich im folgenden einen solchen Exkurs ausführlicher darstellen, die übrigen werden nur stichwortartig charakterisiert. In Beutelspacher et al. (2011) finden sich ausführliche Darstellungen für die Themen „Infinitesimalmathematik in Antike und Mittelalter", „Die Genese des Begriffs der gleichmäßigen Konvergenz" sowie „Die Mengenlehre Georg Cantors" sowie zahlreiche Übungsaufgaben zum historischen und philosophischen Kontext der Analysis.

stützt wurde die Darstellung durch Folien mit Bildern der Protagonisten, Zitaten und den wichtigsten Daten.

Exkurs I: Lösen von Gleichungen und Erweiterungen des Zahlkonzeptes

(ausführlichere Darstellung und Zitate nach Ebbinghaus et al. 1992)
Als *ein* Leitmotiv für Zahlbereichserweiterungen wurde – die historische Realität sicherlich grob vereinfachend – das Bedürfnis betrachtet, gegebene Gleichungen zu lösen. Dabei wird im Laufe der Geschichte der Bereich zulässiger „Zahlen" immer wieder erweitert, um zuvor nicht lösbare Gleichungen lösen zu können.

E.1. Negative Zahlen Die Gleichung $n + x = m$ mit gegebenen natürlichen Zahlen $n, m \in \mathbb{N}$ ist im Bereich $\mathbb{N}$ der natürlichen Zahlen nicht immer lösbar, wohl aber im Bereich $\mathbb{Z}$ der ganzen Zahlen. Die negativen Zahlen haben allerdings über eine lange Zeit einen ungeklärten Status. Hilfreich ist die physikalische Vorstellung von Schritten nach recht (positiv) oder links (negativ), aber auch das ökonomische Konzept von Schulden (negatives Vermögen). Dies illustriert die frühe Verwendung für eine Aufgabe über vier Kaufleute im Rechenbuch *liber abaci* (1202) bei Leonardo von Pisa, genannt Fibonacci: „De quatuor hominibus et bursa ab eis reperta, questio notabilis: hanc quidem questionem insolubilem esse monstrabo, nisi concedatur, primum hominum habere debitum" (Übersetzung GN: Interessante Frage über vier Männer und eine von ihnen verlorene Börse: Ich werde zeigen, dass diese Frage unlösbar ist, wenn man nicht zugesteht, dass der erste Mann Schulden hat.) Auch der Rechenmeister und Theologe Michael Stifel (1487–1567) bezeichnet negative Zahlen in seiner *Arithmetica integra* (1544) als *numeri absurdi* oder *numeri ficti infra nihil* (absurde oder fiktive Zahlen unterhalb dem Nichts), gesteht jedoch zu, dass *haec fictio summa utilitate pro rebus mathematicis* (diese Fiktion ist von höchstem Nutzen für die mathematischen Dinge). Noch Rene Descartes (1596–1650) bezeichnet sie als „falsche Zahlen", und bei John Wallis (1616–1703) lesen wir: „Es ist unmöglich, daß eine Größe weniger sei als nichts oder eine Zahl kleiner als Null. Trotzdem ist die Annahme einer negativen Größe weder nutzlos noch absurd, wenn sie nur richtig verstanden wird. [...] -3 Schritte vorwärts zu gehen ist dasselbe wie 3 Schritte zurückgehen."

E.2. Rationale Zahlen Die Gleichung $nx = m$ mit $n, m \in \mathbb{Z}$ und $n \neq 0$ ist in $\mathbb{Z}$ i. Allg. nicht lösbar, wohl aber für $x \in \mathbb{Q}$. In der antiken, griechischen Mathematik bestanden Vorbehalte dagegen, Brüche als Zahlen gelten zu lassen. Diese werden stets als Verhältnis von zwei Zahlen gedeutet. Statt wie der Pöbel $b = \frac{3}{5}a$ sagt, setzt der Gebildete besser $5b = 3a$. Platon schreibt in der *Politeia*: „Denn Du weißt doch, die sich hierauf verstehen, wenn einer die Einheit selbst in Gedanken zerschneiden will, wie sie ihn auslachen und es nicht gelten lassen; sondern wenn du sie zerschneiden willst, vervielfältigen jene wieder, aus Furcht, daß die Einheit etwa nicht als Eins, sondern als viele Teile angesehen werde." (Politeia 525e) Der Renaissance-Mathematiker Girolamo Cardano (1501–1576) bezeichnet Brüche allerdings *per analogiam* bereits als Zahlen.

E.3. Reelle Zahlen Die Gleichung $x^2 = 2$ ist in $\mathbb{Q}$ nicht lösbar. Die Erkenntnis, dass geometrische Figuren (etwa ein Quadrat und seine Diagonale) Seitenverhältnisse aufweisen, die nicht durch das Verhältnis von ganzen Zahlen auszudrücken sind, war Ausgangspunkt für die sog. Grundlagenkrise der antiken Mathematik. Der Entdecker inkommensurabler Strecken, Hippasos von Metapont (* ca. 450 v. Chr.) soll zur Strafe bei einer Seereise untergegangen sein. Im Buch X der Elemente des Euklid finden wir einen Beweis, dass Diagonale und Seite des regelmäßigen Pentagons nicht kommensurabel sind (für eine genauere Darstellung vgl. Beutelspacher et al. 2011). Eudoxus von Cnidus (408–355 v. Chr.) liefert im Buch V der Elementen des Euklid eine Theorie irrationaler Verhältnisse auf der Basis der antiken Mathematik. Als Zahlen werden solche irrationale Verhältnisse jedoch nicht zugelassen. Noch Michael Stifel (1544) sieht dies so: „So wie eine unendliche Zahl keine Zahl ist, so ist eine irrationale Zahl keine wahre Zahl, weil sie sozusagen unter einem Nebel der Unendlichkeit verborgen liegt." René Descartes (1596–1650) zeigt, wie sich die Punkte einer kontinuierlichen Zahlen-Geraden durch geometrische Konstruktion addieren, subtrahieren, multiplizieren und dividieren und radizieren lassen. Damit liegt für die reellen Zahlen als ‚Rechenbereich' ein anschauliches, geometrisches Modell vor. Die nächsten wesentlichen Schritte erfolgen im Rahmen der Entwicklung der Infinitesimalrechnung durch Isaac Newton (1643–1727) und Gottfried Wilhelm Leibniz (1646–1716). Noch Augustin Louis Cauchy (1789–1857) setzt im Cours d'Analyse die Vollständigkeit einfach voraus. Weitere Präzisierungen erfolgen dann nahezu zeitgleich durch Karl Theodor Wilhelm Weierstraß (1815–1897) als Intervallschachtelungsprinzip, Georg Cantor (1845–1918) mittels Fundamentalfolgen und Richard Dedekind (1831–1916) in Anlehnung an das antike Vorbild durch sog. Schnitte.

E.4. Komplexe Zahlen Die Gleichung $x^2 = -1$ ist in $\mathbb{R}$ nicht lösbar. Hier werden wir ein letztes Mal den Bereich der Zahlen erweitern und die komplexen Zahlen $\mathbb{C}$ ‚konstruktiv' erhalten. Warum man danach zufrieden sein kann und nun keine Erweiterung mehr nötig ist, zeigt der „Fundamentalsatz der Algebra". Komplexe Zahlen treten erstmalig beim Lösen algebraischer Gleichungen auf; Cardano betrachtet etwa in seinem Werk *Hieronymi Cardani artis magnae sive de regulis algebraicis liber unus* (Nürnberg 1545) die Gleichung $x(10 - x) = 40$. Über die Lösungen, in moderner Notation $x = 5 \pm \sqrt{-15}$ schreibt er: „Manifestum est, quod casus seu quaestio est impossibilis, sic tamen operabimus [...]" (Übersetzng GN: Es ist klar, dass der Fall oder die Frage unmöglich ist, dennoch werden wir weitermachen). Der Ausdruck $\sqrt{-15}$ wird als *quantitas sophistica* bezeichnet. Für Isaac Newton (1643–1727) ist das Auftreten solcher Wurzeln schlicht ein Zeichen dafür, dass die gestellte Aufgabe keine Lösung besitzt: „But it is just that the Roots of Equations should be impossible, lest they should exhibit the cases of Problems that are impossible as if they were possible." Sein großer Rivale auf dem Kontinent, Gottfried Wilhelm von Leibniz hat mehr Sinn für imaginäre Zahlen, er bezeichnet sie als feine, wunderbare Zuflucht des gött-

---

9 Diese geometrische Konstruktion kann sehr schön im Rahmen einer angeschlossenen Übungsaufgabe analysiert werden.

lichen Geistes, beinahe *inter ens et non ens Amphibio* (ein Zwischending zwischen sein und nichtsein). Hier wird sicherlich auch der jeweilige intellektuelle Schwerpunkt, bei Newton die Physik, bei Leibniz die Mathematik, deutlich. Leonhard Euler (1707–1783), einer der produktivsten Mathematiker aller Zeiten, arbeitet bereits fast selbstverständlich mit komplexen Zahlen, gesteht diesen allerdings dennoch keine reale Existenz zu. Wir finden in seiner „Vollständigen Anleitung zur Algebra" (1770) die Charakterisierung: „[S]o ist klar, daß die Quadrat-Wurzeln von Negativ-Zahlen nicht einmahl unter die möglichen Zahlen können gerechnet werden: folglich müssen wir sagen, daß dieselben ohnmögliche Zahlen sind. Und dieser Umstand leitet uns auf den Begriff solcher Zahlen, welche irer Natur nach ohnmöglich sind, und gemeiniglich imaginäre Zahlen, oder eingebildete Zahlen genennet werden, weil sie bloss allein in der Einbildung statt finden." Erst Johann Carl Friedrich Gauß gibt schließlich durch seine geometrische Interpretation den komplexen Zahlen einen unstrittigen Existenzstatus; er schreibt 1811 an Friedrich Bessel: „So wie man sich das ganze Reich aller reellen Größen durch eine unendliche gerade Linie denken kann, so kann man das ganze Reich aller Größen, reeller und imaginärer Größen sich durch eine unendliche Ebene sinnlich machen." Diese Ansicht setzt sich allerdings erst 1831 durch im Gefolge seiner Abhandlung *Theoria Residuorum Biquadraticorum*. Hier schreibt Gauß: „Hat man diesen Gegenstand bisher aus einem falschen Gesichtspunkt betrachtet und eine geheimnisvolle Dunkelheit dabei gefunden, so ist dies großenteils den wenig schicklichen Benennungen zuzuschreiben. Hätte man $+1, -1, \sqrt{-1}$ nicht positive, negative, imaginäre Einheit, sondern etwa directe, inverse, laterale Einheit genannt, so hätte von einer solchen Dunkelheit kaum die Rede sein können." In ihrer vollen Bedeutung stellt Georg Friedrich Bernhard Riemann (1826–1866) die komplexen Zahlen in seiner Inauguraldissertation von 1851 dar: „Die Einführung der complexen Größen in die Mathematik hat ihren Ursprung und nächsten Zweck in der Theorie einfacher durch Größenoperationen ausdrückbarer Abhängigkeitsgesetze zwischen veränderlichen Größen. […] gibt man diesen complexe Werte, so tritt eine sonst versteckt bleibende Harmonie und Regelmäßigkeit hervor."

E.5. Zahlen – Ontologische vs. Funktionale Deutungen. Die Schwierigkeit, Erweiterungen des Zahlbereichs einzuführen und damit neue mathematische Entitäten zu akzeptieren, hängt sicherlich auch damit zusammen, dass eine ‚substanzielle Interpretation' der ‚Zahlen' gefordert wurde. Zunächst ist dies die Interpretation von Zahlen als ‚Vielfache einer Einheit'. Dies schließt zunächst nur die „natürlichen Zahlen" (ab $n = 2$) ein, Brüche müssen als Verhältnisse von Zahlen gedeutet werden, irrationale ‚Zahlen' sind nur noch als geometrische Größenverhältnisse zu deuten. Weder negative noch komplexe Zahlen sind auf diese Weise einfach zu deuten. Werden also Zahlen an eine solche Interpretation von „Größen" angebunden, so werden Zahlbereichserweiterungen ausgesprochen schwierig. Einer der ersten, der einen ‚modernen Standpunkt' zum Thema ‚Zahlen' formuliert ist der Theologe und Mathematiker Bernard Placidus Johann Nepomuk Bolzano (1781–1848). Er legt eine Reine Zahlenlehre (1848) vor, die er definiert als Theorie der Zahlenmenge, die gegenüber den vier Grundrechenarten abgeschlossen ist. Zahlen werden hier als – wie auch immer geartete – Gegenstände aufgefasst, mit denen man (unbeschränkt) rechnen kann. Eine darüber hinausgehende Interpretation, was die Zahlen wirklich sind, wird nicht mehr verlangt.

- Komplexe Zahlen in Literatur und Unterricht: Hier wurde an Hand einer Passage aus Robert Musils (1880–1942) frühem Roman „Die Verwirrungen des Zöglings Törleß" die geistesgeschichtliche und pädagogisch-existentielle Dimension eines mathematischen Konzeptes verdeutlicht.
- Die Mengenlehre Georg Cantors, das Unendliche in Mathematik und Philosophie: Das Unendliche, nach Hermann Weyl (1885–1955) „lebendiger Mittelpunkt der Mathematik", zumindest aber zentraler Begriff der Analysis ist zugleich ein essentielles Thema der westlichen Geistesgeschichte. Ein Exkurs präsentierte die Genese der für das Fachstudium zentralen Grundkonzepte der Mengenlehre und deren metaphysische Rechtfertigung bei Cantor; (vgl. hierzu Beutelspacher et al. 2011, S. 79 ff). Ein Vergleich mit der in den 1970er Jahren in den Grundschulen unterrichteten Karikatur der Mengenlehre wäre sicherlich aus fachdidaktischer Sicht ausgesprochen instruktiv.
- „Infinitesimale Größen" bei L'Hospital und Berkeley: Die Debatte um eine sinnvolle Interpretation der neuen Infinitesimalrechnung zeigt ein – häufig unterschätztes – diskursives Moment in der Mathematikgeschichte. Die berechtigte Kritik des Philosophen Berkeley an dem Status der von Newton verwendeten ‚infinitesimalen Größen' gibt darüber hinaus Anlass, die Formulierungen im klassischen Lehrbuch von L'Hospital kritisch zu diskutieren und mit der derzeitigen (Standard)Formalisierung, aber auch mit den weniger formalen Konzepten der schulischen Analysis zu vergleichen.
- Johann Bernoulli und die Zykloide: Der Wettstreit um die Lösung des Brachystochronen-Problems ist ein schönes Beispiel für ein Thema, das – hier im Rahmen eines Beispiels im Kapitel zur Bestimmung von Kurvenlängen und verbunden mit einem Ausblick auf die Variationsrechnung – anekdotisch präsentiert werden kann.
- Die Genese des Begriffes der gleichmäßigen Konvergenz; zur Methode der Beweisanalyse nach Imre Lakatos: In einem längeren Exkurs wurde ansatzweise historisch-kritisch die gleichzeitige Genese bzw. Präzisierung der analytischen Kernbegriffe *Funktion, Stetigkeit* und *(gleichmäßige) Konvergenz* diskutiert: „Sorgfältig vermittelt und gut verstanden eröffnet sie ein tiefes Verständnis sowohl für einen der analytischen Grundbegriffe als auch für mathematische Begriffsbildung überhaupt" (Beutelspacher et al. 2011, S. 74).
- René Descartes, die Arithmetisierung der Geometrie: Die Bedeutung der Koordinatisierung – im fachdidaktischen Kontext sicherlich ausführlich thematisiert – kann hier kulturhistorisch unterstützt werden. Darüber hinausgehend könnte auf die seit Descartes für die Philosophie- und Wissenschaftsgeschichte prägende Zweiteilung der Welt in *res extensa* – als durch Ausdehnung und damit Mathematisierbarkeit charakterisierte Materie – und *res cogitans* und die damit verbundenen Debatten eingegangen werden.
- Ein implizit genetisches Vorgehen motivierte dazu, die mehrdimensionale Analysis zunächst nur auf $\mathbb{R}^3$ zu entwickeln und erst anschließend für $\mathbb{R}^n$ zu verallgemeinern.

- Mathematik-historische und -philosophische **Hausarbeiten** ermöglichten den Studierenden bereits frühzeitig eine exemplarische Vertiefung, die immer wieder auch Anlass
  zur Interdisziplinarität bot; zu möglichen Themen vgl. (Beutelspacher et al. 2011, S.
  58 ff.).

Ein Resultat der Erfahrungen aus dem Pilotprojekt war im Anschluss die konsequente
Integration von Geschichte und Philosophie der Mathematik als Pflichtbestandteil in sämtliche Siegener Lehramtsstudiengänge. Dies wird im Folgenden knapp skizziert:

- **Grundschule** 2 SWS Geschichte der Mathematik: Behandelt wird im Wesentlichen
  die Mathematik der Alten Hochkulturen Babylon und Ägypten, zudem ein Ausblick
  auf die Entwicklung der Zahldarstellung im westlichen Kulturraum (Römische Zahlen, Übernahme der indisch-arabischen Notation im Mittelalter). Neben der kulturge-
  schichtlichen Komponente ist hier ein Neulernen elementarmathematischer Konzepte
  unter stark verfremdender Perspektive möglich. Ein wichtiges Beispiel sind die jeweiligen Zahlsysteme Ägyptens und Babylons. Hier können Zahldarstellung und elementare
  Arithmetik in einem dezimalen Additionssystem (Ägypten) und in einem hexadezi-
  malen Stellenwertsystem (Babylon) kennengelernt und vergleichend beurteilt werden.
  Bei letzterem kommt hinzu, dass die Zahldarstellung ohne ein Zeichen für die Ziffer
  0 auskommen muss, was spezifische Mehrdeutigkeiten zur Folge hat. Die Vorteile der
  indisch-arabischen Notation können überhaupt erst vor diesem Hintergrund angemessen verstanden und vermittelt werden. Entsprechend werden elementare Konzepte der
  Flächenmessung und der Geometrie in einen kulturhistorischen Kontext eingeordnet
  und unter verfremdender Perspektive vertieft. Es hat sich bewährt, diese Veranstaltung
  mit begleitenden (Rechen-)Übungen zu versehen.
- **Haupt/Realschule** 2 SWS Geschichte der Mathematik: Hier werden die obigen Themen
  um die frühe griechische Mathematik ergänzt, was einen Zugang zu den entsprechenden
  Themen der Sekundarstufe I ermöglicht. Auch hier sind begleitende (Rechen-)Übungen
  ausgesprochen sinnvoll.
- **Gymnasium** 2 SWS Philosophie der Mathematik: Hier geht es darum, die geistesgeschichtliche Dimension der Mathematik und eine philosophisch reflektierende Perspektive auf diese Disziplin kennen zu lernen. Das Themenspektrum umfasst die Mathema-
  tik(philosophie) der griechischen Antike (u. a. Vorsokratik, Platon, Aristoteles), Mathematikphilosophie in der frühen Neuzeit (u. a. Cusanus, Descartes, Pascal, Leibniz)
  sowie Einblicke in die Mathematik(philosophie) der Moderne. Ergänzend können hier
  im Rahmen einer Wahlpflicht jeweils Seminare zur Vertiefung belegt werden (2 SWS
  im BA, 2 SWS im MA).
- Schließlich erlauben **Bachelor- und Master-Arbeiten** eine exemplarische Vertiefung
  mathematischer Themen unter historischer Perspektive bzw. eine vertiefte philosophische Reflexion über diverse Facetten der Mathematik. Zudem boten sich häufig auch
  interdisziplinäre Bezüge – in der Regel zum Zweitfach der Studierenden – an. Aus der

Vielzahl inzwischen entstandener Examensarbeiten seien hier nur einige, besonders gut gelungene angeführt:

- George Berkeley: Die Diskussion um den Analyst.
- Blaise Pascal – Die Wette zwischen Theologie und Wahrscheinlichkeitsrechung.
- Meran – 100 Jahre vor Pisa und Bologna: Felix Klein und die Bemühungen zu einer Reform des Mathematikunterrichts und des Lehramtsstudiums.
- Logic in Wonderland and Wonderland of Logic. Literatur und Mathematik bei Lewis Carroll.
- Vom Klangquant zur Metamusik – Mathematisierte Klangwelt bei Iannis Xenakis.
- Gregor Mendels Forschung als Grundstein der Vererbungslehre. Ein mathematischer Blick auf das Phänomen der Vererbung.
- Die Polis auf mathematischem Boden – Zur Bedeutung der Mathematik für Platons Staatsphilosophie.
- „Alle Staatsgewalt geht vom Volke aus" – Ein mathematischer Blick auf demokratische Wahlverfahren.
- Mit der Sprache ist zu rechnen – Von der philosophischen, linguistischen und semiotischen Betrachtung der Mathematik als Sprachsystem zur notwendigen Konsequenz eines sprachsensiblen Mathematikunterrichts.
- Stonehenge – Ein archäoastronomischer Diskurs.
- Sextus Empiricus' Kritik an den Grundlagen der Mathematik.

Ich hoffe, dass ich illustrieren konnte, dass und inwiefern Philosophie und Geschichte der Mathematik als zentrale Orientierungsleistungen zum Gelingen eines dem künftigen Berufsfeld einer Mathematiklehrkraft angemessenen Studiums einiges beizutragen haben. Je nach Funktion und Anspruch ist dazu auf Seiten der Dozierenden eine mehr oder minder professionelle mathematikhistorische bzw. -philosophische Bildung nötig. Ich möchte allerdings gerade auch mathematikhistorische Laien ausdrücklich dazu ermutigen, historische Aspekte zu integrieren; zumal wenn dies in erster Linie zu einer besseren Vermittlung der fachlichen oder fachdidaktischen Inhalte dienen soll. Eine solche Integration muss passend zum jeweiligen mathematischen Thema *und* zum Bildungshintergrund des Dozierenden gewählt werden. Daher wurde bewusst weitgehend auf direkt verwendbare ‚Lehrstücke' verzichtet. Die Literatur bietet hier eine Fülle von Material (vgl. etwa die mit einem für Mathematiker klassischen Aufgabenformat begleiteten Werke zur Mathematikgeschichte, Katz 2009 und Cooke 2005). Zugleich möchte ich an dieser Stelle jedoch darauf hinweisen, dass ohne eine wissenschaftlich professionelle Mathematikgeschichte und -philosophie die im dritten Abschnitt skizzierten Bildungsaufgaben, aber auch die Aufbereitung des historischen und philosophischen ‚Materials' für deren unterstützende Aufgaben, wie sie in Abschnitt 15.2 skizziert wurden, gar nicht zu leisten sind.

Literatur

Becker, O. (1954). Grundlagen der Mathematik. Freiburg: Verlag Karl Alber.

Beutelspacher, A., Danckwerts, R. & Nickel, G. (2010). *Mathematik Neu Denken. Empfehlungen zur Neuorientierung der universitären Lehrerbildung im Fach Mathematik für das gymnasiale Lehramt.* Bonn.

Beutelspacher, A., Danckwerts, R., Nickel, G. Spies, S. & Wickel, G. (2011). *Mathematik Neu Denken. Impulse für die Gymnasiallehrerbildung an Universitäten.* Wiesbaden: Vieweg + Teubner.

Cooke, R. (2005). *The history of mathematics. A brief course.* 2 Aufl., Hoboken (NJ): Wiley-Interscience.

Ebbinghaus, H. D., Hermes, H., Hirzebruch, F. Koecher, M. Neukirch, J. Prestel, A. Remmert, R. & Mainzer, K. (1992). *Zahlen.* Berlin: Springer.

Fischer R. (2013). Entscheidungs-Bildung und Mathematik. In M. Rathgeb et al. (Hrsg.), *Mathematik im Prozess. Philosophische, Historische und Didaktische Perspektiven.* Wiesbaden: Vieweg + Teubner, 335–345.

Führer, L. (1997). *Pädagogik des Mathematikunterrichts. Eine Einführung in die Fachdidaktik für Sekundarstufen.* Wiesbaden: Vieweg.

Hirzebruch, F. (1979). Mathematik, Studium und Forschung. In M. Otte (Hrsg.), *Mathematik über Mathematik* (S. 451–468). Berlin: Springer.

Jahnke, H. H. (2001). Cantor's Cardinal and Ordinal Infinites: *An Epistemological and Didactic View. Educational Studies in Mathematics* **48** *(2001)*, 175–197.

Jankvist, U. Th. & Iversen, S. M. (2013). ‚Whys‘ and ‚Hows‘ of Using Philosophy in Mathematics. *Science & Education, 23, No. 1*, 2014, 205–222.

Katz, V. J. (2009). *A history of mathematics. An introduction.* Boston: Addison-Wesley.

Katz, V. J. (2000) (Hrsg.). *Using History to Teach Mathematics. An International Perspective.* MAA Notes **52**.

Kronfellner, M. (1997). Historische Aspekte im Mathematikunterricht. *Schriftenreihe zur Didaktik der Mathematik der ÖMG 27 (1997)*, 83–100.

Lorenzen, P. & Schwemmer: O. (1973). *Konstruktive Logik, Ethik und Wissenschaftstheorie.* Mannheim: Bibliographisches Institut.

Michelsen, J. A. C. (1781). *Versuch in socratischen Gesprächen über die wichtigsten Gegenstände der ebenen Geometrie.* Berlin: Hesse.

Michelsen, J. A. C. (1784). *Versuche in Socratischen Gesprächen über die wichtigsten Gegenstände der Arithmetik.* Berlin: Hesse.

Nickel, G. (2007). Mathematik und Mathematisierung der Wissenschaften – Ethische Erwägungen. In J. Berendes (Hrsg.), *Autonomie durch Verantwortung.* Paderborn: mentis, 319–346.

Nickel, G. (2011). Mathematik – die (un)heimliche Macht des Unverstandenen. In M. Helmerich et al. (Hrsg.), *Mathematik verstehen. Philosophische und didaktische Perspektiven.* Wiesbaden: Vieweg + Teubner, 47–58.

Nickel, G. (2013). Vom Nutzen und Nachteil der Mathematikgeschichte für das Lehramtsstudium. In H. Allmendinger, et al. (Hrsg.), *Mathematik verständlich unterrichten – Perspektiven für Unterricht und Lehrerbildung.* Wiesbaden: Springer Spektrum, 253–266.

Spandaw, J. (2013). Was bedeutet der Begriff „Wahrscheinlichkeit"? In M. Rathgeb et al. (Hrsg.), *Mathematik im Prozess. Philosophische, Historische und Didaktische Perspektiven.* Wiesbaden: Vieweg + Teubner, 41–56.

Spiegel, H. (1989). Sokratische Gespräche in der Mathematiklehrerausbildung. In Krohn, D. et al. (Hrsg.), *Das sokratische Gespräch – ein Symposion.* Hamburg: Junius, 167–171.

Vollrath, H.-J. (1968) *Die Geschichtlichkeit der Mathematik als didaktisches Problem. Neue Sammlung 8*, 108–112.